砚园学术

PUBLIC PRIVATE PARTNERSHIP

Leveraging PPP for Environmental, Social, and Governance (ESG) Advancement and Industrial Project Optimization

公私协力（PPP）优化环境社会治理与产业项目建设实践

邢志航◎著

新华出版社

图书在版编目（CIP）数据

公私协力(PPP)优化环境社会治理与产业项目建设实践 / 邢志航著 . -- 北京 : 新华出版社 , 2024. 10.
ISBN 978-7-5166-7602-8

Ⅰ . X321.2

中国国家版本馆 CIP 数据核字第 202421V4D4 号

公私协力(PPP)优化环境社会治理与产业项目建设实践
作者：邢志航
出版发行：新华出版社有限责任公司
（北京市石景山区京原路 8 号　邮编：100040）
印刷：武汉市卓源印务有限公司

成品尺寸：185mm×260mm 1/16　　**印张：**20.25　　**字数：**344 千字
版次：2024 年 10 月第 1 版　　**印次：**2024 年 10 月第 1 次印刷
书号：ISBN 978-7-5166-7602-8　　**定价：**88.00 元

序一

PPP 项目模式是一种政府和社会资本合作模式，旨在通过特许经营权，合理定价，财政补贴等事先公开的收益约定规则，引入社会资本参与城市基础设施等公益性事业投资和运营。这个模式以利益共享和风险共担为特征，发挥双方优势提高公共产品或服务的质量和供给效率。

邢志航博士出生于台湾，2019 年 3 月到肇庆学院生命科学学院工作。他在台湾工作期间，曾致力于 PPP 项目模式的理论和实践方面的研究，并取得了较好的成果。当他在肇庆学院生命科学学院工作时，他发现目前国内的情况，很适宜开展 PPP 项目研究，于是通过调研和收集等一系列的资料，终于在 2023 年 3 月由新华出版社出版其书，书名为《公共基础设施闲置及公私协力（PPP）活化机制实践》，此书出版后，深受读者赞同。为此，邢博士为了将研究的成果作系列发表，于是在今年又准备出版其姐妹篇，书名为《公私协力（PPP）优化环境社会治理与产业项目建设实践》。该书指导性强，可操作性好，简明扼要进一步优选了实践 PPP 项目个案范畴，而且指出避免 PPP 项目中可能会出现的不足情况。比如：①政府负担过重；②合同文书存在不足；③运行状况不稳定；④监管缺失；⑤开发缺乏计划性；⑥结构不合理；⑦违法违规操作，等等。在当今全球化与快速城市化的背景下，每个人在生活和工作中都会面临的机遇与挑战，可拥有该书就可以使我们在前进的道路上迈开大步往前走，最终实践人生的目标。

这本书的创新之处，就是 PPP 模式通过整合政府资源与市场力量，不仅能够吸引大量社会资本投入公共设施建设，缓解政府财政压力，还能引进先进的管理经验和专业技术，提升项目建设运营效率和服务水平，确保公共产品的长期稳定供给，更好地服务于人民群众的多元需求。笔者应作者之邀请作序得以先睹为快，幸甚。

肇庆学院生命科学学院原副院长 陈雄伟教授
2024 年 6 月 18 日于肇庆学院

序二

城市快速发展的进程以及社会需求的复杂化与精确化，使得城市建设与环境治理的手段与工具必须同时进行演化以实现目标。公私协力（PPP）是通过政府运用公权力作引导，利用私营部门市场机制进行城市建设与环境管理的有效组合。PPP 所产生的综合效果（Synergy）将造福于社会大众。

在快速变迁的时代，每位在学术与实践中不懈探索的学者，都是推动社会进步的重要力量。这本《公私协力（PPP）优化环境社会治理与产业项目建设实践》，为目前环境治理面临的挑战提供了一条新的思路。

作为曾在其学术道路上给予过指导的老师，我深感荣幸能为这样一部具有前瞻性和实践指导意义的著作撰写推荐序。作者自踏入学术殿堂以来，便以坚定的信念和不懈的努力，在公私协力（PPP）模式与环境社会治理（ESG）领域深耕细作。二十年的光阴，足以让一颗种子长成参天大树，也足以让一位青年学者成长为该领域的奋进者。在这段漫长的旅程中，作者不仅积累了丰富的研究经验，更将理论与实践紧密结合，为 PPP 模式的优化应用、环境社会治理的深化以及产业项目建设的可持续发展做出了贡献。

本书《公私协力（PPP）优化环境社会治理与产业项目建设实践》为《公共基础设施闲置及公私协力（PPP）活化机制实践》的深化与案例实践的第二册，正是作者多年努力的结晶。书中不仅系统梳理了 PPP 模式在不同领域中的应用实践，更创新性地将 ESG 理念融入其中，探索了 PPP 模式与 ESG 趋势的有机结合。书中通过丰富的案例分析和深入的理论探讨，展示了 PPP 模式在优化环境社会治理、促进产业项目可持续发展方面的巨大潜力，为未来的社会发展提供了宝贵的指导与启示。

特别的是，作者在书中强调了 PPP 模式与 ESG 趋势的结合对于推动社会整体进步的重要性。在当前全球气候变化、资源紧张、环境恶化的背景下，如何将可持续发展理念融入项目管理之中，成为了一个亟待解决的问题。而本书正是对这一问题的积极回应，提供了一套切实可行的方案与路径，帮助我们更好地理解和应用 PPP

模式，以实现环境、社会与经济的和谐共生。

我相信，本书的出版将对学术界、实务界乃至整个社会产生深远的影响。它将激发更多学者和从业者对 PPP 模式与 ESG 趋势的关注与探索，推动相关领域的理论创新与实践发展。同时，本书也将为政策制定者提供有力的决策依据，促进政府、企业与社会各界在推动可持续发展方面的合作与共识。

在此，我衷心推荐《公私协力（PPP）优化环境社会治理与产业项目建设实践》这本书给所有关心社会发展、关注 PPP 模式与 ESG 趋势的朋友们。愿我们共同为构建一个更加美好的未来而努力。

美国宾州大学华顿商学院工商管理硕士（MBA）
美国哈佛大学都市设计博士黄昆山

序三

在这个快速发展且充满挑战的时代，公私协力（PPP）模式作为一种创新的项目交付方式，已经成为推动社会经济发展、实现环境社会治理（ESG）目标的重要工具。台湾项目管理学会一直秉承着推广高效项目管理知识与实践的宗旨，特别关注 PPP 模式在促进可持续发展中的关键作用。因此，当有机会为此书——《公私协力（PPP）优化环境社会治理与产业项目建设实践》撰写序言时，我们感到无比荣幸。

本书深入探讨了 PPP 模式在不同产业项目中的广泛应用，从生物医药产业园区到特色小镇振兴，再到环境生态社区治理等多个领域，书中不仅分享了丰富的国内外案例，更重要的是，提供了一个关于如何通过 PPP 模式实现社会经济与环境协调发展的全面视角。这对于当前致力于解决复杂社会问题、寻求可持续解决方案的专业人士和决策者来说，是一本不可多得的参考书籍。

特别强调的是，本书对技术与管理创新在 PPP 项目实施中的应用给予了高度关注。例如，BIM 技术和 IPD 模式的结合使用，为提高项目效率、优化资源配置提供了新的思路和方法。这反映了作者对于未来 PPP 模式发展的深刻洞察，也为读者揭示了利用创新技术提升项目绩效的巨大潜力。

作为台湾项目管理学会，我们认识到，培养能够适应这种新模式的项目管理人才至关重要。因此，我们也将继续致力于相关的培训与教育工作，帮助更多的专业人士掌握 PPP 模式的精髓，从而在未来的项目管理实践中发挥更大的作用。

邢教授所著《公私协力（PPP）优化环境社会治理与产业项目建设实践》一书的出版，是 2023 年 3 月出版《公共基础设施闲置及公私协力（PPP）活化机制实践》的续本，无疑为关心 PPP 模式及其在可持续发展中作用的专业人士提供了宝贵的资源。我们相信，本书的洞见和实践分享将启发更多的创新思维，促进 PPP 模式在全球范围内的进一步发展与应用。

台湾项目管理学会理事长 李仟萬

绪 论

《2030 年可持续发展议程》是联合国在 2015 年制定的全球性行动计划，旨在为全人类和地球绘制出一个实现持久和平与繁荣的共同路线图。该议程的支柱是 17 项精心设计的可持续发展目标，简称 SDGs，这些目标对于全球每一个国家——无论是发达的还是发展中的——都是至关重要的。这 17 个目标并非孤立存在，而是彼此间存在着紧密的联系，共同构建了一个综合的、协调一致的发展体系。这个体系超越了国界的限制，适用于全球的每一个角落。它不仅仅是一个发展目标的清单，更是一个呼唤，一个对全球各国和各个利益攸关方的紧急呼吁，要求我们在全球伙伴关系的框架下，携手合作，共同推进这些目标的实现。

这些利益攸关方包括政府、私营部门、民间社会、联合国系统以及其他各类组织。他们之间的合作伙伴关系对于实现 SDGs 至关重要。因为可持续发展不仅仅需要政府的引导和政策支持，更需要全社会的共同参与和共同努力。通过搭建平台、促进对话、共享资源等方式，可以加强各方之间的合作，形成合力，共同推动可持续发展议程的落实。

总之，《2030 年可持续发展议程》为我们提供了一个共同的方向和目标，呼吁全球各国和利益攸关方在相互尊重、合作共赢的基础上，共同努力实现可持续发展的美好愿景。在全球经济和社会转型的关键时刻，公私协力模式（Public-Private Partnership，PPP）作为一种创新的合作机制，正日益受到重视。本书旨在探讨 PPP 模式如何助力实现高质量发展与可持续发展的融合，特别是在环境、社会和治理（Environmental，Social and Governance，ESG）领域的实践。本书旨在为政府决策者、企业家、投资者以及研究者提供关于 PPP 模式在可持续发展战略中应用的全面指导和深入见解。

一、本书价值

在当今全球化与快速城市化的背景下，本书以公私协力（PPP）助力可持续发展战略：高质量发展与环境社会治理（ESG）为宗旨。旨在探讨如何通过 PPP 和 ESG 的融合，推进各国实现可持续发展目标。其中可持续发展是 ESG 的核心价值，而 PPP 则是推进这一目标的重要机制和有效工具。具体来说本书价值能包括以下几点：

第一，探索 PPP 与 ESG 的内在一致性。这两者之间存在内在的一致性，这是它们能够融合的基础。研究可能会深入分析这种一致性，以期找到更有效的推进可持续发展的方式。

第二，推动基础设施的可持续建设。基础设施是经济繁荣的动力，同时也是实现强劲、可持续发展的关键。研究会关注如何通过 PPP 和 ESG 的理念和技术，推动基础设施的可持续建设。

第三，完善相关立法和标准：研究可能会关注如何通过完善 PPP 立法和低碳与可持续发展的相关标准，来推动向低碳与可持续发展转型的过程。

第四，提升 PPP 项目的综合效益：研究还会探讨如何做好前期论证，以提升 PPP 项目的综合效益，包括经济效益、社会效益以及环境效益等方面。

第五，助力实现双碳目标：即碳达峰和碳中和目标，研究会探讨如何高效运用 PPP 模式来助力实现这一目标。

总的来说，本书研究不仅有助于推动中国实现高质量的发展和环境保护，也有助于提升中国在全球可持续发展领域的影响力。具体如下：

首先，高质量发展已成为引领国家进步与社会繁荣的核心议题，特别是在中国这样一个致力于全面建设社会主义现代化国家的大国中，高质量发展不仅关乎经济增长的质量与效益，更是满足人民群众对美好生活追求的基础保障。自中国共产党第十九次全国代表大会以来，高质量发展这一理念贯穿于国家发展战略的始终，标志着中国经济发展重心由单纯追求速度和规模转变为更加注重质量和结构优化。高质量发展涵盖了五个关键维度：创新、协调、绿色、开放、共享，它意味着经济体系的构建要以创新驱动为核心，以城乡、区域协调发展为基础，坚持绿色发展观，秉持全方位开放姿态，最终确保发展成果全民共享。这种发展方式旨在提升经济的内在活力、创新能力和国际竞争力，推动经济社会发展向着更高效、更公正、更可持续和更安全的方向迈进。

近年来，中国通过一系列政策措施，如深化供给侧结构性改革、完善社会主义市场经济体制、加强环境保护与绿色发展、推动高水平对外开放等举措，逐步推动经济转型升级，实现了从速度经济向高质量发展的历史性跨越。尤其是在“十四五”规划期间，国家将高质量发展确定为经济社会发展的主题，要求各地各部门以此为指导，深刻理解新发展阶段特征，精准把握发展机遇，妥善应对挑战，通过深化改革、科技创新和制度建设，实现经济社会的全面协调可持续发展。

其次，全球视野下的 ESG（环境、社会和治理）趋势和政策导向正在不断发展和深化。以下是一些主要的趋势和政策：

第一，新发展理念的引导。在新的发展理念引领下，中国企业 ESG 建设正在蓬勃发展，步入快速的发展阶段。这意味着企业不仅关注经济效益，也更加重视环境保护、社会责任和良好治理。

第二，监管机构的积极参与。监管机构从宏观管理层面不断健全 ESG 体系，提升上市公司质量、加强监管和指导，以推动企业在 ESG 方面的表现。

第三，全球政策法规的增长。自 21 世纪以来，随着全球各国对 ESG 的重视程度不断加深，全球 ESG 政策法规数量呈持续增长态势，尤其是自 2015 年以来，增速明显上涨，极大地推动了 ESG 在全球的发展。

第四，企业的主动融入。中国企业正以全球视野布局未来，主动融入 ESG 可持续发展理念，不断提升自身对促进经济社会发展的作用。这表明企业认识到了 ESG 对于长期成功的重要性，并愿意在这方面进行投资和改进。

第五，构建中国特色的 ESG 体系。在构建具有中国特色的 ESG 体系时，应结合国情、接轨国际，确保既符合中国的实际情况，又能满足国际市场的要求。

第六，投资者的关注。全球投资者越来越关注企业的 ESG 表现，这直接影响到企业的融资成本和投资吸引力。因此，企业越来越重视改善其 ESG 表现，以吸引负责任的投资。

综上所述，ESG 已经成为全球企业战略的重要组成部分，无论是在国际还是国内层面，都显示出了其重要性和紧迫性。企业和政府都在采取措施，以确保在经济发展的同时，也能实现环境和社会的可持续发展。

二、本书特色

公私协力（Public-Private Partnership, PPP）作为一种创新的项目运作模式，对于推动建设项目高质量发展起到了至关重要的作用。PPP 模式通过整合政府资源与市场力量，不仅能够吸引大量社会资本投入公共设施建设，缓解政府财政压力，还能引进先进的管理经验和专业技术，提升项目建设运营效率和服务水平，确保公共产品的长期稳定供给，更好地服务于人民群众的多元需求。例如，在城市防灾规划与乡村振兴等领域的实践中，PPP 模式得到了广泛的应用。通过公私双方的深度合作，一方面提升了城市防灾系统的规划与建设水平，增强了社区抵御自然灾害的能力，另一方面促进了传统文化与现代元素的融合，助力乡村文化的传承与振兴，通过创造性转化与创新性发展，成功激活了老旧社区，使之焕发出新的生机与活力。

此外，面对全球气候变迁和自然灾害频发的现实，PPP 模式在推动城镇社区防灾意识建构、强化健康城市建设等方面也发挥了重要作用。政府与私营部门共同协作，建立了健全的防灾预警和应急响应机制，同时结合社区特色和民众需求，制定具有在地特色的防灾措施和健康管理方案，提高了整个社会的风险防范能力。

然而，PPP 模式的健康发展并非一帆风顺，实践中曾经历爆发式增长与规范化管理的双重考验。为避免过度扩张带来的风险，政府适时进行了严格的项目甄别和规范化监管，确保 PPP 项目回归理性和常态，注重绩效评价管理，以保证公共利益最大化和社会资本投资的有效回报。

本书的特色在于综合探讨了公私协力（PPP）模式在推动可持续发展方面的理论基础、战略实施、实际应用案例，以及在技术与管理上的创新方法。它提供了一个全面的视角，展示了如何通过 PPP 模式促进高质量发展与环境社会治理（ESG）原则的实现，并通过具体案例分析，揭示了在不同领域中应用 PPP 模式的成效与挑战。

本书PPP项目实践个案范畴较丰富，具多元实践ESG的可持续发展特性。包含：生物医药产业园区开发、观光游憩园区开发、特色小镇产业项目振兴、城乡社区乡风文化营造、环境生态社区治理策略、碳汇交易平台建构、环境教育平台与社会参与、健康社区在地化共建、社区防灾在地化共识、BIM技术助力特色小镇PPP项目效益、BIM+IPD模式改进PPP协同管理、PPP+VFM模式优化建设项目、PPP模式建设工程合同风险识别管理。

三、研究方法

本书《公私协力（PPP）优化环境社会治理与产业项目建设实践》可以采用多种研究方法来深入探究PPP模式如何在实际应用中优化环境社会治理并促进产业项目的建设。以下是主要研究方法：

第一，案例分析法。通过对特定成功的PPP项目进行详细分析，研究这些项目是如何规划、执行和优化的，以及它们如何具体地促进了环境社会治理和产业发展。这包括对项目背景、实施过程、取得的成果、面临的挑战及解决方案的深入探讨。

第二，文献综述法。广泛收集关于PPP模式的理论及应用文献，通过系统化的整合和分析，构建出PPP在环境社会治理和产业建设领域的知识框架和最佳实践。

第三，实证研究法。使用定量数据如成本效益分析、风险评估等，辅以定性数据如专家访谈、焦点小组讨论等，来综合评价PPP项目的绩效，并提出改进建议。

第四，比较研究法。比较不同地区或国家实施PPP模式的策略和结果，找出影响成功的关键因素，为不同环境下的项目实施提供参考。

第五，模型建立与模拟。构建经济学或管理学的模型来模拟PPP项目的运作，预测项目的未来走向，以及政策变更对项目的潜在影响。

第六，调研与访谈。直接与PPP项目的参与者进行交流，如政府官员、私营企业代表、社区成员及其他利益相关者，以获取他们对项目的看法和经验分享。

第七，政策分析法。分析相关的国家政策、法规及其对 PPP 项目的影响，探讨如何在现有政策框架内更好地实施和优化 PPP 项目。

第八，交叉学科方法。融合法学、经济学、管理学和环境科学等多个学科的研究视角和方法，以全面评估和理解 PPP 项目在多方面的效应。

这些研究方法的综合使用可以帮助深入挖掘和分析 PPP 在不同行业和区域中的实际应用效果，从而为未来的环境社会治理和产业项目建设提供理论支持和实践指导。

四、理论基础

本书的理论基础是一个综合性的框架，结合了公私协力模式（PPP）的核心概念、治理理论、公共选择理论以及生态导向开发（Eco-environment Oriented Development，EOD）模式的理念和实践应用，并从全生命周期的视角出发，探讨了公共基础设施项目的可持续发展。

首先，本书深入分析了 PPP 模式的核心概念，包括公共部门与私人部门的合作机制、项目的融资结构、风险分配和管理以及合作伙伴之间的关系等方面。PPP 模式通过引入私营部门的资金、技术和管理经验，旨在提高公共基础设施项目的效率和质量，并促进资源的有效配置。

其次，治理理论和公共选择理论为 PPP 模式提供了理论支撑。治理理论强调了多元主体参与和合作网络的重要性，通过公私合作，促进公共政策的制定和实施。公共选择理论则关注决策效率和资源分配的优化，强调市场在公共服务供给中的作用，为 PPP 模式提供了经济学基础。

此外，本书还重点探讨了 EOD 模式的理念和实践应用。EOD 模式以生态保护和环境治理为基础，通过整合产业发展和生态环境治理项目，实现经济效益和环境效益的双赢。本书通过案例分析，深入剖析了 EOD 模式的具体运作方式和实施效果，为公共基础设施项目的绿色转型和可持续发展提供了有益的经验和启示。

最后，本书从全生命周期的视角出发，关注公共基础设施项目的规划、建设、运营和维护等各个阶段。通过全面评估项目的经济效益、环境影响和社会绩效，理论基础共同支撑起对公共基础设施项目整个生命周期的管理、财务绩效评估，以及环境治理和可持续发展策略的深入分析。

第一，公私协力模式（PPP）。核心理念：强调公共部门与私人部门合作提供基础设施和公共服务的重要性，旨在利用私营部门的资源和效率，同时确保公共利益的保障。风险分担与管理：探讨如何在公共和私营部门之间合理分配和管理风险，以实现项目的成功。伙伴关系维护：研究建立和维护强健合作伙伴关系的策略，这对项目的长期成功至关重要。

第二，生态导向开发（EOD）模式。绿色转型：集中探讨如何在实现经济增长的同时保护环境，促进绿色可持续发展。整合发展：讨论通过整合产业与环境保护措施，实现盈利与生态保护的双重目标。案例分析：通过分析具体的EOD模式下的项目案例，理解其运作机制和实施成效。

第三，全生命周期视角。资产管理：从预测资产的未来使用和闲置情况出发，关注如何有效管理公共基础设施资产。成本效益分析：通过财务绩效手段，评估项目从投资、建设到运营、维护的成本效益，确保经济可持续性。跨学科的理论支持：结合经济学、管理学、法学等多学科知识，为公共基础建设的规划、实施和治理提供全面的理论支持。可行性论证：在项目启动前进行深入的可行性研究，确保项目的经济合理性、技术可行性、环境可持续性。

第四，政策导向与社会资本参与。分析政府政策对PPP项目的引导作用，如何吸引社会资本参与公共基础设施建设。探索价值捕获和成本回收机制，以确保项目的长期稳定运行和投资者的收益。

综上所述，本书的理论基础融合了公私协力模式、治理理论、公共选择理论和EOD模式的理念，从全生命周期的视角出发，为公共基础设施项目的可持续发展提供了全面的指导和支持。这一理论基础不仅有助于提升项目的经济效益和环境质量，还能促进资源的有效配置和社会的可持续发展。

五、架构内容

架构中各章节均围绕公私协力模式（PPP）下的可持续发展战略展开，并深入探讨了与环境社会治理（ESG）相关的各个方面。这种架构设计体现了可持续发展的多元维度，旨在为读者提供全面理解PPP在推动经济、社会和环境可持续发展方面所扮演的角色。

第一篇强调理论基础，从宏观角度出发，解释了高质量发展和可持续的概念。通过案例分析和实践展望，第一章和第二章分别揭示了经济发展和社会进步必须考虑长远的可持续目标，而PPP是实现这些目标的有效工具。第3章则直接聚焦于PPP的作用机理，突出其在风险分担、创新激励和资源配置中的重要性，这些都是实现可持续项目的关键点。

第二篇和第三篇将理论联系到实际应用。通过具体的项目案例——包括生物医药产业园区、观光游憩园区和特色小镇等——展现了如何利用PPP模式来促进符合ESG原则的可持续性项目。在这些章节中，不仅讨论了项目本身的可持续性影响，还关注了它们如何通过社区参与、文化传承和绿色金融等渠道加强社会治理和环境保护。

第四篇则集中于技术创新和管理协同，探讨了如BIM技术（Building Information Modeling）和IPD模式（Integrated Product Development）这样的现代工具如何在PPP项目中提高透明度和效率。这些技术应用不仅有助于提升项目执行的可持续性，也促进了治理结构的现代化，从而提高了整个项目生命周期的环境和社会绩效。

这个架构反映了一个核心观点：即公私协力模式（PPP）是实现可持续性基础设施和发展项目的关键途径。通过深入分析与实践案例的展示，目录中的每一部分都在强调如何通过公私合作来克服挑战，并抓住可持续发展带来的机遇，进而促进环境社会治理（ESG）的积极发展。

各篇章的重点如下：

第一篇：理论基础——公私协力与可持续发展框架

第一章：高质量发展理论与实践——讨论高质量发展的概念、重要性及其在实践中的应用。

第二章：可持续发展战略与环境社会治理（ESG）原则——分析可持续发展的核心战略和ESG原则的融合与实践。

第三章：PPP模式概念演进与作用机理——探索PPP模式的历史发展、当前形态和在不同环境下的作用原理。

第二篇：战略实施——通过PPP实现可持续性项目

第四至七章：分别聚焦于生物医药产业园区、观光游憩园区、特色小镇产业建设等不同类型的项目，介绍如何在各自的开发机制中融入PPP模式，优化项目的可持续发展。

第三篇：环境与社会治理——PPP在促进ESG目标中的应用案例

第八至十三章：通过实际案例，展示PPP模式在塑造乡风文化、打造风景园林碳汇交易平台、共建环境教育平台及推动社区防灾意识等方面的应用，以及这些实践如何帮助实现生态可持续性和健康社区的目标。

第四篇：技术与管理——提高工程项目可持续性的创新方法

第十四至十八章：描述使用BIM技术和IPD、VFM模式等先进工具和方法改进PPP项目的具体实例，包括风险管理和投资效益分析，突出其在提升项目可持续性方面的贡献。

整体而言，本书为学者、政策制定者、行业实践者和读者提供了宝贵的参考资源，以理解和应用PPP模式在实现可持终发展中的潜力，同时也强调了创新技术和管理策略对于提升项目成功率的重要性。

期望本书通过对PPP模式在推动建设项目高质量发展中所扮演的角色及实践经验的研究，在探索如何在政府与市场的协同作用下，通过持续深化改革、完善机制、强化管理，以实现各类建设项目在经济效益、社会效益和环境效益等方面的全面提升，为中国全面建设社会主义现代化国家提供坚实的支撑。同时，书中还借鉴了国内外相关领域的先进理念与成功案例，力求为中国PPP模式理论和智力支持的进一步优化和推广应用提供理论参考与实践指南。

笔者多年参与公共工程项目审查及担任业界工程顾问实务操作经验，专业领域包括：建筑学、都市设计、土地开发财务评估、城乡规划、公私协力（PPP）、项目管理、工程招投标、工程概预算、建筑信息模型（BIM）。现任IPMA（International Project Management Association）Level B国际高级项目管理师与B级认证评估师、TPMA产业认证委员会评鉴委员、TIPM台湾物业管理学会理事、学术委员、财务委员、不动产经纪人同业公会顾问、建筑开发公司促参部经理、广东省肇庆学院生命科学学院风景园林系副教授。

感谢广东省肇庆学院生命科学学院及风景园林系，鼓励与支持本书出版。

感谢肇庆学院风景园林培育学科和生物与医药重点扶持学科，支持本书出版。

感谢肇庆学院生物与医药产业学院、肇庆市南药种植与资源利用生物工程技术中心鼓励与支持本书出版。

感谢肇庆学院科研基金资助项目／“百千万工程”改革和政策研究专项、肇庆学院资助项目／教育评价体系机制改革研究项目，支持本书出版。

感谢本议题研究期间，所有期刊论文及研讨会评审委员给予宝贵建言及斧正意见；感谢肇庆学院、成功大学、物业管理学会（TIPM） www.tipm.org.tw、专案管理学会（TPMA） www.tw-pma.org.tw 所有产业及学者前辈朋友们关怀与支持。

感谢共同努力研究团队伙伴协助研究室调研及数据资料汇整，编辑期间肇庆学院助理陈熙臻编辑协助文件汇整及排版，出版过程经多转折，本书始可付梓。然由于时间和笔者水平促限，难免有不足及疏漏之处，尚祈不吝赐教。

广东省肇庆学院生命科学学院风景园林系 副教授

IPMA Level B 国际高级项目管理师

建筑学博士

2024 年 5 月 16 日粤端州砚园

目 录
Contents

第一篇：

理论基础——公私协力与可持续发展框架

第一章 可持续发展战略与高质量发展理论实践

第一节 可持续发展理论及发展沿革

可持续发展（Sustainable Development）是指满足现今社会各项需求的同时，确保不对未来世代满足其需求的能力造成损害。倡导在保护自然资源的基础上，实现经济增长和生态平衡的和谐统一。此种发展模式强调对自然资源的合理开发与利用，旨在提升生态系统的韧性和恢复力，以支撑长期、稳定的经济增长和社会进步。通过可持续发展的实践，能够在满足当前需求的同时，为子孙后代留下一个健康、繁荣的地球家园[①]。

一、产生原因

随着人类社会的快速发展，全球正面临前所未有的资源枯竭和生态环境恶化问题。这些挑战不仅需要科技、经济和社会的进一步发展来解决，还对国家综合国力的增强提出了更高的要求。在资源紧张和生态压力日益增大的背景下，任何国家想要提升自己的综合实力，就必须重视科技、经济、资源和生态环境之间的协调与整合。这需要国家在制定发展战略和政策时，充分考虑到各方面因素的相互影响，以实现真正的可持续发展。

科技进步是推动经济和社会发展的关键驱动力，但同时也必须考虑资源的合理使用和环境保护。经济增长虽然是提高国家实力的核心，但在追求增长的过程中，资源的过度开发和生态环境的破坏不容忽视。因此，在经济发展策略中纳入资源的

① 可持续发展战略，百度百科，https://baike.baidu.com/item/%E5%8F%AF%E6%8C%81%E7%BB%AD%E5%8F%91%E5%B1%95%E6%88%98%E7%95%A5/3071946.

可持续管理和生态环境保护是至关重要的。同时，社会的进步也离不开健康的生态环境和充足的资源支撑，这要求我们必须平衡好发展与保护的关系，确保今天的发展不会牺牲明天的福祉。因此，各国在追求增强综合国力的道路上，必须深入研究并理解科技、经济、资源、生态环境与社会进步间的相互作用，确保这些领域的协调发展，从而为国家的可持续发展战略决策提供坚实的理论支持。

二、战略目的

可持续发展亦称“持续发展”。1987 年挪威首相布伦特兰夫人在她任主席的联合国世界环境与发展委员会的报告《我们共同的未来》中，把可持续发展定义为“既满足当代人的需要，又不对后代人满足其需要的能力构成危害的发展”，这一定义得到广泛接受，并在 1992 年联合国环境与发展大会上取得共识。

可持续发展战略的核心目标是构建一个能够持续发展的社会，以确保人类能够在这颗星球上生生不息、代代相传。这一战略所倡导的基本模式，就是实现人类与环境之间的和谐共存。地球是一个精密而脆弱的生命支持系统，它为我们提供了生存所需的空气、水、土壤和自然资源。然而，一旦这个系统失去了平衡和稳定，所有生物，包括我们人类，都将面临无法生存的境地。

因此，要实现可持续发展，自然资源的可持续利用就显得尤为重要。这意味着我们不能无节制地开采和使用自然资源，特别是对于那些不可再生的资源，更需要谨慎对待。同时，对于可再生资源，我们也要确保它们的开发利用速度不会超过其自身的再生能力，以维持资源的持续供给。为了实现这一目标，我们需要更加注重资源的节约和高效利用。在生产和经济活动中，我们应该通过采用先进的技术和管理手段，减少对非再生资源的依赖，同时提高可再生资源的利用效率。这样不仅可以减缓资源的消耗速度，还可以降低对环境的负面影响，实现经济、社会和环境的协调发展。

总之，可持续发展战略旨在通过实现人与环境的和谐共存以及自然资源的可持续利用，来构建一个更加美好、可持续的未来社会。这需要我们每个人的共同努力和持续行动，以确保我们的子孙后代能够继续在这颗星球上繁衍生息、安居乐业①。

---

① 曾贤刚，李琪，孙瑛，魏东．可持续发展新里程：问题与探索——参加“里约 +20”联合国可持续发展大会之思考 [J]．中国人口·资源与环境，2012，22(8)：7.

三、核心思想

可持续发展的核心理念强调在经济增长、资源保护和生态环境保护之间取得平衡，确保未来世代也能享有充足的环境资源和健康的生态环境。这一理念认为：

（1）健康的经济发展必须基于生态可持续性、社会公平正义以及民众对发展决策积极参与。

（2）目标是满足人类需求、促进个人发展的同时，保护资源与环境，避免对未来世代造成威胁。

（3）关注经济活动对生态的影响，支持对环境和资源有益的活动，摒弃有害的实践。

简而言之，可持续发展追求的是人与自然和谐共存，通过合理利用资源和保护环境，实现经济的稳健增长和社会的长期福祉。

四、具体目标

可持续发展目标（Sustainable Development Goals，简称SDGs）于2016年开始在全球推广，此过程称为永续发展目标的在地化。 地球上的所有事物、人种、大学、政府、机构和组织，都共同致力于多个目标。 各国政府必须积极寻求合作伙伴，同时将目标纳入国家法律体系并将其立法，制定执行计划与订定预算。 此外低度发展国家需要高度发展国家的支持，因此国际间的协调极为重要。

截至2015年8月2日，共有193个国家赞同了以下17点目标（另有169项指标）[①]。

（1）消除各地一切形式的贫穷。

（2）消除饥饿，达成粮食安全，改善营养及促进永续农业。

（3）确保健康及促进各年龄层的福祉。

（4）确保有教无类、公平以及高质量的教育，及提倡学习。

① 联合国17个可持续发展目标 https://www.un.org/sustainabledevelopment/zh/sustainable-development-goals/.

（5）实现性别平等，并赋予妇女权力。

（6）确保所有人都能享有水及卫生及其永续管理。

（7）确保所有的人都可取得负担得起、可靠的、可持续的，及现代的能源。

（8）促进包容且永续的经济成长，达到全面且有生产力的就业，让每一个人都有一份好工作。

（9）建立具有韧性的基础建设，促进包容且永续的产业发展，并加速创新。

（10）减少国内及国家间不平等。

（11）促使城市与人类居住具包容、安全、韧性及永续性。

（12）确保永续消费及生产模式。

（13）采取紧急措施以应对气候变化及其影响。

（14）保育及永续利用海洋与海洋资源，以确保永续发展。

（15）保护、维护及促进陆域生态系统的永续使用，永续的管理森林，对抗沙漠化，终止及逆转土地劣化，并遏止生物多样性的丧失。

（16）促进和平且包容的社会，以落实可持续发展；提供司法渠道给所有人；在所有阶层建立有效的、负责的且包容的制度。

（17）强化可持续发展执行方法及活化可持续发展全球伙伴关系。

五、推动过程

通过全球共同行动目标的演变过程。依照时间顺序，关于可持续发展观念和实践的演变说明：

1980 年 3 月联合国大会首次正式提及了“可持续发展”的概念，这标志着人类开始意识到在追求发展的同时，需要关注环境的保护和资源的可持续利用。

1987 年《世界环境与发展委员会》发布了《我们共同的未来》报告，报告中详细阐述了可持续发展的战略和定义。这一定义强调了在满足当代人需求的同时，不损害后代人的需求，从而确保了人类文明的持续存在和进步。同年，这份报告在联合国第 42 届大会上获得通过，进一步推动了可持续发展理念在全球范围内的传播和实践。

1992 年 6 月在巴西里约热内卢召开的“联合国环境与发展大会”成为可持续发

展理论走向实践的重要转折点。来自全球各地的国家和国际组织代表齐聚一堂，共同通过了《21 世纪议程》，这份纲领性文件详细列出了可持续发展的各个领域和具体实施项目，为各国实践可持续发展提供了指导。

1993 年中国积极响应联合国大会的决议，制定了《中国 21 世纪议程》，明确指出走可持续发展之路是中国未来发展的必然选择。

1996 年 3 月中国进一步将“实施可持续发展，推进社会主义事业全面发展”确立为国家战略目标，显示出中国对于可持续发展战略的高度重视和坚定决心。

2015 年 9 月联合国通过了具有里程碑意义的《2030 年可持续发展议程》，提出了包括消除贫困、保护地球、确保繁荣等在内的 17 个可持续发展目标。同年 10 月，中国在联合国可持续发展峰会上正式签署了这一议程，展现了中国在全球可持续发展事业中的积极角色。

2016 年 9 月中国政府发布了《中国落实 2030 年可持续发展议程国别方案》，详细规划了在经济、社会、环境三大领域的具体目标和政策措施。这些措施包括推动创新发展、改善民生福祉、加强生态文明建设等多个方面，旨在实现高质量发展的同时，确保社会的公平与和谐以及生态环境的持续改善。

中国各部门积极参与国际合作并支持发展中国家实现可持续发展目标。例如，政府设立了南南合作基金，支持发展中国家应对气候变化、实现可持续发展等。总之，中国高度重视可持续发展目标，通过制定具体的政策措施，努力实现经济、社会、环境的协调发展，中国为全球可持续发展作出了积极贡献。

第二节　高质量发展理论

高质量发展作为全面建设社会主义现代化国家的核心目标，意味着发展的质量优于数量，注重发展的可持续性和综合效益。它旨在满足民众对于更高层次生活质量的期望，并且体现了新发展理念的五个方面：创新是推动力量，协调确保平衡，绿色维护生态，开放促进合作，共享保障公平。简单来说，高质量发展的转变是从追求经济规模的扩张向提升经济质量的转型。此发展模式强调了经济增长的质量和效益，而不仅仅是增长速度。此要求经济结构不断优化升级，创新能力持续增强，产业更加高端化、智能化、绿色化，同时要求社会各方面的发展更加均衡，人民生活更加富裕，生态环境更加宜居①。高质量发展就是体现新发展理念的发展，实现高质量发展是中国式现代化的本质要求之一②。

2017年中国提出了“高质量发展”概念，标志着国家经济战略从追求速度的快速增长阶段向注重效率和质量的发展阶段转变。在新时代背景下，“构建绿色、低碳、循环的经济体系”成了高质量发展的重要指向，并呈现为一项紧迫的时代挑战。高质量发展的核心在于提升经济的活力、创新能力和市场竞争力，而这些经济指标的强化与绿色发展紧密相关，互为因果。如果脱离绿色可持续的途径，经济发展将失去其源泉般的动力；缺失了绿色基础，创新力和竞争力也就无从谈起。因此，高质量的经济增长必须根植于绿色发展理念之中。绿色发展是中国从速度经济转向高质量发展的重要标志③。

高质量发展是中国经济发展的新阶段，强调经济发展的质量、效益和可持续性，旨在实现经济、社会、环境的协调发展。这一发展理念是在中国经济进入新常态、面临转型升级的背景下提出的，具有重要的战略意义和时代价值。具体意义：

（1）追求高质量发展的过程中，重点转移至经济的品质与产出效率之上，促使经济结构进行优化及升级改造。这意味着经济增长的重心由简单的规模扩张转向内在品质的提升。为此，必须坚持走创新驱动的发展道路，加大科技研发和人力资源投入，提升全要素生产效率，以促进产业链的高端化及转型。同时，加强生态文明的建设，走向绿色、循环和低碳的发展模式，确保经济增长与环境保护能够形成互动增强的正面循环。

（2）为保障高质量的经济发展，市场在资源配置上的核心作用需要得到充分发挥，同时，政府也应当提供适度的引导和调节，构建起一个既高效又积极的经济发展新模式。此外，通过强化国际交流与合作，共同推动建立一个更加开放的世界经

① 中华人民共和国国家统计局官方网站或相关政府发布的经济发展报告（2023）。

② 中华人民共和国国家发展和改革委员会规划司（2021）.“十四五”规划《纲要》名词解释之高质量发展 https://www.ndrc.gov.cn/fggz/fzzlgh/gjfzgh/202112/t20211224_1309252.html.

③ 王克，牢记绿色发展使命、推动经济高质量发展，人民论坛网，http://www.rmlt.com.cn/2019/0920/557345.shtml.

济体系，实现各国互利共赢的局面。

（3）高质量发展的终极目标是确保经济持续健康的增长以及社会全面进步，让人民大众能够共享发展的成就与果实。这要求我们坚持以人民为中心的发展理念，加大社会建设力度，不断提升民众的幸福指数，并促进人的全面发展。

总之，高质量发展是中国经济发展阶段全面建设社会主义现代化国家的首要任务。需要以新发展理念加快构建新发展格局，推动经济高质量发展为实现的中国发展提出更大的动能。高质量发展内容相当的广泛，本研究摘要说明如下：

（1）发展先进社会主义市场经济体系：致力于增强社会主义市场经济体制，持续优化社会主义的基本经济架构。市场在资源配置上扮演主导角色，同时确保政府的有效参与。进一步深化国有企业改革，为私营企业营造良好的发展环境，并不断改善具有中国特色的现代公司治理结构。

（2）创建现代化的工业体系：推动新型工业化战略，加速实现中国制造业和产品质量的全面升级。实施基础产业重建和技术装备创新项目，促使制造业朝高端化、智能化和绿色化方向发展。

（3）全面推进乡村振兴：坚持将农业和农村发展放在优先位置，全面加强粮食安全基础，发展具有乡村特色的产业，巩固和扩展脱贫攻坚的成果，打造宜人、宜业且风景如画的乡村。

（4）促进地区间均衡发展：深入落实区域协调发展战略，发挥主体功能区的作用，推进新型城镇化。优化生产力量布局，形成互补优势，实现区域经济的高质量协调发展以及土地使用的空间规划。

（5）扩大高水平对外开放：提高贸易和投资合作的质量和水平，缩减对外资进入的限制性清单，共同推进“一带一路”倡议的高质量发展，改善区域性的开放策略，有序推动人民币国际化，并深度融入全球产业分工与合作中。

第二章　可持续发展战略与环境社会治理（ESG）原则

第一节　ESG 的公共概念与组成要素

环境、社会、治理（Environmental, Social and Governance，简称 ESG）的概念与组成要素：从公共视角的深入探讨，随着全球化和市场经济的不断发展，企业的角色和影响力已经远远超越了其传统的经济范畴。企业不仅是一个经济实体，更是一个社会实体和环境实体。在这样的背景下，ESG（环境、社会和治理）概念逐渐崭露头角，成了评价企业可持续发展能力的重要标准。

一、ESG概念形成

ESG 是近年来国际社会对企业非财务绩效评估的一种趋势和理念，指环境、社会和治理三面向整合而成（Environment Social Governance，ESG）。此理念的形成源于公众对环境问题、社会问题和企业治理的日益关注。人们开始意识到，单纯追求经济利益的企业，可能会对环境和社会造成不可逆的伤害，而良好的环境、社会和治理实践则可以为企业带来长期的竞争优势和社会认同。

二、ESG公共意义

从公共视角来看，ESG 不仅仅是一个评估企业的标准，更是一种社会责任的体现。它鼓励企业在追求经济利益的同时，更加注重环境保护、社会责任和良好治理。这样的企业不仅能够为股东带来长期的经济回报，更能为社会和环境带来积极的影响。因此，ESG 的推广和实践，对于推动社会的可持续发展具有重要的意义。

三、ESG组成要素

（一）环境（Environment）

环境要素主要关注企业对自然环境的影响和保护。这些环境因素的评估，有助于公众了解企业在环境保护方面的努力，并推动企业采取更加环保的运营方式。包括但不限于：

（1）碳排放：企业运营过程中产生的温室气体排放。

（2）资源消耗：企业运营所需的水、能源等资源的消耗。

（3）废物处理：企业产生的废物如何处理，是否对环境造成污染。

（4）可持续生产：企业是否采用环保的生产技术和工艺，推动绿色生产。

（二）社会（Social）

社会要素关注的是企业在社会责任方面的表现。这些社会因素的评估，有助于了解公众企业在社会责任方面的履行情况，并推动企业更加注重人文关怀和社会和谐。包括但不限于：

（1）劳工权益：企业是否尊重和保护员工的权益，如工资、工时、工作条件等。

（2）社区参与：企业是否积极参与社区建设和发展，为社区带来正面影响。

（3）产品责任：企业对其生产的产品是否负责，如产品的质量和安全。

（4）供应链管理：企业在供应链管理中是否考虑到社会责任，如供应商的合规性和道德标准。

（三）治理（Governance）

治理要素关注的是企业的内部管理和决策过程。这些治理因素的评估，有助于公众了解企业的内部管理和决策过程，并推动企业实现更加透明、公正和高效的治理。包括但不限于：

（1）股东组织结构：企业股东会的组成和结构，是否有利于企业的长远发展。

（2）股东权益企业是否尊重和保护股东的权益，如信息披露的透明度和及时性。

（3）反腐败措施：企业是否有完善的反腐败机制，防止权力滥用和腐败行为。

（4）薪酬政策：企业的薪酬政策是否合理，是否能够激励员工为企业创造更大价值。

第二节　可持续性策略与 ESG 绩效的关联

可持续策略与 ESG 绩效之间存在紧密关联。可持续发展是更大的框架和目标，而实施 ESG（环境、社会和治理）则是公司实现可持续发展目标的一种方法和路径。现行的 ESG 理念和评估已经纳入了可持续发展目标的相关要素。

首先，ESG 报告的受众主要是投资者和金融市场，其主要目的是向投资者提供关于企业可持续的信息，以帮助他们评估企业的风险和机会。许多上市公司被要求强制披露 ESG 相关信息。同时，增强可持续发展报告与财务报告之间的关联性可以极大提升公司报告体系的整体性和耦合性，发挥可持续发展报告与财务报告的比较优势和叠加效应，帮助使用者更加全面、系统地了解和评估企业的可持续发展前景和价值创造能力。

其次，企业可持续发展报告则受众更广，包括员工、股东、客户、供应商、政府和社会等。目前，大多数企业的可持续发展报告都是自愿性的行为，其包含的内容也更广泛，可以帮助企业提高品牌形象和市场影响力。

总的来说，通过有效的可持续性策略，企业不仅可以改善自身的 ESG 绩效，同时也能提升整体的可持续发展水平，从而为所有利益相关者创造长期的价值。

有多项研究探讨了可持续策略与 ESG 绩效之间的关联。以下是一些相关的参考文献及其研究重点：

表2-1　可持续性策略与ESG绩效关联相关研究

作者	出版年份	文献标题	研究重点
Smith, T., & Lee, R.	2021	ESG 与可持续发展：一种战略视角①	该文章从战略视角出发，探讨了企业如何将 ESG 融入其可持续发展战略中。文章强调，有效的 ESG 策略可以帮助企业识别和管理与可持续发展相关的风险，从而提高其竞争力和长期绩效。

① Smith, T., & Lee, R. ESG and Sustainability: A Strategic Perspective. *Journal of Business Ethics*, 2021, 173(2): 299—314.

续表

作者	出版年份	文献标题	研究重点
Johnson, C., & Roberts, B.	2022	ESG 报告与可持续发展：信息披露与价值创造[①]	该研究主要关注 ESG 报告如何影响企业的可持续发展和价值创造。研究发现，高质量的 ESG 报告可以提高企业的透明度，增强与利益相关者的沟通，进而提升企业的市场价值和品牌形象。
Wang, Q., & Luo, X.	2023	ESG 绩效与企业风险管理[②]	该研究探讨了 ESG 绩效如何影响企业的风险管理能力。结果表明，良好的 ESG 绩效可以帮助企业降低与环境和社会相关的风险，提高其在复杂多变的市场环境中的适应能力。

数据源：本研究整理

上述文献研究都表明，可持续策略与 ESG 绩效之间存在紧密的联系。通过制定和实施有效的可持续策略，企业不仅可以改善其 ESG 绩效，还可以提高其整体的可持续发展水平，从而为所有利益相关者创造长期的价值。

ESG 即环境（Environmental）、社会（Social）与治理（Governance）三要素的结合体，代表着一种注重非传统财务绩效的投资哲学和企业评估新视角。这一理念强调的是企业在运营过程中对环境、社会和公司治理层面的综合表现，而非仅仅聚焦于传统的财务指标。而可持续发展目标（Sustainable Development Goals，简称 SDGs）则包含 17 个全球发展目标，如终结贫困、零饥饿、良好健康与福祉、优质教育、性别平等、清洁水和卫生设施、可持续能源、体面工作和经济增长、工业、创新和基础设施、减少不平等、城市和社区、消费和生产、气候行动等。

ESG 与可持续性发展目标 SDGs 两者之间的关系，主要体现在以下几个方面：

（1）ESG 是实现 SDGs 的重要手段和工具。企业通过在环境保护、社会责任和公

---

① Johnson, C., & Roberts, B. ESG Reporting and Sustainability: Information Disclosure and Value Creation. Sustainability Accounting, *Management and Policy Journal*, 2022, 13(1): 67—89.

② Wang, Q., & Luo, X. ESG Performance and Enterprise Risk Management. *International Journal of Environmental Research and Public Health*, 2023, 20(3): 1125—1140.

司治理方面的努力，可以帮助实现可持续发展目标。例如，企业通过降低碳排放、提高能源效率，可以帮助实现气候行动目标；通过提供公平的工作机会、良好的工作环境，可以帮助实现全面就业和增长目标。

（2）ESG 和 SDGs 都强调了企业和社会的共同发展和共赢。两者都强调了企业的社会责任，即在追求经济效益的同时，也要考虑到对环境和社会的积极影响。

（3）ESG 可以作为衡量企业是否实现 SDGs 的指标。企业可以通过公开其 ESG 表现，展示其在实现可持续发展目标方面的进展。

（4）ESG 和 SDGs 之间存在相互促进、相互支持的关系。ESG 作为一种投资理念和企业行为，可以帮助实现 SDGs 中的许多目标。

（5）ESG 也可以通过衡量企业在实现 SDGs 方面的进展，为企业提供改进的方向和动力。

第三节　全球视角下的 ESG 趋势与政策导向

一、全球视角下的ESG趋势

全球视角下 ESG（环境、社会及治理）的趋势与政策导向已成为推动可持续发展的重要手段。以下是相关研究及其重点：

（1）《2023 ESG 白皮书》：指出包含了对 ESG 最新趋势的分析以及未来政策的预测。通常会总结过去一年的科研成果，并对未来做出展望。

（2）《ESG 发展问题和建议》：通过梳理 ESG 的发展历程和各国的发展现状，指出特别是在中国的发展过程中遇到的问题，并提出发展建议。

（3）《企业 ESG 绩效驱动因素解析》：探讨了国家背景、行业属性、金融实力等因素如何影响企业提升其 ESG 绩效。通过多元线性回归和多层线性模型对来自 55 个国家的 6139 家上市公司样本进行实证研究，结果显示这些因素能显著提升企业的 ESG 绩效。

（4）《2022 ESG 白皮书》：指出关于 ESG 趋势分析的文献，其中可能包括了对上一年 ESG 发展的回顾以及未来趋势的预测，有助于了解 ESG 领域的动态和发展方向。

综上所述，以上文献涵盖了 ESG 的概念演变、全球发展趋势、面临的问题以及未来建议等关键方面。研究成果提供了宝贵的信息源和参考框架，帮助理解并应对全球范围内 ESG 的挑战和机遇。

以下是一些关于全球视角下 ESG 趋势与政策导向的参考文献及其研究重点：

表2-2 全球视角下ESG趋势与政策导向研究重点

作者	出版年份	文章标题	研究重点
Smith, J. & Brown, C.	2023	Global ESG Trends and Policy Directions in the 21st Century	概述了 21 世纪全球 ESG 的发展趋势和政策导向。它分析了不同国家和地区的 ESG 实践，探讨了 ESG 如何逐渐成为全球资本市场的新规则，以及企业和政府在推动 ESG 发展中的作用。
Johnson, L. & Roberts, P.	2022	ESG Policies and their Impact on Global Sustainable Development	本研究聚焦于 ESG 政策对全球可持续发展的影响。它评估了各国政府和国际组织在 ESG 领域的政策制定和实施情况，探讨了这些政策如何推动企业在环境、社会和治理方面做出积极改变。
Taylor, A.	2023	The Role of Corporate Governance in ESG Practices	本研究深入探讨了公司治理在 ESG 实践中的作用。它分析了公司治理结构如何影响企业的 ESG 决策，以及如何通过改进公司治理来增强企业的 ESG 表现。
Green, M. & Lee, H.	2023	The Evolution of ESG Investing and its Impact on Global Markets	详细探讨了 ESG 投资的发展历程及其对全球市场的影响。它分析了 ESG 投资理念的演变，以及 ESG 投资如何逐渐成为主流投资策略，并探讨了 ESG 投资在全球市场中的未来趋势。

数据源：本研究整理

这些参考文献提供了对全球视角下 ESG 趋势与政策导向的深入分析和研究，有助于理解 ESG 在全球范围内的发展动态、政策制定以及对企业和投资者的影响。

二、全球视角下的ESG政策和监管框架

（一）不同国家的政策框架

（1）欧盟的政策框架。

在欧盟，ESG 理念在 PPP 项目中的应用得到了政策层面的大力支持。欧盟通过

其绿色债券倡议和可持续金融框架，鼓励成员国在PPP项目中融入ESG要素。例如，欧盟的《可持续金融分类方案》明确了哪些项目可以被认为是“绿色”或“可持续”的，从而为投资者提供了清晰的指引。

（2）美国的政策框架。

美国政府在PPP项目中推广ESG理念主要通过提供税收优惠和财政补贴等激励措施。此外，美国证券交易委员会（SEC）也要求上市公司在报告中披露与ESG相关的信息和风险。

（3）中国的政策框架。

中国政府在近年来大力推广绿色PPP项目，通过制定一系列政策文件，如《关于推进政府和社会资本合作规范发展的实施意见》等，明确了在PPP项目中引入ESG理念的方向和要求。同时，中国政府还通过设立绿色债券、提供财政补贴等方式，支持绿色PPP项目的实施。

（二）监管框架的作用

监管框架在推动ESG理念在PPP项目中的应用中发挥着至关重要的作用。

（1）监管框架可以确保PPP项目符合国家的可持续发展目标和战略方向。通过制定明确的政策和规定，政府可以引导社会资本投向符合ESG标准的项目，从而推动经济的绿色转型。

（2）监管框架可以为投资者提供清晰的指引和保障。通过规定PPP项目的ESG标准和披露要求，监管框架可以帮助投资者识别和评估项目的可持续性和风险，从而做出更加明智的投资决策。

（3）监管框架还可以促进PPP市场的健康发展。通过加强对PPP项目的监管和管理，可以防止市场出现无序竞争和不良行为，保障投资者的合法权益，推动PPP市场的长期稳定发展。

综上所述，政策和监管框架在推动ESG理念在PPP项目中的应用中发挥着至关重要的作用。未来，随着全球对可持续发展和环境保护的日益重视，各国政府应继续完善相关政策和监管框架，以推动PPP项目在ESG领域的深入发展。

第三章 PPP 模式概念演进与作用机理

第一节 公私协力（PPP）

一、公私协力（PPP）模式定义与内涵

公私协力（Public-Private Partnership，简称 PPP）模式，又称为公私协力模式或伙伴关系模式，是一种创新型的项目融资与实施方式。它是指政府与私营部门之间基于合作协议形成的长期合作关系，双方共同参与项目的规划、投资、建设、运营、维护乃至最终的移交过程。PPP 模式旨在充分发挥政府与市场的双重优势，政府提供政策支持与监管，私营部门投入资金、技术和管理经验，共同致力于提供优质的公共产品和服务。

二、公私协力（PPP）理论

（一）公私协力①发展背景

1970 年代，各国为应对政府财政日益困窘，公私协力渐成为政府推动重大建设之理念②，其类型应可包含政府及民间组织二者间各种形态组合下之“协议”“合作”关系，亦即：“一个城市的政府与企业，从双方预期得到的特定产出目标下，到个别

① 公私协力（Public-Private Partnership，PPP）常于公共建设着重考虑有全面性的综效（Synergy），如何以绩效评估公共建设公私协力机制的成败，多因政府与民间组织立场之不同而呈现竞合关系。

② 学者陈佩君综合归纳政府实施公私协力之背景为：（一）市场失灵以及（二）政府失灵；更重要者，公私协力之相关理论有：（一）“公民参与”（citizen participation）理论、（二）“民营化”（privatization）理论．

达成一特定贡献之不间断与正式的关系”（Norman，1998）。

“公私协力”或称“公私合伙或合营”（Public-Private Partnership，PPP）之伙伴关系，强调积极性的政府及公共领域核心的重要性（林玉华，2004）。在“政府组织改造”与“民营化”的趋势下，公私协力目前已成为推动公共建设与公共资产管理的新趋势（Savas，2000；李宗勋，2004）。目前政府的财政状况下，透过公私协力合作机制来进行建设将是政府长远的计划愿景。公私协力为政府与民间组织于互动过程中，在共同参与、责任分担及平等互惠的原则下，所产生的合法形式的合作型态（吴济华，2001；陈明灿、张蔚宏，2005）。

李宗勋（2007）传统市场或层级节制二分法来区分政府与私部门的社会机制似乎过于简化；相反地，必须寻求两者间最适合的治理网络关系，以“合作与参与”代替“竞争与控制”，此种关系即是以公私协力（PPP）伙伴所构联的政府附加价值而建立的角色。所谓民间参与系指民间利用其资金及管理能力，投入公共建设，以协助政府分担建造期或营运期之特定风险（张家春、唐瑜忆，2005）。张学圣、黄惠愉（2005）认为公私协力乃指公私双方均有参与意愿，并建立在平等互惠与责任分担之基础上。E. S. Savas、黄煜文译（2005）公共建设采由公私协力的型式（见图3-1）。

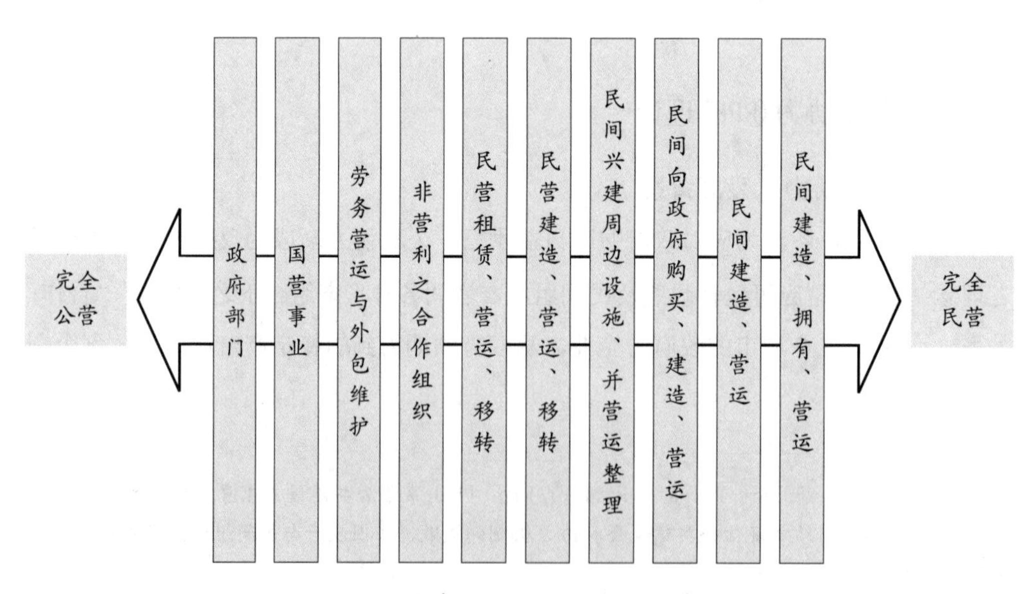

图3-1 公共建设公私协力态样示意图

数据源：本研究绘制

（二）民间参与公共建设发展

林淑馨（2011）民间参与公共建设被视为是民营化政策的一环，是实现国际化、自由化的重要经济发展策略。其政策目标在减轻政府财政负担、精简政府组织人才，以及提升公共建设的效率与服务质量，以达成促进案例地区社会经济发展为最终目标，其中又以减轻政府财政负担最为迫切。在民间参与公共建设的原因中，随着世界潮流的改变，政府部门的角色功能逐渐减弱，已无法应对多元化、复杂化的公共建设需求。因此，虽然私人资本与公共建设本质有相当的差异存在，但在适当的机制下仍有可能将公共建设市场化或民营化，作为促进民间参与的诱因（钟文传，2007）。

Savas（2002）分析民间参与公共建设可以满足下列三项需求：（1）提升公共设施的水平以应对人口成长，满足日渐严重的法令要求，或以吸引投资与开发；（2）使公共建设的兴建成本极小化，以避免其后续对社会大众造成的“费率震撼”（Rate Shock）；（3）由该公共建设特许权取得之付款以作为其他潜在计划所需之资本。

换言之，政府开放民间参与公共建设，主要是希望借由民间的参与，一方面弥补政府在专业知识上的不足，另一方面节省投资经费和营运费用，以进行更多的公共投资。民间参与公共建设的方式多种多样，然而这些建设项目多数都带有公共财的特性，这就意味着不是所有的公共建设项目都适合采用民间参与的模式进行开发。具体来说，是否采用民间参与模式，需要根据项目的经营潜力和可行性来综合评估。有些项目可能更适合由政府主导，而有些则可能通过民间资本的引入来实现更有效的建设和运营。因此，在选择参与模式时，必须谨慎权衡，确保公共建设的效益最大化。（林淑馨，2011）。在适用民间参与模式的公共建设种类中，可依公共建设的投资期长短，以及公共性和商业性之强弱等特性而选择不同的民间参与模式（钟文传，2007）。

若公共建设回收期较长，公共性强的特性，则又可根据独占或寡占来加以区隔，如公共建设具有独占性，政府必须确实监督以保障建设后民众的权益，另外对民间而言，由于参与这类投资建设所涉及的层面复杂、专业性高、回收期长、风险大，政府需提供足够的计划诱因。

若公共建设项目被少数企业所控制，政府机关需发挥其公权力作用，支持私营部门在土地获取和处理相关行政事务方面，同时也要通过控制费用收取标准来保障社会大众的利益，并助力提升项目的附加价值。亦即政府需进行功能性规范，而民间则可以在规划设计、施工与营运管理上尽情发挥（林淑馨，2011）。

相形之下，若公共建设无独占性，也非民生基本设施，却具商业价值，政府对此类的公共建设开发，仅需做功能性规范以确保公共利益，至于规范构想、经营策略等则可由民间充分发挥。由于此类公共建设具有自偿性，所以必须额外提供诱因吸引民间参与，但政府需制订公平、公开的游戏规则，以确保民众能够被提供最佳的设施选择（林淑馨，2011）。另外若公共建设本身为民众日常生活的一部分，虽自偿性不高，但因可以吸引大量人潮，所以能创造附属设施的商业价值，也因此，政府对于此类计划的附属设施开发应采开放的态度，在不影响原有设施机能的前提下，提供民间经营的必要规模与条件，才能吸引民间参与投资开发（钟文传，2007）。

民间机构参与公共建设之方式，依据案例地区财政事务主管部门“促进民间参与公共建设法令汇编”(2014)：条文内容描述了多种民间参与公共建设的模式，每种模式都涉及不同的权利和责任分配，以适应不同的项目需求和政策目标，依法规说明如下：

（1）BOT（Build-Operate-Transfer，建设－运营－移交）模式：民间投资者负责出资建设项目，并在约定期限内运营该项目。期满后，所有权转交给政府。

（2）BOO（Build-Own-Operate，建设－拥有－运营）模式：民间机构投资建设项目后获得其所有权，并负责运营。在约定的营运期限后，仅营运权归还给政府，所有权仍保留在民间机构手中。

（3）BT（Build-Transfer，建设－移交）模式：民间投资者完成项目建设并立即将所有权转移给政府，但政府会与民间机构签订运营合同，使其继续经营该项目。

（4）LBO（Lease-Build-Operate，租赁－建设－运营）模式：政府将现有的设施租赁给民间机构，后者负责设施的扩建、改造及运营。运营期满，营运权返回政府手中。

（5）O&M（Operate & Maintain，运营与维护）模式：政府负责项目建设，完成后将其运营和维护工作委托给民间机构。此模式下通常不涉及所有权转移。

（6）PPP（Public-Private Partnership，公私合作）模式：是一种灵活的合

作方式，允许民间机构在政府的政策框架下进行投资、建设和运营，风险和收益由双方共担。

（7）其他方式：根据特定的项目或政策要求，可能存在其他经过主管机关特别批准的参与方式。

上述这些模式为民间资本参与到公共基础设施和其他公共项目中提供了多样的选择，旨在优化资源使用、提高项目效率、分散风险，并最终提升公共利益。各种模式的选择依赖于项目的具体情况，如：可行性、资金来源、风险分配以及政府的战略目标等因素。内容涵盖了民间机构参与公共建设的多种模式和运营安排，为政府提供了多样化的选择，以促进公共建设项目的顺利实施和可持续发展。

综合文献整理，周莳霈（1999）及郭进雄（2006）整理各类民间参与公共建设的方式，所谓民间参与，系指民间以其资金与管理能力，投入公共建设以协助政府分担建造期或营运期特定风险之作法，一般而言，民间参与公共建设的方式众多，包括：

(1)BO(Build-Operate)、(2)BOOT(Build-Own-Operate-Transfer)、(3)BTO(Build-Transfer-Operate)、(4)BOO(Build-Own-Operate)、(5)BT(Build-Transfer)、(6)OT(Operate-Transfer)、(7)BTL(Build-Transfer-Lease)、(8)BLT(Build-Lease-Transfer)、(9)ROT(Rehabilitate Operate-Transfer)、(10)ROO(Refunish-Own-Operate)、(11)LROT(Lease-Rehabilitate-Operate-Transfer)、(12)BOT(Build-Operate-Transfer)、(13)DBFO(Design-Build-Finance-Operate)。

以下就民间参与公共建设之方式，逐一说明（见表3-1）：

表3-1 民间参与公共建设之型态与意义文献汇整表

编号	型态	意义	出处
1	BO(Build-Operate)	政府赋予民间机构超统包（Super-turnkey）的责任，并在双方合意的费用协议下，赋予其营运与维修之义务。	周莳霈（1999）
2	BOOT(Build-Own-Operate-Transfer)	BOOT可分为两种，一是特许公司拥有该项公共设施产权，在特许期满后，将该设施产权以有偿方式移转给政府；另一是政府在特许中授予某些相关开发项目，如特许合约中同意附属投资开发事项，亦以原特许权存续期间为依据。	郭进雄（2006）
		由民间机构筹资兴建并拥有公共建设之所有权，在营运一段时间后，将所有权有偿或无偿移转予政府	周莳霈（1999）

续表

编号	型态	意义	出处
3	BTO(Build-ransfer-Operate)	BTO即一般所指公有民营或公办民营，即政府就现有公共设施以合约方式，委托或出租给民间经营；或就单一公共建设计划由政府编列预算，政府或民间规划兴建，最后以合约方式委托或出租给民间经营。BTO与典型BOT之不同，在于其所有权始终属于政府且计划预算由政府编列。	郭进雄(2006)
		由民间机构筹资兴建完成后，先将公共建设所有权移转予政府，再由该民间机构营运一段时间。	周莳霈(1999)
4	BOO(Build-Own-Operate)	BOO(兴建-拥有-营运，完全民营化)系完全由民间投资兴建、拥有与营运为完全民营化。此方式不但由民间投资兴建，并完整拥有该公共建设之产权，并无限期的负责营运。此种方式之好处，在于可经由民间之财力、人力与经验，提供民众所需之公共建设。	郭进雄(2006)
		BOO合约包含所有BOOT合约中的权利与义务，但不包含特许期届满须将公共建设所有权移转予政府的义务。	周莳霈(1999)
5	BT(Build-Transfer)	BT(兴建-移转，通称迟延付款)系由民间自备资金，兴建政府核定之建设计划，完工后，将设施移转给政府。政府则于完工后。逐年编列预算，偿还建设经费及利息，或于施工期阶段性付款。部分款项于完工后，再分年偿还。此种参与模式，即政府核定之公共建设，由业主及其融资银行共同参与投标，以标金最低者得标。此种参与模式，民间除需先垫付经费外，并需承担建设期间的风险，以BT模式兴建公共建设，对政府最大的好处是，民间承担建造期间的主要风险，使政府能够以固定成本与预定日期完工，因此，BT模式为各国政府应对资金不足，所普遍采用的民间参与公共建设方式。	郭进雄(2006)
		BT或可称“延迟付款”(Deferred payment)；即由民间机构筹资兴建，待工程部分或全部完工后，政府再一次或分次偿还工程款。	周莳霈(1999)
6	OT(Operate-Transfer)	OT是指政府出资建设的项目，建成后选择外部私营投资者来经营其部分或全体。此模式依靠私企的管理和资源优化运作效能。OT与传统的公营企业私有化的关键区别在于，私有化通常意味着人员、资产及运营的全部转移至私营部门，而OT则可能仅牵涉到特定建设项目或服务的部分民营化操作。	郭进雄(2006)
		或称“公有民营”或“公办民营”；即政府将已兴建完成之公共建设，委托民间机构经营一定期限后，移转予政府。	周莳霈(1999)

续表

编号	型态	意义	出处
7	BTL(Build-Transfer-Lease)	由民间机构筹资兴建完成后，先将公共建设所有权移转予政府，再由政府出租予民间机构使用	周旹霈(1999)
8	BLT(Build-Lease-Transfer)	由民间机构筹资兴建完成后，将公共建设租予政府使用，待租期届满后，一并将所有权移转予政府。	周旹霈(1999)
9	ROT(Rehabilitate-Operate-Transfer)	政府将老旧的公共建设交由民间机构投资改建或增建，待营运一段时间，再将所有权移转予政府。	周旹霈(1999)
10	ROO(Refunish-Own-Operate)	政府将老旧的公共建设交由民间机构投资改建或增建，民间机构于完工后拥有该建设之所有权，并为营运。	周旹霈(1999)
11	LROT(Lease-Rehabilitate-Operate-Transfer)	由民间机构向政府承租老旧公共建设，并为投资改建或增建，待营运一段时间，再将所有权移转予政府	周旹霈(1999)
12	BOT(Build-Operate-Transfer)	•BOT(兴建—营运—移转)系由民间负责筹建公共建设，民间特许营运一段时间，再将产权移转给政府，其所有权仍属政府。就民间参与的程度而言，BOT模式，民间除负担建造费用外，尚需承担营运风险，而由于BOT模式兴建公共建设之建设成本，完全由民间负担，可大幅减轻政府财政负担，又可引进民间的经营效率。BOT模式与传统公共工程办理方式主要差异，包括：民间机构在完工后，拥有一段特定期间之特许经营权，由业主独立经营。 •通常政府必须行使公权力，协助业者取得所需土地。 •主办建设计划，资金需求较大，需由银行团提供长期及低利优惠贷款。在BOT工程兴建与筹设期间，投资者通常只有支出没有收入，而完工后营运之费率，也需受政府的管制，现金流入有限，贷款负担沉重，政府亦提供税赋减免及优惠。	郭进雄(2006)
13	DBFO(Design-Build-Finance-Operate)	DBFO为BOT的一种衍生，在特许公司营运期间，由政府编列预算，依约支付费用给特许公司，而不直接向使用者收费。此方式适用于有平行竞争性、无独占性或无法直接向用户收费之公共工程。	郭进雄(2006)

数据源：周旹霈，1999；郭进雄，2006；本研究整理

（三）公私协力关键绩效评估

Hayfield(1986) 发现大多数的 BOT 计划案失败的主要原因，都不是因为技术上的问题，此现象说明计划开始进行风险评估之风险确认的重要性，若将风险做不适当的确认，或仅作部分的确认，可能对整个计划案的风险造成错误的估计。

黄昆山、邢志航（1997）、邢志航（1998）透过世界上公共工程采公私协力方式开发经验及文献发现，公私协力成功与否的关键性因素于财务问题，其中所包含的相互影响关系（见图 3-2），影响面向可归纳如下四项，包括：“政府与民间组织扮演角色差异性”“影响财务因素之不确定性”“开发财务计划之可行性”“协商评估决策机制之完整性”四项间相互影响。

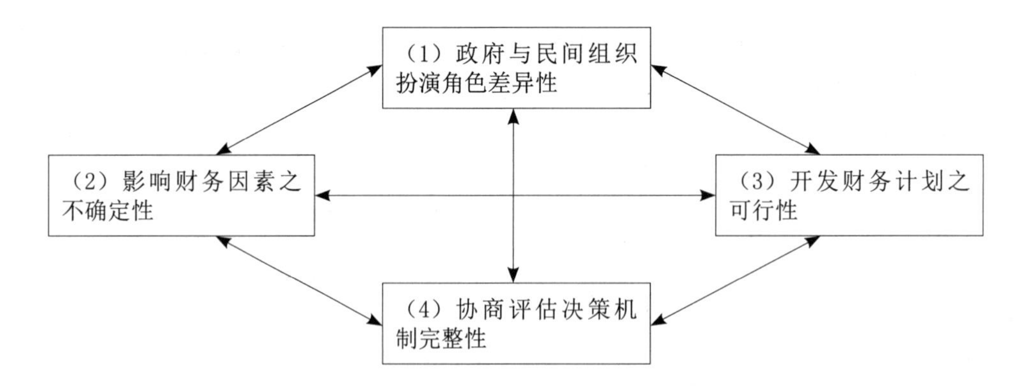

图3-2 公私协力关系与“协商评估决策机制之完整性”相互影响面向关系图

数据源：邢志航、黄昆山，2005

苏南（2013）认为 BOT 模式有下列六点优点：

（1）节省政府财政支出。

（2）引进民间专业经营活力。

（3）提高建设对民众需求服务效率。

（4）节省营运成本经济性。

（5）使公共建设成为融资工具，促进资金有效运用。

（6）提供较佳人力服务效率及就业率。

冯正民、钟启桩（2000）依据相关文献将BOT项目于运行时间中可能产生之风险列为表3-2：

表3-2 BOT项目各运行期间之可能遭遇风险汇整表

运行期间	规划投标期	订定合约期	建设期	营运期	移转期
可能遭遇风险	1. 社会接受度低 2. 准备期过长 3. 低价抢标 4. 审标期过长 5. 评选程序不公	1. 协商期过长 2. 协商失败 3. 合约文意不清 4. 协商内容可能图利他人	1. 土地取得延迟 2. 工期展延 3. 整合困难 4. 工程质量不佳 5. 设计错误 6. 成本估计错误 7. 施工技术不足	1. 营运因灾害中断 2. 营运质量效率差 3. 费率调整受干预 4. 运量不足	1. 设备老旧须大量维修 2. 总收入未达投资效益

数据源：冯正民，钟启桩，2000

政府绩效难以衡量是不争的事实，因为没有营利的动机且缺乏客观的市场数据如营收、获利率及市场占有率等，所以在绩效本身有界定上的困难（杨佳慧，2001）。郭幸萍、吴钢立（2013）公私协力并非万灵丹，成功的公私协力模式取决于是否有一套完整的机制设计，包括公私协力关系与政府角色的界定、伙伴文化及互信互惠关系的建立、相关法令与制度的建立、公私协力运作模式之建构、合理的契约内容、参与者权责界定、风险及不确定性的管控，以及委外管理措施和奖励诱因的配套制度等。

三、公私协力理论与型态

“公私协力”或称“公私合伙”（PPP）之伙伴关系，强调积极性的政府及公共领域核心的重要性（林玉华，2004）。公私协力关系包括“合作关系”（Cooperation）及“合伙关系”（Partnership）两个层面，“合作关系”乃指在政府与民间组织水平互动的过程中，政府扮演“诱导性”和“支持性”的角色，而民间组织扮演“配合性”的角色；“合伙关系”乃指在政府与民间组织互动过程中，双方形成平等互惠、共同参与及责任分担的关系（刘嘉雯，2000）。

公私协力是一种将私部门参与公共事务地位“合法化”或“正式化”的做法，政府与民间组织互相依存的程序，会因合作、合伙关系的建立而增强，而合作与合伙关系的主要差异在于政府与民间组织共同决策及责任分担的程度，政府与民间组织在合伙关系中的共同决策程度比合作关系来得高（吴英明，1993）。陈恒钧（1998）[①]认为政府与民间组织协力关系意指政府与民间组织共同寻求目标、策略及资源整合，共同分担经营社会责任与共创可分享之成果，此种关系的建立试图将民间企业精神及成本效益分析的观念引进政府服务功能之中。

四、公私协力类型

程明修（2006）指出行政机构（意指公部门）与私人机构（私人意指私部门、民间机构）在公共基础设施的兴建管理与营运合作协力之上，随着不同角色 的扮演，一般可以有所谓“公办公营（均由行政机构担任建设、管理与营运角色）”“公办民营（由行政机构担任建设；但由私人机构担任管理与营运角色）”“民办公营（由私人机构担任建设；但由行政机构管理与营运角色）”以及“民办民营（均由私人机构担任建设、管理与营运角色）”之分（见表3-3），并对四个类别之建设、管理与营运角色方式作概略说明如下：

表3-3 公私协力“管理营运”与“兴建责任”角色承担分类表

<table>
<tr><td colspan="2" rowspan="2"></td><td colspan="2">管理营运</td></tr>
<tr><td>行政机构</td><td>私人机构</td></tr>
<tr><td rowspan="2">兴建责任</td><td>行政机构</td><td>公办公营
全由行政机构担当
部分业务委托私人</td><td>公办民营
管理营运委托
设施出租
设施转让
DBO 设计—建造—运营</td></tr>
<tr><td>私人机构</td><td>民办公营
设施让受
设施借用</td><td>民办民营
PFI 民间融资
BTO
BOT
BOO</td></tr>
</table>

数据源：程明修，2006

① 陈佳骆．<公共政策：政府与市场的观点>是一本值得一读的学术著作[J]．城市，1998(4): 1.

（一）公办公营

公共基础之建设、管理与营运角色均由行政机构担任，不排除将部分的业务透过契约委托私人办理，关于营运管理的责任还是由行政承担，而业务委托所需之费用则由行政负担，这就是公私协力行为中最常见之一种活用类型（程明修，2006）。

（二）公办民营（委外经营）

童诣雯、杜功仁（2010）以全生命周期的观念将TP市市民运动中心公办民营之过程分为四大阶段，依序分别为规划设计时间、公告招商阶段、营运阶段及移转阶段，并建构公办民营模式流程概况图，透过概况图的说明，可以了解每个阶段的每个程序，政府势必扮演着关键的主导者，而民间组织亦必须秉持着经济效益考虑下，达到最完美的分工合作，才能满足政府与民间组织彼此的效益与愿景。

由行政担任建设，但由私人担任公共基础设施管理与营运角色。其中再可区分：

（1）管理营运委托：私人担任公共基础设施之管理与营运乃是透过委托的方式为之。委托管理营运所需费用仍由行政负担。

（2）设施出租（Rehabilitate-Operate-Transfer，ROT）：行政机构兴建设施后可透过有偿或无偿的方式租借给私人，而委由私人进行营运管理。管理营运之费用则由从利用人处收取之收入充之。

（3）设施转让：政府部门兴建设施后可以透过有偿或者无偿的方式，将所有权移转给私人，而委由私人进行营运管理。管理营运之费用则由从利用人处收取之收入充之。至于兴建所需费用，如果是在有偿转让情形，实际上形成私人负担；至于无偿转让时，则仍由政府部门承担。

（4）DBO设计—兴建—营运（Design-Build-Operate）：这是前述三种型态的进一步活用类型。不只营运管理（Operate），即使是设施的设计（Design）或者工程的施作（Build）均可以部分地委由私人为之（程明修，2006）。

（三）民办公营

在民办公营的模式下，私人部门参与公共设施的建设工作；然而，这些设施的管理与运营则由政府机构负责。这种模式可以根据资金和责任分配进一步细分为两种类型：

（1）设施转让：私人投资者负责建造公共设施，建成后将其移交给政府，由政府接手并承担起管理和运营的责任。因此，虽然设施的初期建设是由私人资金完成的，但长期的费用，包括管理和维护成本，则是由政府承担。

（2）设施租借：私人投资者同样建造公共设施，但完成后不是转让所有权，而是将其租给政府机构，后者继续扮演管理和运营的角色。在这种情况下，政府不仅负担管理和维护的长期费用，还可能负责向私人方支付租金或使用费。

（四）民办民营

均由私部门担任公共基础设施之建设、管理与营运角色。其中可分以下几种类型:

（1）PFI（私人财务投资，Private Finance Initiative）：这是将公共基础设施之设计、兴建、营运与资金调度全部交给私人完成，这是民办民营类型中最极致的型态。

（2）BTO（Build-Transfer-Operate）：公共基础设施之设计、兴建、营运与资金调度全部都委由私人完成，但是建设完成后将所有权移转给行政的类型。案例地区“促参法”第 8 条第 1 项第 2 款规定“由民间机构投资新建完成后，政府无偿取得所有权，并委托该民间机构营运；营运期间届满后，营运权归还政府”，以及第 3 款规定“由民间机构投资新建完成后，政府一期或分期给付建设经费以取得所有权，并委托该民间机构营运；营运期间届满后，营运权归还政府”，即指此一类型。

（3）BOT（Build-Operate-Transfer）：公共基础设施之设计、兴建、营运建设与营运期届满后，将所有权移转给行政的类型。“促参法”第 8 条第 1 项第 1 款规定“由民间机构投资新建并为营运；营运期间届满后，移转该建设之所有权予政府”，即指此一类型的合作关系。

（4）BOO（Build-Own-Operate）：公共基础设施之设计、兴建、营运与资金调度全部都委由私人完成，但是建设与营运期间届满后，并不将所有权移转给行政的类型。“促参法”第 8 条第 1 项第 6 款规定：“为配合行政机构政策，由民间机构投资新建，拥有所有权，并自为营运或委托第三人营运”，即包括此一类型（程明修，2006）。

五、公私协力案例相关考虑因素之研究

林贵贞（2006）指出国际公认英国在推动民间参与公共建设成效卓著，根据英国推动民间参与公共建设的经验显示，事后的绩效评量是相当重要但却常常受到忽视的环节。民间参与公共建设案件的许可期短则数年、长则数十年，规模小则数十万，大则数百亿。无论规模大小及年期长短之差异，对政府财政、整体社会与经济层面都将产生深远的影响。

而民间参与公共建设委托经营案于营运期间，营运绩效除攸关行政机构的施政质量，更关系受托经营之私部门的获利，及后续的承接意愿。因此，建立一套有系统地追踪民间参与公共建设的执行成效的绩效评估机制至为重要。

六、公私协力发展趋势

（一）PPP 模式的发展历史

公私合作伙伴关系（PPP）模式的历史可以追溯到 17 世纪法国政府通过特许经营的方式引入社会资本，用于运河和桥梁等公共项目的建设。然而，PPP 模式真正得到广泛推广和应用是在 20 世纪 90 年代之后。

初步发展：20 世纪 90 年代初，英国政府正式提出“私人融资活动（PFI）”概念，标志着现代意义上 PPP 制度诞生。这一制度的出现，使得私人资本能够更多地参与到公共项目的投资和建设中来。

全球推广：随后，PPP 模式在全球范围内得到了广泛的推广和应用。世界银行发布的报告显示至 2018 年底，全球至少有 135 个经济体建立了 PPP 模式之公共品供给制度。其中，85% 的经济体为 PPP 制定了法律或专属性政策，57% 的经济体允许社会资本自主发起 PPP 项目。

再度盛行：PPP 模式于 20 世纪 80 年代的欧洲和北美，当时政府开始尝试将私营部门引入公共基础设施和公共服务的提供中，以应对财政紧缩、提高效率和服务质量等问题。早期的 PPP 形式主要是 BOT（Build-Operate-Transfer，建设 - 运营 - 转让），DBFO（Design-Build-Finance-Operate，设计 - 建设 - 融资 - 运营）形式。随着时间推移，PPP 模式逐渐发展成熟，衍生出更多的合作形态，如 BOO（Build-

Own-Operate，建设－拥有－运营)、BLT(Build-Lease-Transfer，建设－租赁－转让)等，并在全球范围内得到广泛应用。

（二）PPP 模式的发展重点及优势

PPP（公私合作）模式是一种全面考虑项目全生命周期、促进公平竞争以选择社会资本、加快投资步伐、实现政府与社会资本的平等合作与风险共享、并保持过程公开透明的项目管理方式。国际组织，包括联合国机构，都非常重视 PPP 模式的推广。例如，联合国贸易法委员会在 2019 年对原有的社会融资基础设施立法指南和其法律文本范例进行了修订，更新为 PPP 立法指南和相关法律文本示例。此外，联合国的地区经济社会委员会也一直在努力提升成员国在 PPP 方面的能力，并推动国际合作。同时，像金砖国家和二十国集团（G20）这样的主流国际组织也将采用 PPP 模式来加速基础设施建设作为它们的首要任务。

PPP 模式，即公私合作伙伴关系，是一种创新的项目融资与实施方式，它将政府和社会资本紧密地结合在一起，共同推进基础设施和公共服务项目的建设。该模式具有显著的全生命周期视角，确保从项目的规划、设计、建设、运营到维护的每一个环节都得到精心考虑和高效执行。优点如下：

（1）全生命周期视角。

PPP 模式强调项目的全生命周期管理，这意味着不仅仅关注项目的建设和投资阶段，更着眼于项目的长期效益和可持续性。这种模式确保项目在整个生命周期内都能够得到妥善的管理和维护，从而实现公共利益的最大化。

（2）公平竞争与优选社会资本。

通过公平竞争的方式选择社会资本是 PPP 模式的另一大特点。这一过程公开透明，确保了所有潜在的投资者都有平等的机会参与项目。这种方式不仅有助于吸引更多的投资，还能确保选择到最具竞争力和创新性的社会资本，从而提升项目的整体质量和效率。

（3）加速投资与政府和社会资本的合作。

PPP 模式能够显著加速投资进程。由于社会资本的参与，项目的资金筹措变得更加灵活和高效。同时，政府和社会资本之间的平等合作与风险共担机制，也确保了双方能够共同面对项目实施过程中可能出现的各种风险和挑战。

（4）迎合环境、经济、治理（ESG）的重要性趋势。

在环境经济治理（ESG）的背景下，PPP 模式显得尤为重要。环境可持续性是 PPP 项目成功的关键因素之一。这意味着项目在规划、建设和运营过程中必须充分考虑对环境的影响，并采取有效的措施减少对环境的负面影响。

此外，PPP 模式还能够促进经济的可持续发展。通过引入社会资本，项目能够吸引更多的投资，创造更多的就业机会，并推动相关产业的发展。同时，由于 PPP 项目的长期性和稳定性，能够为经济增长提供持续的动力。

在治理方面，PPP 模式要求政府和社会资本之间建立紧密的合作关系和有效的沟通机制。这有助于确保项目的顺利实施和高效运营，同时也能够提高政府的治理能力和透明度。

（5）国际组织的重视与推广。

包括联合国机构在内的国际组织对 PPP 模式给予了高度重视，并积极推动其在全球范围内的推广和应用。例如，联合国贸易法委员会于 2019 年将原来的社会资本融资基础设施立法指南修订为 PPP 立法指南和 PPP 法条示例文本，为各国提供了更加明确和具体的指导。此外，联合国各个地区经济社会委员会也一直在致力于成员国 PPP 能力建设和国际合作，以促进 PPP 模式在全球范围内的普及和发展。金砖国家和二十国集团等主流国际机制也将推广应用 PPP 以加快基础设施建设作为优先任务。这反映了国际社会对于利用 PPP 模式推动基础设施建设和可持续发展的广泛共识和坚定决心。

综上所述，PPP 模式以其全生命周期视角、公平竞争、加速投资、政府和社会资本平等合作与风险共担以及公开透明等特点，为基础设施和公共服务项目的实施提供了新的思路和解决方案。同时，在环境经济治理（ESG）的背景下，PPP 模式的重要性更加凸显，它有助于实现项目的环境可持续性、经济效益和社会效益的平衡与最大化。随着国际社会对 PPP 模式的重视和推广力度的不断加大，我们有理由相信这一模式将在未来发挥更加重要的作用，为推动全球基础设施建设和实现可持续发展目标作出更大的贡献。

相关之公私协力研究文献（见表 3-4）：

表3-4 公私协力相关文献汇整表

公私协力运作与建构说明	研究者
认为伙伴关系成功的要件，应该是互相信任、目标清楚、责任明确、分工确实；健全的协调机制执行不仅有正面优点，而且能同时创造政府与民间组织共同价值、解决分配问题，使组成成员继续不断互动与分享创造的价值、产生足够的互信感、化解冲突的解决方法。	F.W.Sharp (1977)
主张现今社会在多元发展之下，政府与民间组织之互动日趋频繁、政府已无法胜认唯一治理的角色，需要与民间建立共同治理之模式，落实公私协力的策略。	Kooiman (1993)
“公私协力”为政府与民间组织互动过程之形式之一，其主要内涵为：“政府与民间组织以合伙方式达到互利，彼此同意相互签订权利与义务规范，并为共同目标而努力。”	吴济华 (1994)
指出新公共管理时代来临，已由过去“政府独大”转变为“政府市场共治”时代。	丘昌泰 (1999)
BOT 项目以项目融资为其基础，若投资者无法说服银行办理融资，则此项目将无法进行，这也是办理项目融资之基本精神——“借不到钱就不做 (Bankable or Terminate)”。BOT 项目之融资金额较一般工程庞大许多，因此利息扮演的角色相较传统工程案更为重要。	郭素贞、高守智 (2000)
以 BOT 模式运用于图书馆可行性，将风险管理纳入考虑，其中探讨政府采用 BOT 的原因有减轻政府财政困难、政府与民间企业合力分担公共建设投资风险、吸引外资及新技术，改善国家投资环境、引进民间企业文化，可提高公共建设管理的效率与质量。其中 BOT 风险主要分为政府风险与项目风险，政府风险又分为政治风险、政府财务风险、法治风险；项目风险分为开发风险、完工风险、营运风险。	蔡佳容、邱炯友 (2002)
提出近 40 年世界发展 BOT 的经验观察，提出“财务问题是 BOT 成败的关键”。	黄世杰 (2003)
将 BOT 财务相关之风险分析分为现金流量风险、营运风险、设备供给风险、完工期限风险。	柯伯升、杨明昌 (2005)
以学生宿舍探讨 BOT 财务规划，经过试算得知，政府着重的自偿率 SLR 、民间特许公司重视的 NPV 与 IRR 、营建业关心的 ROI 以及银行授信所必须检视的 DSCR 等财务数字，均可接受，举财务可行性。	黄明圣、黄成斐 (2003)
以花卉批发市场 BOT 研究结论得知，就计划财务风险之指标而言，民间业者与政府的立场，皆以自偿率为首要，另外民间业者与融资机构，另一个重要考虑指标即为还本期与偿债能力。	张家春、唐瑜忆 (2005)
以 AHP 评估游艇港埠建设 BOT 研究，研究成果以政治风险、项目本身风险、特许公司财务风险、联合开发风险。	王和源、林仁益、谢胜寅 (2004)
以政府观点探讨权利金的模式建构，主要以财务现金流量观念，利用数学解析方法，建构 BOT 计划政府财务决策模式，提出政府出资比例、民间出资比例、权利金，与政府财务回收率之间的完整财务模式，借以改善自偿率不适用于 BOT 计划财务决策问题。	康照宗、冯正民、黄思绮 (2005)
以探索性因素分析建构闲置公共设施委外经营可行性评估模式，并进一步以验证性因素分析加以验证。经统计分析，闲置公共设施委外经营可行性评估重新定义为五大因素，依序为项目财务、经济环境、项目规划、市场环境、政府政策，并依据文献及研究假设检验各因素对项目财务因果关系，最终研究成果得到闲置公共设施委外经营项目财务可行性评估之结构方程模式。	邢志航、沈志达 (2021)

续表

公私协力运作与建构说明	研究者
从探讨特色小镇之特色产业发展与 PPP 的具体运作机制出发，重点详细阐述介绍了中国现阶段 PPP 新运作模式创新，促进特色小镇与乡村振兴加快建设步伐中，具备的战略可行性价值、应用必要性以及现阶段还存在需解决的种种困境点及各种不足提出建议。因此，本研究将聚焦中国特色小镇特色产业发展中，针对 PPP 模式引入之理论特性、可行性优势、存在问题、对策建议及发展趋势为面向归纳理论架构。	邢志航（2023）
对 PPP 模式下工程招投标合同的风险识别与防控，进行了风险管理流程系统的研究和分析。通过综合运用实证研究方法，发现只有采取定性识别、与定量评估，才能针对风险因应防控措施，才能有效地降低 PPP 模式下工程招投标合同的风险。因此，在现实项目管理中，应该注重加强对合同的管理和监督，提高风险评估技术水平和管理能力，以保障工程的顺利实施和实现公共利益的最大化。	邢志航（2023）
PPP 社区基础设施建设是一种有效的资金筹措方式，可以提高社区基础设施建设的效率和质量，降低政府的财政负担。政府应加强 PPP 社区基础设施建设的法律法规建设和审批监管，同时应积极推广 PPP 社区基础设施建设的经验做法，吸引更多的社会资本参与社区基础设施建设，促进社会经济的发展和民生的改善。	邢志航（2023）
本研究针对特色小镇 PPP 模式引入 BIM 技术结合 IPD 模式进行协同管理的探讨。从分析现阶段与应用状况文献入手，调查协同管理的实施方法以及框架构建，再分析其中的优劣势，进而找到其中的问题，提出解决办法。期待在特色小镇 PPP 项目建设，能引入 BIM+IPD 模式提升各方协同管理效率，创造有助于决策及经营管理的推动特色产业环境。	邢志航（2024）

数据源：邢志航（2012）及本研究整理

第二节　世界各国公私协力（PPP）模式引入公共设施开发

期望达成改善闲置公共设施及活化利用之目标，可应用世界各地对于公共设施资产管理领域的思维与经验，如：英国铁路旅馆、英国电信、英国瓦斯、垃圾收集、医院清洁等委外经营案；美国印第安纳波里市自来水处理场、纽约市以契约方式委外经营案至 1988 年共有 4361 件（社福机构）；OECD 会员国（Organization for Economic Co-operation and Development；经济合作与发展组织）之委外经营：澳洲、墨西哥、丹麦、瑞典、希腊等国近数十年经验等。

PPP 模式期望达成引入社会资本及经营活力，促进公共设施投资开发之经济目标，中国可参考世界各地对于公共设施资产管理领域的思维与经验，如：英国铁路旅馆、英国电信、英国瓦斯、垃圾收集、医院清洁等委外经营案；美国印第安纳波里市自来水处理场、纽约市以契约方式委外经营案至1988年共有4361件（社福机构）；OECD会员国之委外经营：澳洲、墨西哥、丹麦、瑞典、希腊等国近数十年经验等皆可借镜。

而依据世界各地政府之PPP模式经验，以中国、英国、美国、加拿大、日本、澳大利亚、巴西、俄罗斯、印度、南非之经验，依据张琼玲、张力亚(2005)及金砖国家PPP和基础设施工作组(2022)汇整，说明如下。

一、中国

中国的PPP模式起步相对较晚，但在近几十年间取得了显著进展。20世纪90年代后期，中国政府开始尝试引进和推广PPP模式，最初主要集中在基础设施领域，如道路、桥梁、供水供电等。随着中国经济的快速发展和改革深化，PPP模式的政策体系不断完善（由引入阶段、政策支持阶段、快速发展阶段、规范化调整阶段），国家层面出台了多项政策法规，引导和支持PPP项目规范化、市场化运作。

进入21世纪以来，中国政府积极推动PPP模式的标准化、法制化建设，通过一系列政策文件明确了PPP项目的操作流程、权益分配、风险分担等内容。同时，成立了PPP中心等专业机构，加强培训、咨询和信息发布等工作，以规范PPP市场行为，推动社会资本积极参与公共事业发展。近年来,PPP模式已扩展到更多领域，如教育、医疗、环保等，并在各地形成了许多成功的实践案例，有力促进了地方经济发展和公共服务质量的提升。

中国已成为全球最大、最具影响力的PPP市场。2004年以来PPP模式的爆发式增长,PPP项目实施的规范性越来越受到国家相关部委和业界的重视。黎梦兵(203)[①]截至2018年12月末，依据全国PPP综合信息平台项目管理库，累计项目数8654个、投资额13.2万亿元；另外，还有3971个项目已列入储备清单，投资额达4.6万亿元（傅庆阳，2019）。

2014年以来，中国国务院及国家发展改革委、财政部、住建部等部委发

① 黎梦兵.PPP项目资产权属法律问题研究——基于公共设施运营权角度[D].湖南:湘潭大学，2023-07-15.

文，在全国范围推广引入政府和社会资本合作“公私协力”(Public-Private Partnership，PPP) 模式（张志远，2023）[①]。尤其在垃圾处理、污水处理等，具有现金流、市场化程度较高的公共服务领域，更是力推应用PPP模式。政府推广力度前所未有，因此在全国掀起了一股PPP模式项目的热潮，同一时间PPP模式在各行各业被广泛应用，PPP项目也在全国各地遍地开花。有相当多成功PPP案例，如：江西省赣州市南康区家居特色小镇 PPP 项目、云南省元谋大型灌区高效节水灌溉项目、天津市津南区“智慧津南”及数据湖（一期）建设 PPP 项目。

中国自 2014 年全面推广 PPP 模式以来，通过不断优化制度、放宽准入、引入竞争、鼓励创新等举措，广泛实施“使用者付费”“可行性缺口补助”及“政府付费”的PPP项目，有效实现基础设施与公共服务供给数量增加、质量提高、效率优化。PPP模式在中国的发展进程与成效远超预想，其领域、范围及规模均大幅拓展，推进力度、进度与质量亦显著提升。然而，迅猛的发展也带来诸多问题，部分地区对PPP项目的理解出现偏差。为确保PPP模式的健康发展，需加强监管、完善法规，提升公众认知，实现其在经济社会发展中的更大作用。

自2018年起，财政部与国家发展改革委联合开展了声势浩大的项目库清理与整顿工作，该年共从管理库中剔除了2557个项目，涉及资金规模高达约3.0万亿元（张志远，2023）。当前，PPP项目管理正面临着更加严格的入库审核和全程动态监控的挑战，这促使PPP项目逐步回归到理性与常态化的运作轨道。在这一过程中，绩效评价管理作为PPP项目全程规范管理的核心环节，发挥着不可或缺的重要作用。正因如此，业界将2018年誉为“PPP规范之年”，标志着PPP模式的发展进入了新的阶段。（向莹，2019）[②]。

随着中国经济的快速发展，基础设施建设成为支撑经济增长的重要力量。然而，传统的政府主导投资方式已逐渐显示出其局限性，特别是在环境保护、社会责任和治理透明度方面。为了应对这些挑战，中国积极引入了公私合作伙伴关系（PPP）模

---

① 张志远．平衡计分卡在医院PPP项目绩效评价中的应用研究——以D市医院为例[D]．济南：山东财经大学，2023-07-15.

② 向莹．PPP项目绩效评价问题及对策研究——以泉州市公共文化中心项目为例[D]．武汉：中南财经政法大学，2019.

式，以促进基础建设项目的可持续发展，并在此过程中充分体现了环境、社会和治理（ESG）的核心价值。

（一）基础设施投资的新模式

中国政府对于基础设施建设的投资理念正在发生转变，从完全依赖公共资金到积极吸引私人资本参与，PPP 模式成了重要的工具。这一模式不仅有助于缓解政府的财政压力，还能引入私营部门的资金、技术和管理经验，提高项目的效率和质量。

在 PPP 模式下，中国的基础设施项目涵盖了多个领域，包括但不限于交通、能源、市政工程和公共服务等。通过与私营企业的合作，政府能够分享风险，优化资源配置，并通过成熟的市场机制提升项目的整体竞争力。

（二）对 ESG 贡献的凸显

（1）环境责任：在推行 PPP 项目过程中，中国特别强调了环境保护的必要性。例如，通过采用绿色建筑材料、实施节能技术、推广可再生能源等措施，确保基础设施建设在减少碳排放、节约资源和保护生态环境方面的积极作用。此外，项目评估中也纳入了环境影响评价，确保所有活动均符合国家和地方的环保标准。

（2）社会责任：PPP 项目在中国同样注重对周边社区的正面影响。这包括提供就业机会、技能培训和社区服务等，以促进社会和谐与经济均衡发展。此外，项目的设计和运营阶段均考虑到了公众的需求和期望，从而确保基础设施投资能够真正满足社会的需求。

（3）治理透明度：在 PPP 模式下，中国政府和企业之间建立了更为紧密和透明的合作框架。双方的合作协议、风险分配、收益分享等关键信息均需公开披露，这不仅增强了项目的公信力，也为防止腐败和提高管理效率提供了坚实基础。

中国的 PPP 模式不仅为基础设施建设带来了新的资金来源和高效的管理方式，更重要的是，它在环境保护、履行社会责任和提升治理水平方面展现了显著的优势。这种模式的推广和应用有助于实现中国基础设施的绿色升级和社会共赢，为中国乃至全球的可持续发展目标作出了积极贡献。随着 PPP 模式在中国的不断深化和完善，有理由相信，此模式将为中国经济的可持续增长和高质量发展提供更加坚实的支撑。

实践成功案例：中国贵州正习高速项目是一个典型的绿色 PPP 项目（线路全长

130.367km，包括主线桥梁 48,750.8m/155 座），该项目在建设过程中坚持绿色低碳的设计理念，采用先进的建设技术和严格的质量标准，实现了 6 项 ESG 突破与创新。项目在环保选线、低碳建设、资源高效利用等方面表现出色，为沿线生态环境带来了积极影响。此外，该项目还通过异地“补植复绿”等措施，实现了生态环境的修复和提升。

二、美国

美国州政府业务委外经验：就委外经验项目，包括：“州政府委外经营累积之经验”①“营造竞争环境的委外过程”②“推展委外经营的关键”③；可供参考之经验内容如下：

（1）引进成果导向之观念。

（2）业务委外推动必须有政治领导者积极投入与承诺。

（3）政府必须将员工移转到私部门环境的策略。

（4）以“明确”及“弹性”为原则建构契约管理机制。

（5）政府必须监督与评估私部门服务绩效以确保完成政府的目标。

三、英国

英国政府业务委外经验：就委外经验项目，包括：“第三条道路与服务”④“最佳

---

① Raffe，Jeffrey A.，Debar A. Auger，& Kathryn G. Denhardt. 竞争和私有化选项：提高州政府的效率和效力．特拉华州 [M]. 纽约：特拉华大学公共管理研究所，1997.

② Savas，E. S. 私有化和公私合作 [M]. 纽约：查塔姆智库，2000：174—210.

③ Ibid.，DeHoog，Ruth Hoogland. “竞争、谈判或合作：服务承包的三种模式” 行政与社会 [M]. 1990，22(3)：317—340.

④ Bevir，Mark & David O' Brien. “英国的新工党和公共部门” [J]，公共管理评论，2001，61(5) ：535—547.

价值的委外经营”[①]“公私合伙取代市场优势”[②]；可供参考之经验内容如下：

（1）公私合伙的做法上具有阶段性“启动、寻找合伙对象、进行合伙、检视方案”。

（2）训练教案由协同民间机构共同提供。

（3）委外场馆内部粉饰、展示、保全及机电维护。

四、加拿大

加拿大联邦及省政府业务委托外包经验：就委外经验项目，包括：“加拿大政府业务委外形式”“安大略省政府业务委外经验”“魁北克省政府委外经验”；可供参考之经验内容如下：

（1）对委外后相关单位受影响人员提供补偿性措施。

（2）运用“合作协议”方式，建立政府与民间组织良善的伙伴关系。

（3）行政机关业务如具有市场竞争性，亦可规划转型为事业机构。

（4）重新思考政府任务之必要性。

（5）建议创新的治理模式。

五、日本

日本在21世纪初，即以“转用”方式促进城市空间能更有效活用，便以“转用”的促使城市空间能更有效活用探讨，认为“转化”主要是因不动产原空间功能随时代经济环境转变，而失去原有效益，亦即进入城市生命周期的“衰退”时期，在需求减少下，如何使“衰退”的不动产回复、再生、现代化，即为“转用”最主要的功能。

---

① Woods，Rober．“社会住房管理多重压力”于John Clark，Sharon Gewirtz & Eugene McLaughlin（编辑），《新管理主义，新福利》．英国伦敦：塞奇出版公司，2000：137—151.

Clarke，John．“休闲：管理主义和公共空间”于John Clark，Sharon Gewirtz & Eugene McLaughlin（编辑），《新管理主义，新福利》．英国，伦敦：塞奇出版公司，2000：186—201.

② Faloconer,Peter K.& Kathleen McLaughlix.“英国的公私伙伴关系和‘新工党’政府”于Stephen P.Osborne（编辑），《公私伙伴关系：国际视野中的理论与实践》．英国，伦敦：塞奇出版公司，2000：120—133.

将行政机构所建设投资之公共设施视为“项目”(Project)进行管理，就公共设施的项目生命周期特性，大略可分为“规划评估”“兴建施工”“执行经营”“移转更新”等阶段，而各阶段所需考虑之“项目的目标权衡”(Trade-Offs)与“项目的风险掌控”皆不相同，纳入“项目管理”(Project Management)[①] 与“风险管理”(Risk Management)[②] 的管理理念，以美国学者 Savas，E.S.(2000) 归纳提出公共服务委外经营竞争过程步骤的论点，将更能在推动公共建设活化利用上有所帮助。

六、澳大利亚

澳大利亚政府在其政策指南中，将公私合作伙伴关系（PPP）模式下的基础设施项目归为两大类别：社会性基础设施 PPP 侧重于服务于公共利益且依赖政府支付的项目，而经济性基础设施 PPP 则集中于那些可以通过用户付费来自我融资的项目。

（一）社会性基础设施 PPP

主要涉及那些非营利性质的社会基础设施项目，其资金回收依赖于政府支付的费用。换言之，政府会根据服务提供情况向私营投资者支付费用，以偿还其投入的资本。这类项目的典型包括公共科研设施、教育机构（如学校）、医疗设施（如医院）、文化场馆以及监狱等。这些建筑和服务通常是为了社会福利而存在，而非直接产生收益。

（二）经济性基础设施 PPP

经济性基础设施 PPP 指能直接从使用者那里收取费用的基础设施项目，例如通过收取通行费的高速公路、桥梁和隧道，以及铁路、港口码头、机场、水电供应系统和污水处理设施等。这类项目的特点是它们能够生成收入流，因为用户需为使用这些设施或服务付费。在澳大利亚，虽然此两类基础设施项目的数量大致相当，但如果从总投资额的角度分析，以经济型基础设施为主的项目占绝大多数的比例。

---

① “项目管理”(Project Management)：项目是一个复杂的、非例行性的、被时间、预算、资源与绩效等规格限制住的一次努力，且这些限制规格皆须以满足需求为前提。

② “风险管理”(Risk Management)：凡对于任何计划之预期成本或预期收入产生负面冲击、不良影响或潜在不利因素，称之为“风险”。“风险”会随计划性质、应用领域或考虑层面之差异而有不同之衡量指标。

（1）设立PPP专职管理机构并发布政策指导手册。

澳大利亚政府为了更高效地统筹基础设施项目，专门设立了基础设施和区域发展部作为PPP项目的核心管理机构。该部门不仅负责汇总全国的基建需求，还负责制定和发布PPP项目的政策指导手册。这些手册为投资者提供了详尽的指引，包括PPP项目的采购流程、投资须知以及社会和经济性基础设施的商业运作原则等，从而确保了PPP项目的规范化和透明化。

（2）确立“物有所值”的PPP项目筛选机制。

澳大利亚政府在评估是否采用PPP模式时，坚持“物有所值”的核心理念。这一机制强调在项目决策阶段，政府部门应通过全面深入的成本效益分析，判断PPP模式是否能为社会带来更大的经济效益。这种筛选机制确保了PPP项目的经济效益和社会效益的双重提升。

（3）构建全方位的PPP项目绩效评估与监督体系。

为确保PPP项目的顺利实施和高效运营，澳大利亚政府构建了一套全方位的绩效评估与监督体系。在这一体系下，社会资本负责项目的日常管理和质量监控，而政府部门则负责对这些管理工作进行定期审查和评估。通过这种方式，政府能够实时掌握项目的进展情况，确保社会资本提供的服务或产品符合质量标准，并达到预期的效益。

（4）保障社会资本合理回报以促进可持续发展。

在PPP项目中，澳大利亚政府非常重视社会资本的回报问题。政府通过确保项目自身的收益来源，如使用者付费和政府补贴，以及通过政策手段将部分土地附加收益转让给社会资本等方式，保障了社会资本的合理回报。这不仅增强了社会资本参与PPP项目的信心和积极性，还有助于推动PPP模式的可持续发展。

（5）将公众利益置于PPP模式推广的首要位置。

澳大利亚政府在推广PPP模式时，始终将公众利益放在首位。通过PPP模式，政府能够引入社会资本参与基础设施建设，从而缓解财政压力、提高公共服务水平、降低建设成本。同时，社会资本在项目运营和维护方面的专业性能够进一步提升项目质量和效率，从而确保公众利益的最大化。在这一过程中，政府还通过加强监管和评估等措施，确保社会资本的行为符合公众利益的要求。

七、巴西

发展基础设施是巴西政府的首要任务之一，其目标是能够降低成本，提高效率。到 2022 年底，巴西联邦政府与社会资本的运输 / 物流项目合同投资将达到 500 亿美元[①]，远高于每年约 13 亿至 14 亿美元的公共预算。如果将公共卫生、能源生产和输送以及石油和天然气行业也包括在内，全部基础设施行业的总投资将达到 2000 亿美元左右。当前，在政府财力有限的情况下，PPP 是促进基础设施投资的最有效方式。巴西拥有扎实且结构良好的特许经营、授权和私有化项目库，目标是动员社会资本拥有或租赁，运营基础设施并为其提供融资，以迅速缩小基础设施差距，同时不会对联邦、州和地方预算产生负面影响。PPP 和特许经营项目引入了社会资本投资及其管理基础设施项目的专业技能，因而巴西成功地在多个基础设施领域增加了投资，提供了新的就业机会，也提升了人民的安全感和舒适度。

尽管联邦政府于 2016 年制定的投资伙伴关系计划（PPI）只是巴西 PPP 和特许经营的一部分，但也推动了国家的最优事项 —— 发展基础设施。投资伙伴关系计划的优先领域是物流和运输、城市交通、能源、采矿、通讯、广播、公共卫生和灌溉，近期扩展到森林、国家公园和历史遗产。从 2017 年 1 月 1 日至 2022 年 3 月 30 日，在投资伙伴关系计划下已有 263 个项目进行招标。基于合同中预计的最低投资金额，这些基础设施项目将在整个合同执行期间撬动社会资本方约 1885.6 亿美元投资（资本支出）、约 428.7 亿美元运营费用（运营支出），以及 384.2 亿美元特许经营费。其中，198 个项目已完成全部采购工作（实施机构和社会资本已签署合同）；189 个项目以 PPP 模式实施。从项目数量和投资金额来看，电力（发电和输电）、公共卫生和物流占主要份额。地方各级政府优先采用 PPP 的领域是基本公共卫生、街道照明、管道燃气配送、公共幼儿教育、少年管教所和州监狱系统。

在巴西，所有 PPP 项目的实施过程都必须从研究论证开始，需要说明采用这种模式的理由，并阐述其优缺点。多项调查结果表明，社会资本或运营商在 PPP 和特许经营项目上提供的服务要优于传统公共供应商提供的服务[②]。

---

① 本报告中采用 5 巴西雷亚尔 =1 美元的参考汇率。

② 金砖国家PPP和基础设施工作组，2022，BRICS政府和社会资本合作推动可持续发展技术报告。

八、俄罗斯

俄罗斯积极运用PPP模式以实现经济、社会和环境等发展目标，PPP在社会、数字、交通和公用基础设施的发展中发挥着重要作用。许多具有高度社会经济影响的战略性、大型基础设施项目都采用了PPP模式。截至2021年12月，共有3648个PPP项目完成合同签署，总投资额4.7万亿卢布（651亿美元[①]）的76%来自社会资本。966个项目处于建设阶段，总投资额1.43万亿卢布（198亿美元）的61%来自社会资本；2274个项目处于运营阶段，总投资额2.1万亿卢布（291亿美元）的69%来自社会资本。

战略性经济类PPP项目主要包括从莫斯科到圣彼得堡的“涅瓦”收费公路、西欧到中国西部高速公路一部分的陶里亚蒂（萨马拉地区）环线公路，以及国家数字追溯系统“诚信标记”。国家数字追溯系统是俄罗斯联邦最大的PPP项目，投资2200亿卢布（30亿美元）。为了实现数字化转型的发展目标，俄罗斯在该领域实施了25个PPP项目，总投资2720亿卢布（37亿美元）。高水平的教育、医疗和体育等社会类基础设施是保障人民健康和幸福、实现自我价值与人才发展的基础。截至2021年12月，有554个社会类基础设施PPP项目正在实施，总投资约为4200亿卢布（58亿美元）。

此外，PPP项目处于提高基础设施质量的创新前沿。例如，部分PPP项目通过了俄罗斯2021年开发的基础设施项目评估和认证体系的试点认证[②]。

九、印度

印度政府认为PPP的主要作用是利用社会资本的投资和运营效率来提供可负担、可持续的公共资产和服务。PPP项目由联邦政府、地方政府或地方机构执行。此外，联邦政府集中维护PPP项目数据库，记录项目实施的各个阶段，以进一步支持对PPP项目的有效审查和监测。

---

① 本报告中俄罗斯采用72.1卢布=1美元的汇率。

② 金砖国家PPP和基础设施工作组，2022，BRICS政府和社会资本合作推动可持续发展技术报告。

印度一些最成功的基础设施项目是采用 PPP 实施的。总体来看，国家基础设施项目库中约 15% 的项目采用 PPP 模式。过去 15 年，大约 2000 个总投资约 3729 亿美元的 PPP 项目融资到位，通过私人参与方式撬动社会资本 3634 亿美元投资。

基于社会资本的不同风险偏好和不同行业各自的增长动因，印度的 PPP 项目通过多种模式实施，例如设计—建设—融资—运营—移交（Design-Build-Finance-Operate-Transfer）、混合年金模型（Hybrid-Annuity-Model）、建设 - 运营 - 移交（Build-Operate-Transfer）、运营 - 管理 - 开发 - 扩充（Operate-Manage-Develop-Augment）等。每种模式下社会资本参与程度不同，因而其投入的建设资金占项目总投资的比例从 40% 到 100% 不等。印度 PPP 的核心是精心设计且权责平衡的特许经营协议，用以驱动和界定公共部门和社会资本的角色和责任。由此，特许权协议以关键绩效指标（KPI）的方式将社会资本的效率与公共部门的服务交付责任相结合。

印度优先发展的基础设施领域包括交通（公路、铁路、机场、港口、水运等）、能源、物流、城市发展和社会基础设施（卫生、教育、农业）。印度政府采取了多项措施来开发包括优先领域在内的各领域 PPP 项目。为了促进卫生和教育等优先领域的基础设施发展，政府加强了对 PPP 项目的可行性缺口补助（ViabilityGapFunding）支持，最高可达项目建设成本支出的 80% 和运营支出的 50%。PPP 带来的效率提升和撬动的社会资本投资对多个行业的发展产生影响，例如加快发展速度、提升项目可持续性、优化项目成本和改善绩效、扩大规模。

PPP 能够根据项目自身的性质提高效率，例如加快建设速度、改进绩效、通过改善运维提高项目可持续性、提升各邦和城市功能、提升创收能力、降低收入漏损和改善项目融资指标等。社会资本还能够引入创新的融资模式，降低项目所需资金的总体成本①。

十、南非

南非的 PPP 制度框架近 15 年没有变化。尽管 PPP 模式早期在南非取得了成功，但在过去 9 年中，新项目交易规模有所下降，从 2011 至 2012 年约 107 亿南非兰特

① 金砖国家 PPP 和基础设施工作组，2022，BRICS 政府和社会资本合作推动可持续发展技术报告。

下降到2019至2020年的56亿南非兰特。在过去10年中，经济增长乏力、支出压力不断上升以及向国有企业提供财政支持等，限制了政府投资新基础设施的能力。资本性投资也因此受到不利影响。

2018年，南非总统宣布设立基础设施基金计划，该计划致力于改革公共基础设施供应，鼓励公共部门与社会资本合作，规划并实施基础设施项目。

2020年，南非政府各部门签署了一份协议备忘录，启动了基础设施基金。隶属于总统办公室的南非基础设施中心、公共工程和基础设施部、财政部以及南非开发银行共同签署了该协议备忘录。基础设施基金将聚焦于优先领域的 PPP 项目，因为这些项目能够撬动社会资本资金，从而促进经济发展。该基金旨在作为政府资金和配套支持，为项目吸引混合融资资金，包括社会资本和国际金融机构的资金，以解决基础设施项目准备和融资方面的问题。

财政部、公共工程和基础设施部、南非基础设施中心和基础设施基金正在进一步改革，以加强基础设施价值链。改革举措包括《2050年国家基础设施计划》、基础设施预算机制和基础设施基金。目前，公共工程和基础设施部正在制定一项全面的、有针对性的基础设施计划；南非基础设施中心在努力消除政策和监管障碍，建立一个具备可信度和可融资性的项目库；基础设施预算机制正在提高项目规划和评估的严格性；基础设施基金正在提高设计混合融资项目的技能，这类项目将主要由社会资本进行融资。

财政部与政府技术咨询中心的PPP中心共同启动了PPP框架评估工作，以应对这些挑战，并就立法框架和指南提供短期和长期建议。财政部于2021年9月完成了PPP 评估，重点是简化审批和合规要求，改革政策框架，以评估并优先考虑政府与社会资本合作关系。这将鼓励社会资本提供资金。评估结论建议政府建立一个高水平的PPP 中心，并考虑对投资低于10亿南非兰特的项目进行快速审批。财政部的目标是在未来 24 个月内落实这些改革措施[①]。

① 金砖国家PPP和基础设施工作组，2022，BRICS政府和社会资本合作推动可持续发展技术报告。

第三节　ESG 在全球 PPP 项目中成功个案经验

一、执行成功案例

随着全球对可持续发展的日益关注，ESG 理念在 PPP 项目中的应用已成为一种趋势。分析几个国际上成功应用 ESG 理念的 PPP 项目案例，以展示其在实践中的运作情况。

（一）中国贵州正习高速项目

中国贵州正习高速项目是一个典型的绿色 PPP 项目（线路全长 130.367km，包括主线桥梁 48,750.8m/155 座），该项目在建设过程中坚持绿色低碳的设计理念，采用先进的建设技术和严格的质量标准，实现了 6 项 ESG 突破与创新。项目在环保选线、低碳建设、资源高效利用等方面表现出色，为沿线生态环境带来了积极影响。此外，该项目还通过异地“补植复绿”等措施，实现了生态环境的修复和提升。

（二）澳大利亚墨尔本地铁项目

澳大利亚墨尔本地铁项目是一个集交通、环境和社区发展于一体的 PPP 项目。该项目在规划阶段就充分考虑了 ESG 因素，通过引入先进的环保技术和设备，实现了节能减排、降低环境影响等目标。同时，项目还通过提供便捷的公共交通服务，改善了当地居民的出行条件，促进了社区的发展。

二、成功经验与挑战总结

通过上述案例分析，我们可以总结出一些成功应用 ESG 理念的 PPP 项目的共同经验。首先，项目在规划阶段就明确了 ESG 目标，并将其贯穿于项目的全生命周期。其次，项目团队在实施过程中注重环保、社会和治理等多方面的因素，采取了一系列措施来确保项目的可持续发展。最后，项目团队积极与各方利益相关者沟通合作，共同推动项目的顺利实施。

然而，在应用ESG理念的PPP项目中，也面临着一些挑战。例如，如何在保证项目经济效益的同时实现环境保护和社会责任；如何平衡各方利益相关者的诉求和利益；如何在项目实施过程中应对各种不确定性和风险等等。这些问题需要我们在未来的PPP项目中进一步探讨和解决。

总之，ESG理念在PPP项目中的应用已经成为一种趋势。通过分析国际上的成功案例和总结经验教训，我们可以更好地推动ESG理念在PPP项目中的实践和应用，为实现全球经济的可持续发展做出贡献。

第四节　公私协力推动公共建设共识之凝聚分析

政府推动大型公共建设实质的意义在于带动经济促进就业，增加政府施政的满意度，提升地方基础建设使民众得以使用并得到公共建设的公众效益，近年来遭受经济不景气的影响，导致政府财政困难，在推动大型公共建设上必须借助民间的资金以期顺利推动建设，案例地区于2000年公布实施“促进民间参与公共建设法”（简称“促参法”），并持积极创新之精神，从兴利的角度建立政府、民间之伙伴关系，期望透过民间参与公共建设引入民间活络之资金与经营之活力，减轻政府财政负担，透过民间的力量加速政府公共建设与提升公共服务质量，进而带动经济发展与提升政府经营效能，目前已蔚为世界潮流与趋势，更是欧美国家推行公共建设之重要措施。

传统公私协力常用于公共建设中，常以财务绩效来衡量公共建设的成败，但仅以财务来衡量绩效评估并未有全面性的综效考虑，因政府部门以公众效益为主，私部门以财务考虑为主。公私协力的精神是政府单位给予行政权的支持与奖励的诱因，引入民间资金及专业经营团队效率，来解决政府财政困难与弥补政府组织专业性不足，透过这样的合作机制来完成建设，政府获得社会形象并产生公众效益，民间则获得该有的利润，双方彼此达成目标与结果。

公部门与私部门在参与公共建设期间，透过公私协力的机制，期望完成公共建设并达成双方初期的期待，但诸多公共建设案例显示出双方在公共建设之目标绩效达成上有些许的认知差异，导致公共建设产生管理、财务、法令与政策等相关待解决的问题，公共建设推行需评估相当多的考虑因素，并拟定适当的可行性分析与完整的规划报告书，在落实执行与建设期间方能顺利推动，公私协力的机制在公共建设规划与建设期间，协助政府与民间部门间的互相沟通与协调，透过此合作机制，双方将影响因素提前拟定并提出共同的看法与共识，以利公共建设顺利落成并正式启用。

公私协力的组成视为一种特殊的组织形式（特许公司），在企业组织形态中如同跨部门的沟通协调与互相合作，双方之间的互相协调与配合即形成了公私协力的合作形态，此种合作关系有赖于双方彼此共识的凝聚，唯有依据公、私双方愿景之建设的公共建设，才能在后续使用上达到双方彼此认同之价值，否则即便公共建设顺利落成，在双方期待的认知上，定会产生诸多差异而使公共建设之美意被曲解。

为了能顺利建立公私双方之共识，本研究透过文献回顾拟定公共建设公私协力关键绩效指标，调查范围依据案例地区财政事务主管部门促参司金擘奖得奖案例的调查，以第1届至第11届政府机关团队与民间机构为调查对象，让公、私双方在参与公共建设中能目标明确，降低不确定因素与减少建设风险，提高公共建设顺利落成并产生公部门期待之公众效益及私部门期待之合理利润，研究成果依据平衡计分卡，透过问卷实地调查，将调查成果凝聚公、私部门之双方共识，并订定出公共建设公私协力绩效评估平衡计分卡，最后将调查成果进行实例验证并建构公共建设公私协力平衡计分策略地图，研究目的如下：(1) 建立金擘奖公共建设公私协力关键绩效指标；(2) 建立公共建设绩效评估指标计算权重；(3) 建置公共建设绩效评估平衡计分卡；(4) 建构公共建设公私协力平衡计分策略地图。

一、公私协力推动公共建设相关文献

（一）公共建设定义

公共建设（也称为“基础设施”或“基础建设”）(Public Infrastructure) 是各项经济建设之基础，与国计民生关系密切，故可视为是国家促进经济持续发展，提升国民生活水平之最根本动能，也是国家整体竞争力提升的关键（林淑馨，2011）。国家基础公共建设的投资除了带动国家政体经济发展之外，亦是政府调和市场机制与公共利益发生冲突时的重要工具，因此公共建设的存在价值与意义无法单纯地以市场机制为唯一考虑（井雄均，1998），需纳入考虑维护社会国家的公平、稳定与安全等因素，这也是为何该项建设需要由政府来协助提供的主要原因（郑人豪，2006）。关于公共建设的概念，若以兴建主体来区分，广义的公共建设泛指以服务公众为目的或为公众使用之建设，由民间与政府所兴办者也都在涵盖的范畴之内；但狭义的公共建设，则专指由政府主导兴办，而以服务公众或为公众使用为目的之建设（钟文传，2007）。

在案例地区“促进民间参与公共建设法”（简称“促参法”）称公共（基础）建设（infrastructure）为供公众使用或促进公共利益之建设；若公共建设之利益限于地方或区域则称地方建设。立法之旨意为:“提升公共服务水平，加速社会经济发展，促进民间参与公共建设”，促参的推动一方面提高了政府原有能量所能提供公共服务的质与量，其中质的提升系来自引进民间效率所带来原有服务水平的提升，而量的增加，则是指经由促参的推动使原本缺乏或不存在的公共服务得以出现（财团法人案例地区经济研究院，2006）。另外若公共建设本身为民众日常生活的一部分，虽自偿性不高，但因可以吸引大量人潮，所以能创造附属设施的商业价值，也因此，政府对于此类计划的附属设施开发应采开放的态度，在不影响原有设施机能的前提下，提供民间经营的必要规模与条件，才能吸引民间参与投资开发（钟文传，2007）。（Tingting、Suzanne2014）政府已发掘透过公共建设开发而带来的社会公众效益，开发公共建设需要成本以及复杂的行政程序与计划书规划，公私协力为政府投入创新服务模式的一种项目管理能力。（何暖轩、张伶如 2014）政府为提升公共建设的施工效率与服务质量及使用年限，公共建设民营化已由国外之案例证实是唯一可行之路，也就是以民间资源来弥补政府财政短缺之负担，免除政府无充足预算投入基本建设的窘境，提高营运效能，让政府在有限的财政资源下充分有效分配运用，增加公共建设的服务质量及基础建设计划执行效率，透过法制面将风险和责任分担的机制，兼顾公益与私益，这种让民间以投资的方式来进行政府无法从事，但却是社会所迫切需要的建设。

（二）民间参与兴建公共建设研究

近年来，世界各国积极导入民间参与兴建公共建设，主要在借由引进企业经营管理理念以强化效率及改善公共服务质量。英国自 1992 年开始大力推动民间投资提案制度（Private Finance Initiative，PFI），迄今已累积相当多的案例与经验，在2003，由英国中央独立的公共支出稽核单位国家审计局（National Audit Office,NAO）执行并递交给国会下议院的一份报告："民间投资提案：营运绩效"（PFI：Construction Performance）针对中央所推动将近40个PFI计划进行施工阶段的绩效评估。该报告显示，PFI在计划成本与工期、设计及施工质量等方面之成效表现均明显超过传统政府工程采购的表现，可见公共建设以民间参与在良好的法律制度与经营环境下可以展现相当好的计划成效（林贵贞，2006）。

"公私协力"或称"公私合伙"(Public-Private Partnership,PPP）之伙伴关系，强调积极性的政府及公共领域核心的重要性（林玉华,2004）。公私协力关系包括"合作关系"（Cooperation）及"合伙关系"（Partnership）两个层面，"合作关系"乃指在公私部门水平互动的过程中，公部门扮演"诱导性"和"支持性"的角色，而私部门扮演"配合性"的角色;"合伙关系"乃指在公私部门互动过程中，公私部门形成平等互惠、共同参与及责任分担的关系（刘嘉雯，2000）。

陈恒钧（1998）认为公私部门协力关系意指公私部门共同寻求目标、策略及资源整合，共同分担经营社会责任与共创可分享之成果，此关系建立试图将民间企业精神及成本效益分析观念引进政府服务功能之中。刘嘉雯（2000）指出公部门与私部门团体寻求目标认同后所形成之公私互动过程，此平等互动过程之参与者对于共同之任务具有资源整合、分工负责、策略一致、责任分担、共享利益之认知。所谓民间参与系指民间利用其资金及管理能力，投入公共建设，以协助政府分担建造期或营运期之特定风险（张家春、唐瑜忆，2005）。张学圣、黄惠愉（2005）认为公私协力乃指公、私双方均有参与意愿，并建立在平等互惠与责任分担之基础上。

刘芬美、陈博亮、冯文滨（2011）指出公私协力是将"以往由公共部门所从事的各类公共服务、社会资本、营运等公共领域，引进民间企业的资金、技术、经营并且由民间主导从事高效率、高成果的社会资本筹备之事业手法"的统称。Tingting、Suzanne(2014）以大型活动场馆的公共建设为研究，用两个比较案例的分析，来探讨公私协力合作的经验、风险、策略的建议，私部门在营运的过程中虽然较无经营移转的问题，但也常导致无足够的能力来提升整体业务力与提升经营绩效，研究成果得知，促成大型公共活动场馆顺利执行与建设之五类因素为，（1）健全商业开发模式、(2)精简财务规划、(3)稳健招标、(4)有效的公私协力伙伴关系为基础、(5)落实风险分配(图3-3)。

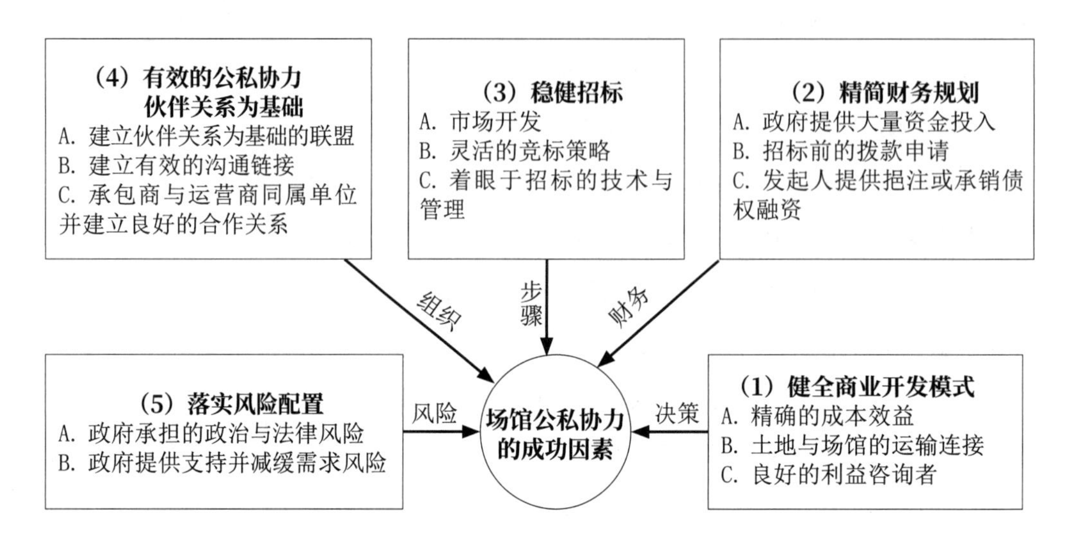

图3-3 大型公共建设场馆实施公私协力关键成功因素

数据源:Tingting、Suzanne(2014)

(三)平衡计分卡理论

平衡计分卡(Balanced Scorecaed)是一项可将组织策略加以落实并活络的管理制度,强调选择的指标必须能确实有助于组织目标达成,是由哈佛商学院教授Robert S.Kaplan及实务界管理顾问David P.Norton共同发展出来的一套管理工具,设计当初系为提供绩效衡量问题的解决方案。就组织管理而言,绩效评估属于管控制系统的一环,当组织有了绩效评估及绩效管理的方法后,便能有效地管理资源、衡量并控制组织目标(Hugh,Ashworth,Gooch & Davies,1996)。有效的平衡计分卡的组成要素,包括:企业使命、核心价值、愿景与策略(于泳泓,2009)。绩效评估指对组织的各单位之运作进行评比,除了解各单位之效率与效能外,能在经营过程中及早发掘缺失共谋解决之道(林贵贞,2006)。

传统绩效评估指标以财务性为主,忽略非财务性绩效评估目标,已无适用于今日高竞争、高科技及国际化的企业环境。Eccles Pyburn(1992)指出传统财务性指标的限制:(1)会计衡量指标是一落后指标(Lagging Indicator),只能显示管理人员决策作成后的结果，而很少用来预测未来的绩效；(2) 无法提供决策所需信息；(3) 财务性指标强调内部性而非外部性，如将实际数与预算数相比，而非与竞争者相比。Brown(1996) 指出有效的绩效评估系统的衡量指标应该具备八种特征如下：

（1）绩效指标愈少愈好。

（2）绩效指标所衡量必须与成功因素连结。

（3）绩效指标必须涵盖过去、现在与未来，一并衡量。

（4）绩效指标的设计必须基于顾客、股东与其他利害关系人。

（5）绩效评估应该由最高层开始向下层层分解，以确保绩效评估的一致性。

（6）将多项指标合而为一，以达到更好、更全面的绩效衡量。

（7）衡量的指标必须随着环境或组织的改变而有所调整。

（8）绩效指标必须根据对组织的研究结果而定并与组织目标相结合。

Kaplan 和 Norton 在 1992 年提出的“平衡计分卡”概念强调了将核心绩效评价指标与组织的战略紧密结合的重要性。这种方法旨在平衡企业的长短期目标，并确保在多个层面上的平衡，包括财务和非财务指标，主观和客观评价，以及内部和外部环境因素。此外，它还涉及领先指标（预见未来表现的指标）和落后指标（反映过去表现的指标）之间的平衡。

在 1996 年的论述中，Kaplan 和 Norton 进一步阐述了“平衡计分卡”中的“平衡”所涵盖的四个维度，这些维度分别是：

（1）财务与非财务指标之间的平衡：确保评估不仅仅基于财务结果，也包括其他如客户满意度、内部流程效率和学习成长等非财务方面的指标。

（2）主观与客观衡量之间的平衡：结合定量数据（如销售数据）和定性评价（如客户反馈）来全面评价绩效。

（3）内部与外部视角之间的平衡：同时考虑内部业务流程和外部市场环境对公司绩效的影响。

（4）领先与落后指标之间的平衡：使用既能够指示未来趋势的领先指标，也使用反映历史表现的落后指标，以实现对组织绩效的全面监控和管理。

通过这种方式，平衡计分卡成了一种战略性管理工具，它帮助组织在不同维度之间取得平衡，并以此连接绩效指标，从而更有效地实施和跟踪战略计划。平衡计

分卡有两个主要基本概念：

第一，绩效所衡量的就是企业所要达成的目标。Kaplan 和 Norton（1992）的绩效衡量理念，强调绩效内容与模式应与企业经营目标和策略紧密结合。这种理念的核心在于将企业的长远目标与日常运营活动紧密相连，形成一个统一的战略框架。通过整合策略计划、运营流程以及财务与物力资源，企业能够更有效地配置资源，优化运营流程，从而提升整体绩效。这种方法的优势在于其全面性和战略性，有助于企业实现长期的可持续发展。简而言之，Kaplan 和 Norton 的理念为企业提供了一种全面、系统的绩效衡量方法，有助于企业更好地实现其经营目标（Kaplan、Norton，1992；Clarke，1997）。

第二，突破传统单一财务面的衡量构面，不再仅以投资报酬率与每股盈余等财务性指标，来判定企业经营绩效的高低；而是以四个角度衡量企业的整体营运表现：（1）财务观点（Financial Perspective）、（2）顾客观点（Customer Perspective）、（3）内部流程观点（Internal Process Perspective）、（4）学习与成长观点（Learning and Innovation Perspective），将企业经营目标与策略串联成一致性策略管理系统（Gary and Roger，1996；Kaplan and Norton，1996，1997；Clarke，1997）。

当企业对其策略不甚了解时，Norton 与 Kaplan 也于 1996 提出一套系统化的发展计划建立平衡计分卡，同时也鼓励高阶及中阶经理人使用计分卡。因此，组织在建构一套平衡计分卡流程时，可依照策略管理四大流程展开十项执行步骤（图 3-4）。

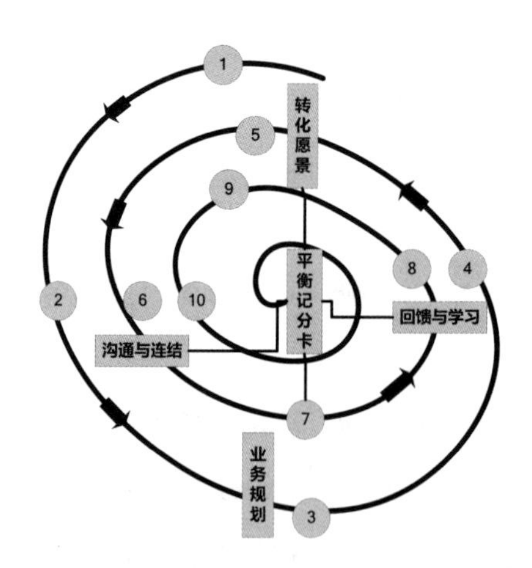

图3-4 建构平衡计分卡的流程步骤

数据源：Norton、Kaplan(1996)

二、公部门及私部门调查成果及分析

本研究问卷调查对象为案例地区财政事务主管部门促参司金擘奖得奖案例，调查对象政府机关团队修正重复得奖与从缺案件，调查案例缩减为 47 件；民间机构修正重复得奖与从缺案件，调查范围缩减为 63 件，调查问卷内容分为六大面项，“项目财务”“项目规划”“协商机制”“政策与制度”“经济环境”“市场环境”共 37 项调查指标。经问卷调查结果共回收 54 份问卷，其中政府机关团队回收 24 份回收率 51.06%；民间机构回收 30 份回收率 47.62%。Cronbach α 系数（0.969）达 0.8 以上，显示问卷题项具有相当良好之内部一致性，因此本研究之信度值应可被接受。KMO 值[①]为 0.798，Bartlett's 球形检验值为 2142.815，自由度为 666，显著水平为 0.001 以下，此处的 KMO 值达到 0.798 趋近于 0.8，结果显示为代表适合进行因素分析。

（一）调查范围叙述性分析

受访者调查结果显示，31 ～ 40 岁受访者占调查比例 31.5%；41 ～ 50 岁受访者占调查比例 29.6%；21 ～ 30 岁受访者占调查比例 27.8%，调查结果得知，本研究受测年龄层以 20 岁以上 50 岁以下居多，显示目前公、私部门承办人员有经验的轮替与传承（图 3-5）。受访者调查结果显示，男性占调查百分比 66.7%；女性占调查百分比 33.3%，调查结果得知，参与金擘奖调查承办对象以男性偏多（图 3-6）。受访者调查结果显示，硕士学历占调查百分比 61.1%；其次为大学学历占调查百分比 37%，调查结果得知，负责处理金擘奖案件类型之承办人员须拥有较高的学历与知识，因金擘奖案件内容涉及烦琐，因此在专业知识上必须具备相当承办能力之水平（图 3-7）。受访者调查结果显示，参与 OT 案件占调查百分比 31.5%；BOT 案件占调查百分比 25.9%；ROT 案件及其他主管机关核定方式占调查百分比 18.5%，调查结果得知，金擘奖案件类型较以 OT 及 BOT 类型为主（图 3-8）。

---

① KMO（Kaiser-Meyer-Olkin）检验统计量是用于比较变量间简单相关系数和偏相关系数的指标。主要应用于多元统计的因子分析。KMO 统计量是取值在 0 和 1 之间。当所有变量间的简单相关系数平方和远远大于偏相关系数平方和时，KMO 值越接近于 1，意味着变量间的相关性越强，原有变量越适合作因子分析；当所有变量间的简单相关系数平方和接近 0 时，KMO 值越接近于 0，意味着变量间的相关性越弱，原有变量越不适合作因子分析。

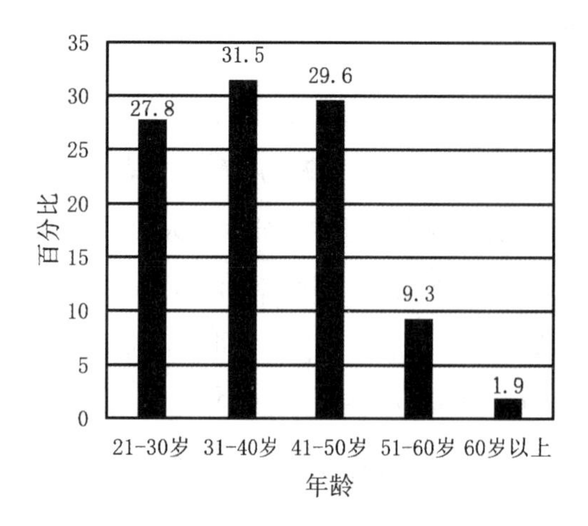

图3-5 公私部门受访年龄统计

数据源：本研究整理

图3-6 公私部门受访性别统计

数据源：本研究整理

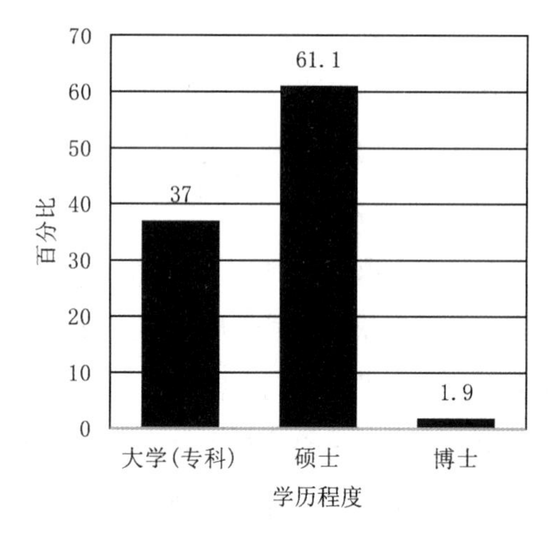

图3-7 公私部门受访教育程度统计

数据源：本研究整理

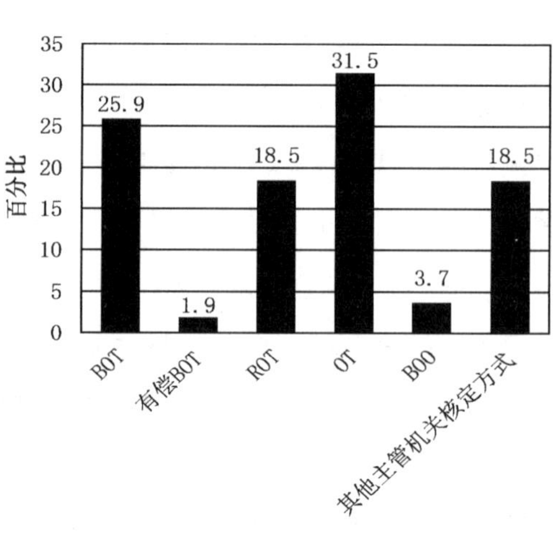

图3-8 公私部门参与公私协力模式统计

数据源：本研究整理

（二）调查指标因素分析

本研究以主成分分析法进行因素分析，并以Varimax法进行因素转轴，经由因素分析结果得知，剔除七项指标为“(C62) 同业竞争情形”“(C24) 联外交通”“(C17) 内在报酬率”“(C15) 成本控管”“(C16) 现金流量稳定”“(C25) 工程设计错误或变更”“(C31) 法律风险之分配”，此七项变量因素负荷量皆未达标准的0.6以上，因此将之剔除，由原先的37项原始变量，缩减成30项变量，并分成八大因素，累积解释变异量达到81.8%。

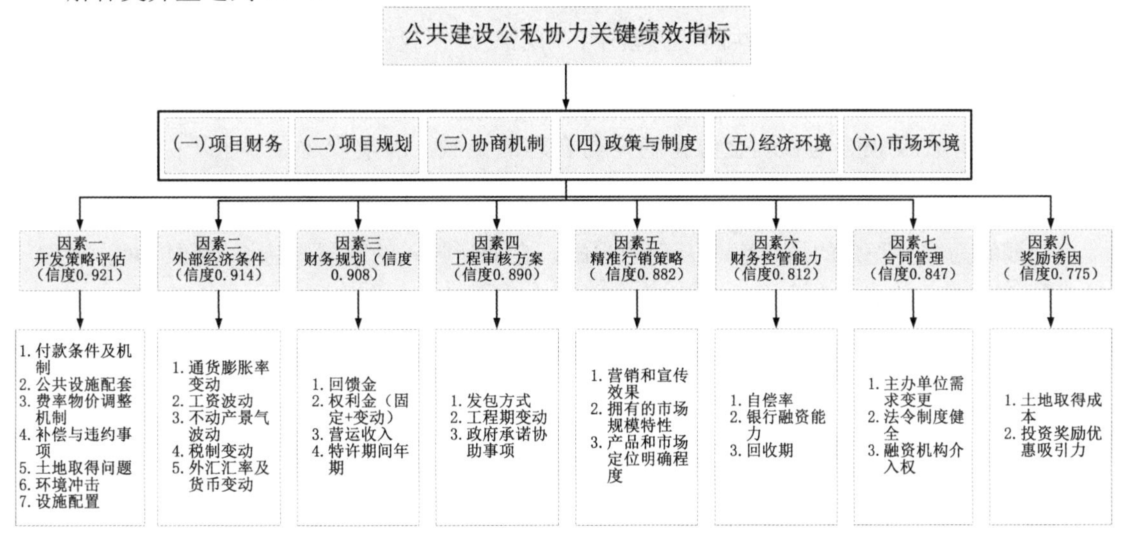

图3-9 公共建设公私协力关键绩效指标因素分析

数据源：本研究绘制

（三）T检定分析

因素一“开发策略评估”共七项因素中，“补偿与违约事项”“付款条件及机制”“费率物价调整机制”共三项，在公部门的平均数均高于私部门，可知道政府机关团队对于承办金擘奖之公私协力案件类型中，特别重视补偿与违约事项的事件，另外付款条件与费率物价调整机制也达到显著差异;“环境冲击”“公共设施配套”“设施配置”“土地取得问题”共四项，在私部门的平均数均高于公部门，结果得知，政府机关团队较注意风险应对的对策与机制的完整性，民间经营团队对整体环境与设施配套措施与配置，以及土地取得问题较政府机关团队来的重视，整体来说，政府机关团队在开发策略评估较以内部环境为主要考虑，民间经营团队则以外部环境考虑为主。

因素二“外部经济条件”共五项因素中，“税制变动”“外汇汇率及货币变动”共两项，在公部门的平均数均高于私部门，可见政府机关团队对税制及汇率较民间经营团队敏感，两者皆达显著水平;“工资波动”“通货膨胀率变动”“不动产景气波动”共三项，在私部门的平均数高于公部门，可得知私部门于案件执行期间，在风险考虑上有景气的循环与工资的问题，以及通货膨胀率，这三点的波动影响将会导致私部门在成本控管上增加营运的成本，其中通货膨胀率变动达显著水平。

因素三“财务规划”共四项因素中，“反馈金”“权利金（固定+变动）在公部门的平均数均高于私部门，能了解政府机关团队在执行案件时，为了保障自身利益而必须在反馈金与权利金维持稳定与合理的金额，因素皆达显著水平；“营运收入”“特许期间年期”在私部门的平均数均高于公部门，能了解民间经营团队在计划期间为维持稳定的周转率与合理的报酬，在营运收入的掌握与特许期间年期的规划须更加小心谨慎。

因素四“工程稽核机制”共三项中，“工程期变动”“发包方式”“政府承诺协助事项”在私部门的平均数均高于公部门，由此可见上述三项因素对民间经营团队在执行案件中，扮演非常重要的关键因素，稍有变动与政策改变，将会影响整体计划案件的进行，因素皆达显著水平。

因素五“精准营销策略”共三项中，“营销和宣传效果”“拥有的市场规模特性”在公部门的平均数均高于私部门，由此可见在计划案件整体期程间，政府机关团队更在意建设美意与建设的公众效益，是否提升整体施政满意度，因素皆达显著水平；“产品和市场定位的明确程度”在私部门的平均数高于公私门，能知道民间经营团队在计划期间对案件类型的市场定位与掌握，必须更加清楚与掌握，这攸关整体经营风险的控管问题。

因素六“财务控管能力”共三项中，“自偿率”在公部门的平均数高于私部门，能得知政府机关团队非常注重执行单位于计划案件的自偿率规划，希望用自偿率来提高计划执行的信用与质量；“银行融资能力”“回收期”在私部门的平均数均高于公部门，能了解民间经营团队在财务控管上必须仰赖第三方融资能力，为有效提升融资的成功率，在回收期的资金控管必须确实，以提升借贷的信用，银行融资能力因素达显著水平。

因素七“合约管理”共三项中，“融资机构介入权”“主办单位需求变更”在私部门的平均数均高于公部门，能得知在执行公共建设计划合约中，必须充分了解双方需求，以免造成认知上的差异，如认知差异产生变动，将会是经营上的风险，因素皆达显著水平；“法令制度健全”公、私部门的平均数均相同，可以了解在政府机关团队与民间经营团队对整体法令制度的健全均拥有同样的共识。

因素八“奖励诱因”共两项中，“土地取得成本”“投资奖励优惠吸引力”在私部门的平均数均高于公部门，其中土地取得成本之民间经营团队对成本的考虑高于政府机关团队，因诸多案件的类型必须有完整的土地才能开发，透过借助民间的力量来共同完成计划案件，因此在取得成本必须提供更多的优惠才能有效吸引民间力量共同投入，土地取得成本因素达显著水平。

表3-10 公部门与私部门计量变量之独立样本T检定结果分析表

成分	因素名称	编号	形成因素	政府(N=24)	私部门(N=30)	显著性	平均数差距	T值显著水平	显著性（双尾）
一	开发策略评估	C21	环境冲击	7.0	7.1	0.452	-0.058	-0.108	0.914
		C22	公共设施配套	7.3	7.4	0.330	-0.075	-0.145	0.885
		C23	设施配置	7.0	7.4	0.871	-0.408	-0.830	0.410*
		C32	补偿与违约事项	7.7	7.6	0.081	0.142	0.268	0.790
		C33	付款条件及机制	7.9	7.5	0.011	0.383	0.832	0.410*
		C34	费率物价调整机制	7.3	7.2	0.089	0.017	0.034	0.973
		C43	土地取得问题	7.6	7.7	0.660	-0.083	-0.146	0.885
二	外部经济条件	C42	税制变动	7.0	6.9	0.955	0.092	0.143	0.887
		C51	工资波动	6.6	7.1	0.465	-0.483	-0.809	0.422*
		C52	通货膨胀率变动	6.5	6.6	0.988	-0.058	-0.106	0.916
		C53	外汇汇率及货币变动	5.8	5.7	0.754	0.050	0.078	0.938
		C54	不动产景气波动	6.1	6.2	0.694	-0.108	-0.164	0.871
三	财务规划	C14	营运收入	8.2	8.4	0.605	-0.225	-0.450	0.655
		C18	特许期间年期	7.8	8.0	0.126	-0.242	-0.448	0.656
		C19	回馈金	7.7	7.1	0.022	0.533	1.014	0.316*
		C110	权利金（固定—变动）	8.2	7.7	0.277	0.475	0.864	0.391*
四	工程稽核机制	C26	工程期变动	7.1	8.0	0.807	-0.875	-1.687	0.098*
		C27	发包方式	6.9	7.5	0.494	-0.583	-1.000	0.322*
		C45	政府承诺协助事项	7.7	8.1	0.650	-0.400	-0.782	0.438*
五	精准营销策略	C61	产品和市场定位明确程度	7.5	7.7	0.890	-0.233	-0.451	0.654
		C63	营销和宣传效果	7.8	7.3	0.706	0.492	1.070	0.289*
		C64	拥有的市场规模特性	7.9	7.6	0.390	0.350	0.751	0.456*
六	财务管理能力	C11	银行融资能力	6.0	6.5	0.810	-0.458	-0.701	0.486*
		C12	自偿率	7.2	7.1	0.512	0.033	0.052	0.959
		C13	回收期	7.5	7.8	0.762	-0.375	-0.627	0.533

续表

成分	因素名称	编号	形成因素	政府（N=24）	私部门（N=30）	显著性	平均数差距	T值显著水平	显著性（双尾）
七	合约管理	C35	融资机构介入权	6.5	7.0	0.605	-0.500	-0.836	0.407*
		C36	主办单位需求变更	7.7	8.1	0.340	-0.392	-0.825	0.413*
		C41	法令制度健全	8.3	8.3	0.353	0.025	0.052	0.959
八	奖励诱因	C111	土地取得成本	6.8	7.5	0.354	-0.750	-1.168	0.249*
			投资奖励优惠吸引力	7.2	7.3	0.299	-0.092	-0.176	0.861
注 1：***P<.001，**P<.01，*P<.5									

注 1：***P<.001，**P<.01，*P<.5

数据源：本研究整理

二、公共建设公私协力运用平衡计分卡分析

依据调查成果分析，将八大因素以平衡计分卡建立愿景与使命，并重新订定策略目标之指标权重而建立本研究平衡计分卡，将调查回复案例进行绩效衡量建立公私协力平衡计分策略地图。

（一）建立公共建设公私协力愿景与使命

依据调查成果，将八类策略目标内容与公、私双方共同共识，建设公私协力双方共同愿景与使命，说明如下（表3-5）：

表3-5 公私协力平衡计分卡四大构面之愿景与使命

财务构面	顾客构面
使命：确保公共建设于整体项目计划生命周期之财务规划与控管能力的确实掌握	使命：确保公共建设于整体计划执行中，对于整体开策略的定位与后续经营的营销策略，必须符合公、私双方的期待
目标：外部经济条件、财务规划、财务控管能力	目标：开发策略评估、精准营销策略
内部流程构面	**学习与成长构面**
使命：于公共建设期间提升整体建设质量，必须发展完整的稽核机制与提供合理的奖励诱因	使命：公共建设计划内容牵涉层公、私双方之诸多管理与获利议题，在合约的订定上必须依据每个案例而有所调整方能持续进步
目标：工程稽核机制、奖励诱因	目标：合约管理

数据源：本研究整理

（二）订定平衡计分卡指标权重

指标权重的计算，以各成分的解释变异量除以总累积解释变异量的比例去换算，并能重新得到新的比例分配，经换算后，因素一“开发策略评估”解释变异量由原先的48.5%转换成59%；因素二“外部经济条件”解释变异量由原先的8.8%转换成11%；因素三“财务规划”解释变异量由原先的6.6%转换成8%；因素四“工程稽核机制”解释变异量由原先的4.8%转换成6%；因素五“精准营销策略”解释变异量由原先的3.7%转换成5%；因素六“财务控管能力”解释变异量由原先的3.3%转换成4%；因素七“合约管理”解释变异量由原先的2.97%转换成4%；因素八“奖励诱因”解释变异量由原先的2.78%转换成3%，说明如下（表3-6）：

表3-6 策略目标权重比例

成分	成分名称	解释变异量	累积解释变异量	策略目标比重
一	开发策略评估	48.58%	48.58%	59%
二	外部经济条件	8.90%	57.48%	11%
三	财务规划	6.61%	64.08%	8%
四	工程稽核机制	4.86%	68.94%	6%
五	精准营销策略	3.74%	72.68%	5%
六	财务控管能力	3.39%	76.07%	4%
七	合约管理	2.98%	79.05%	4%
八	奖励诱因	2.76%	81.81%	3%

数据源：本研究整理

策略目标指标权重的计算，依据公、私双方问卷指标项目填答的平均数，将各项指标平均数除以各策略目标总平均数，在依据策略目标之比例分配得出各指标权重比例，说明如下（表3-7）：

表3-7 绩效衡量指标权重比例

构面	比例	策略目标	比例	绩效衡量指标	平均数	比例
财务构面	(23%)	外部经济条件	(11%)	通货膨胀率变动	0.851	2%
				工资波动	0.796	2%
				不动产景气波动	0.752	2%
				税制变动	0.735	2%
				外汇汇率及货币变动	0.732	2%
		财务规划	(8%)	回馈金	0.858	2%
				权利金（固定+变动）	0.853	2%
				营运收入	0.756	2%
				特许期间年期	0.698	2%
		财务控管能力	(4%)	自偿率	0.680	2%
				银行融资能力	0.602	1%
				回收期	0.532	1%
顾客构面	(64%)	开发策略评估	(59%)	付款条件及机制	0.746	9%
				公共设施配套	0.724	9%
				费率物价调整机制	0.717	9%
				补偿与违约事项	0.708	8%
				土地取得问题	0.708	8%
				环境冲击	0.695	8%
				设施配置	0.650	8%
		精准营销策略	(5%)	营销和宣传效果	0.819	2%
				拥有的市场规模特性	0.807	2%
				产品和市场定位明确程度	0.632	1%
内部流程构面	(9%)	工程稽核机制	(6%)	发包方式	0.784	2%
				工程期变动	0.654	2%
				政府承诺协助事项	0.620	2%
		奖励诱因	(3%)	土地取得成本	0.785	1%
				投资奖励优惠吸引力	0.523	1%
				银行融资能力	0.485	1%
学习与成长构面	(4%)	合约管理	(4%)	主办单位需求变更	0.863	2%
				法令制度健全	0.556	1%
					0.469	1%
总计	100%	总计	100%	总计		100%

数据源：本研究整理

（三）建构公私协力平衡计分卡

透过策略目标权重比例的计算及绩效衡量指标比例的换算，将研究成果依据平衡计分卡四大构面分为A-顾客构面、B-财务构面、C-内部流程构面、D-学习与成长构面，构面与策略目标及绩效衡量指标，依据权重比例填写调查成果，得分则以问卷调查设计之0-10分为计算，透过填答的分数与指标权重的比例，计算构面得分，总分为100分，相关说明如下（表3-8）：

表3-8 公共建设公私协力项目绩效平衡计分卡

A【顾客构面－确保公共建设于整体计划执行中，对于整体开策略的定位与后续经营的营销策略，必须符合公、私双方的期待】						
构面	权重比例	策略目标	权重分配	绩效衡量指标	权重	得分
顾客构面	（64%）	开发策略评估	（59%）	付款条件及机制	（9%）	☐
				公共设施配套	（9%）	☐
				费率物价调整机制	（9%）	☐
				补偿与违约事项	（8%）	☐
				土地取得问题	（8%）	☐
				环境冲击	（8%）	☐
				设施配置	（8%）	☐
		精准营销策略	（5%）	营销和宣传效果	（2%）	☐
				拥有的市场规模特性	（2%）	☐
				产品和市场定位明确程度	（1%）	☐
					总计	☐
B【财务构面－确保公共建设于整体项目计划生命周期之财务规划与控管能力的确实掌握】						
构面	权重比例	策略目标	权重分配	绩效衡量指标	权重	得分
财务构面	（23%）	外部经济条件	（11%）	通货膨胀率变动	（3%）	☐
				工资波动	（2%）	☐
				不动产景气波动	（2%）	☐
				税制变动	（2%）	☐
				外汇汇率及货币变动	（2%）	☐
		财务规划	（8%）	反馈金	（2%）	☐
				权利金（固定＋变动）	（2%）	☐
				营运收入	（2%）	☐
				特许期间年期	（2%）	☐
		财务控管能力	（4%）	自偿率	（2%）	☐
				银行融资能力	（1%）	☐
					（1%）	☐
					总计	☐

续表

C【内部流程构面－于公共建设期间提升整体建设质量，必须发展完整的稽核机制与提供合理的奖励诱因】						
构面	权重比例	策略目标	权重分配	绩效衡量指标	权重	得分
内部流程构面	（9%）	工程稽核机制	（6%）	发包方式	（2%）	□
				工程期变动	（2%）	□
				政府承诺协助事项	（2%）	□
		奖励诱因	（3%）	土地取得成本	（2%）	□
					（1%）	□
					总计	□
D【学习与成长构面－公共建设计划内容牵涉层公、私双方之诸多管理与获利议题，在合约的约定上必须依据每个案例而有所调整方能持续地进步】						
构面	权重比例	策略目标	权重分配	绩效衡量指标	权重	得分
学习与成长构面	（4%）	合约管理	（4%）	主办单位需求变更	（2%）	□
				法令制度健全	（1%）	□
				融资机构介入权	（1%）	□
					总计	□
A+B+C+D					总分	□

数据源：本研究整理

三、公共建设公私协力平衡计分策略地图

本研究策略地图之呈现，依据金擘奖公私双方调查案例之回复，以绩效衡量指标之平均数呈现本研究策略地图，透过策略地图最佳路径的呈现，可以得知公、私双方对公共建设之共识，研究成果之最佳路径依序为学习与成长构面中的策略目标“合约管理”之“法令制度健全”指标；内部流程构面中的策略目标“工程稽核机制”之“政府承诺协助事项”指标；财务构面中的策略目标“财务规划”之“营运收入”指标；顾客构面中的策略目标“开发策略评估”之“付款条件机制”指标。

学习与成长构面中，合约管理中的“法令制度健全”为双方平均数总和最高。

内部流程构面中，工程稽核机制中的“政府承诺协助事项”之平均数为双方总和最高，其次为奖励诱因中的“投资奖励优惠吸引力”为双方总和次高。

财务构面中，以财务规划中的“营运收入”之平均数为双方总和最高，其次为财务控管能力中的“回收期”为双方总和次高，最后为外部经济条件中的“税制变

动”为双方总和第三高。

顾客构面中，以开发策略评估中的“付款条件及机制”之平均数为双方总和最高，其次以精准营销策略中的“拥有的市场规模特性”之平均数为双方总和次高。

相关说明如下（图 3-11）：

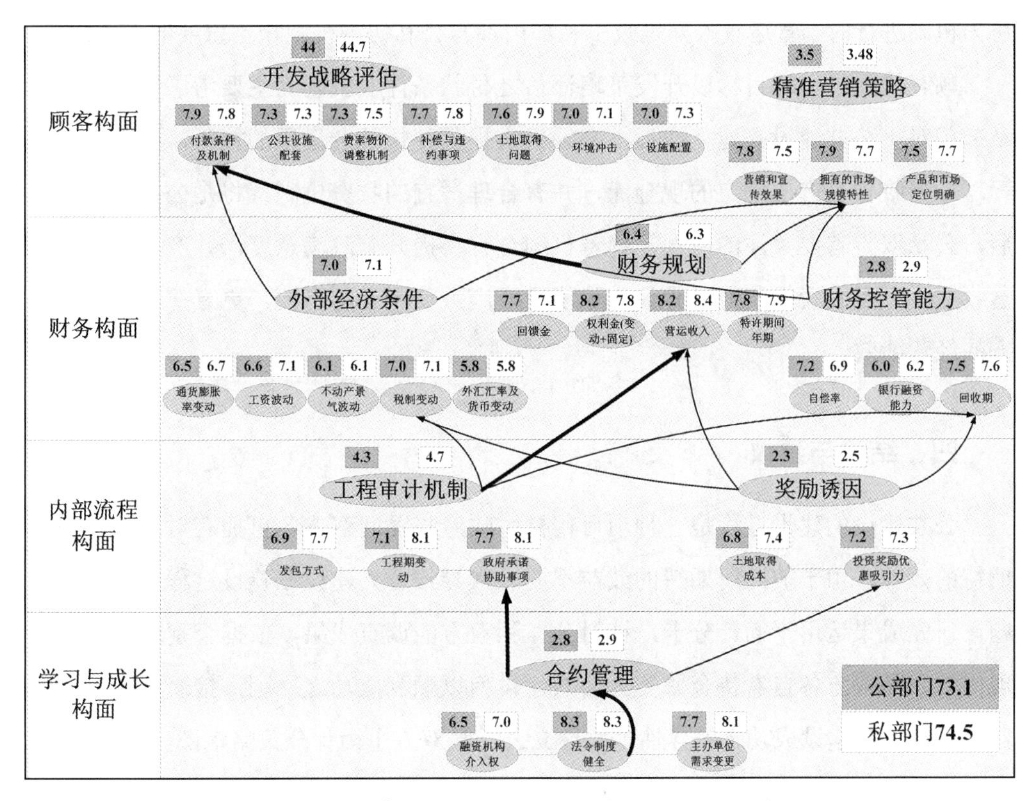

图3-11 公共建设公私协力平衡计分共识策略地图

数据源：本研究绘制

透过策略地图最佳路线呈现，公私双方在学习成长构面中，公私部门皆以策略目标合约管理之法令制度健全为主要考虑因素，因公私协力案件即是一种项目的精神，必须透过合约来厘清双方的权利与义务，合约内容攸关法源的适用性与依据，因此，法令制度的健全将攸关公私协力公共建设是否能顺利启动之依据。

内部流程构面之策略目标以工程稽核机制之政府承诺协助事项为主要考虑之因素，足见公、私双方于推行公共建设时，对政府承诺的协助事项最为关切，由于公共建设兴建投入的金额庞大、工程建造期间长且费时、在整体营运规划必须审慎评估，对成本、时程、质量的管控必须清楚与明确，假如政府政策与法令稍作变更与修改，将会影响整体公共建设兴建成本与期程。

财务构面之策略目标以财务规划之营运收入为主要考虑之因素，因营运收入对公共建设是否能吸引私部门参与占了很重要的因素，公部门于推行公共建设以公私协力机制进行时，营运收入亦是吸引私部门参与公私协力机制相当重要的考虑因素。

顾客构面之策略目标以开发策略评估之付款条件及机制为主要考虑之因素，公私部门对于公共建设兴建完成后，必须确实提供整体社会运用的福祉，因此，营运管理如何收费来产生稳定的现金流，并有合理适宜的收费机制，将是公共建设落成后，公私双方首要关注的问题，倘若机制合宜将提升施政满意度，并产生稳定的经营收益，一旦收费机制产生异议，除了造成广大使用者的不便，更直接影响公私双方的经营绩效。

四、结论与建议

公共建设的建设过程是一种项目精神，政府与民间双方各自拥有对公共建设所期待的效益，由于彼此所期待的效益不同，常导致公共建设在建设过程中的诸多问题，研究成果运用平衡计分卡，针对公、私双方的调查成果，依据个别调查数据呈现出公、私双方各自看待金擘奖之公共建设何以顺利成功之原因，接着比较公、私双方看待公共建设成功之差异性，并建立公、私双方平衡计分策略地图。

具体获得公共建设以公司协力模式推动凝聚的具体结论，分析如下：

（1）调查结果分析，原先的37项指标Cronbach α 系数为0.969，显示调查指标具有相当良好的内部一致性，并借由T检定分析公私协力项目绩效评定的认知差异，透过公私双方平衡计分卡之最佳路径来比较，所得到的成果与传统公私协力之认知有相当的差异，传统公私协力的观点常以自偿率与财务规划来判断公共建设以公私协力执行的成败关键，本研究成果显现出“开发策略评估”中的付款条件与机制，是本研究公私双方于公共建设计划中最关切之议题，其次为“精准营销策略”中的拥有的市场规模与特性；“财务规划”中的营运收入；“财务控管能力”中的回收期；“外部经济条件”中的税制变动；“工程稽核机制”中的政府承诺协助事项；“奖励诱因”中的投资奖励优惠吸引力；“合约管理”中的法令制度健全。

（2）一旦公共建设开始执行建造，最后将能完成建设，即便建设期间产生风险与阻碍，透过工程期的展延与成本的追加，依然能顺利完成建设，完成建设后，整体的营运规划将是公共建设能否顺利营运与稳健发展的最重要原因，公共建设营运收入来源为广大的使用者，倘若规划适宜，除了能提供民众便利的生活，并能增加政府建设的美意，提升私部门长期营运成效与稳健发展，若规划不当，将引起民众反弹并损及政府的施政满意度，更严重将产生诸多负面新闻与消费争讼，并影响私部门整体的经营绩效。

（3）当付款条件及机制建构完善后，依据公共建设的类型来定位并掌握市场规模与特性，如此精确的产品定位与掌握市场的细腻度，将能提高整体营运收入，并能缩短回收期达到营运的高效益，前述的说明将考验私部门的管理与规划能力，而政府部门能做的即是协助私部门建设公共建设时给予的承诺与保证，以及创造更具吸引力的投资诱因来吸引私部门参与公共建设，并在公、私双方的互动过程中，一切按照合约签订的权利与义务来执行。

（4）本研究发现传统上较以规划面为全盘考虑，必须有完整的规划与合理的财务试算，才能断定公共建设是否能如期推行，但仅以规划面考虑并未考虑到公共建设执行期间及建设后的诸多状况，由于公私协力计划案件的金额庞大，工期少则数月，多则数年，倘若公共建设完成后，公私双方所面临的将是特许合约年期的营运管理，一旦建设完成后，后续特许期间的营运管理才是公共建设必须发挥效益的用意。

公、私部门在执行公共建设时，从起始的规划必须花费大量的时间来凝聚双方对公共建设的共识，避免在执行期间遭遇诸多问题再行解决，虽解决当下的问题，但建设后的成果已与双方起始的共识产生落差，即便公共建设顺利完成，在后续的营运与管理上也将产生诸多待解决的问题，若能在建设前先将双方彼此的愿景与共识凝聚，将有助于公私双方于参与公共建设时，获得双赢的公私协力成效。

第二篇：

战略实施——通过 PPP 实现可持续性项目

第四章 PPP 模式融入生物医药产业园区开发机制

第一节 生物医药科学意义与应用前景

随着全球经济一体化和新技术革命持续发展，各国政府越来越重视生医产业，目前局势依序为美国、欧洲、亚洲。中国 20 世纪 90 年代发展至今，规模大条件潜力佳，战略上应顶层规划应通过生药产业经由规划、政策、机制引导产业聚合，促进各地形成特色“地方级生物医药产业园区”。由地方而区域再国家层面向上累积产业实力向国际发展，主要战略有三功能：（1）服务国家重大区域战略，引导创新资源集聚发展。（2）促进城市间产业分工协作和要素有序流动。（3）推动基地向高端、国际、平台化方向发展。

一、生物医药科学意义

生物医药产业园区的公共设施的开发具有多重的公共治理意义，包括：生物医药园区的工程建设、生物医药产业链的整合工程、乡村振兴及特色小镇产业的振兴工程的综合，包括的范畴有产业、经济、社会、文化、政治、科技、金融等多面向。

就整体开发的过程而言是一个公共建设开发的生命周期，从整备、规划、设计、施工、运行、修缮、再更新等过程必须全程以项目管理的思维进行掌握。大致可分为“实质环境”与“非实质环境”的建设环境，有各自运作的周期具有专业独立性，但又相互依存相辅相成。

现阶段中国生物产业园区开发建设大力扶持，就目前现况而言仍然具有相当多的困境需克服与解决，综观目前国内生物医药产业园发展规划方面难点，不难发现仍然还存在很多卡点与痛点：

（1）顶层引导缺乏统筹规划，重复建设的同质化现象严重。

（2）园区创新要素联系不紧密，研发与产业化脱节。

（3）投入严重不足，自主知识产权过少，竞争能力有限。

（4）园区产业创新机制不完善，产业创新不足。

（5）园区建设无制约力，难以打造绿色低碳的发展目标。

因此，就本研究的科学意义而言，是目前重大公共建设开发的一项新模式探讨与实践验证的契机，如何将PPP模式引入生物医药产业园区公共建设的开发，又能结合现有的政策，“特色小镇的特色产业发展”及“乡村振兴的产业振兴”多重意义与目标，在中国的生物医药及健康战略上能提供给社会多面向的探讨合，促使社会治理的模式更具有中国特色的战略意义。

研究目的是针对地方型生物制药产业园区（或生态科技产业园）公共建设为对象，以实质环境开发建设产业园区，引入社会资本加入及民间活力与专业性协助角色，建立协商机制与开发财务性与实质环境需求，促进生物产业园区同时兼具国际性、在地形、市场性、技术性、创新性的奖励机制与实质环境开发的国际格局与视野，本研究由地方基础研究为根本，逐步构筑区域集聚竞合关系，将有助于国家生物医药产业全球发展的战略定位。

本研究是针对引入公私协力模式地方级生物医药产业园区为范畴，研究调研资料范围以珠三角地区之地方层级广东省肇庆新区生态科技产业园为对象。对目前发展困境进行统计分析，将特许目的事业引入公私协力模式执行现况，顺应生物医药产业发展趋势，聚焦针对生物医药市场的研发创新性需求与产业园区发展的长远性，经由量化统计方法决策推论证实假设，经实证分析后形成结论。

有助于地方级聚集型、区域级聚集型、国家级重点建设型生物医药产业链建设项目，本研究价值为针对基础地方层级的生物医药产业园区类型的实质开发进行研究，有助于为建构未来区域级聚集型及国家级重点建设，吸引国内本地的生物医药产业企业一同参与，进而产生出具国际竞争力的中国特色“因地制宜”的生物医药产业开发模式。

二、应用前景

现今随着全球经济一体化和世界新技术革命的持续快速发展，世界各国政府越来越重视生物医药产业的发展，中国生物医药产业园区发展规模顺应经济发展的机遇成长迅猛。

由中投产业研究院 2023 年发布的《2020-2024 年中国生物医药产业园区深度分析及发展规划咨询建议报告》显示，中国生物医药产业园区从 20 世纪 90 年代发展至今，行业规模越来越大，产值从 2013 年的 0.6 万亿增长到 2017 年的 1.5 万亿元，得益于国家宏观政策的支持。中投产业研究院（2023）指出国内不断选择产业基础好、创新能力强、营商环境优、开放度高的区域，扶持建立生物医药产业园区；也同时国内各地政府逐渐加强顶层设计，先行规划通过制定产业规划、产业政策，引导产业集聚，促进各地形成具有特色的“地方级”生物医药产业园区。①

“地方级”生物医药产业园区应运而生，王学恭（2022）研究指出主要战略便是有下列三项功能：

（1）服务国家重大区域战略，引导创新资源向京津冀、长三角、粤港澳大湾区等具有良好产业和市场优势的区域集聚发展，集中力量组织实施重点产业专项提升行动，围绕“生物医药”“生物农业”“生物制造”等领域培育一批世界级龙头企业。

（2）是要促进城市间产业分工协作各要素有序流动，通过改革创新破除制约要素流动的制度障碍，推动构建统一大市场，加快提升产业链供应链现代化水平。应依托重点骨干企业建立产业共性技术平台，加强核心领域关键技术攻关，不断促进技术外溢与转移，既提升产业技术水平，又增强协同创新能力。

（3）推动国家生物产业基地向高端化、国际化、平台化方向发展，立足区位和产业比较优势，建设一批关键共性技术和成果转化平台，加强国际科技创新和产业协作，促进重点产业升级，打造具有国际竞争力的生物产业集群。

---

① 王学恭．加快生物医药创新升级促进生物经济高质量发展［J］．中国生物工程杂志，2022，42(5)：2.

第二节 生物医药产业园区发展历程与PPP模式应用

一、世界与中国发展生物医药产业园区发展沿革

“生物医药产业园区”主要指生物医药企业聚集的地区，在美国波士顿等地的产业园区发展较快，在很大程度上促进了生物医药领域快速发展。成立“生物医药产业园区”的概念于20世纪六七十年代最早从美国兴起，约为20世纪60年代美国兴起生物科技产业，发起主流是高校开始设立的生物科技研究机构，1975年美国北卡地区“三角洲研究园”成立了世界上第一个生物医药园（火石制造，2018）①。

全球的发展于60年代开始，美国积极和高效的生物研究机构致力于生物医药产业的发展，直至80年代皆由美国与欧洲领先全球。1990年代后“生物医药产业园区”在全球范围内蓬勃发展，针对亚洲生物医药产业而言才起步阶段，世界格局逐步形成了美国领跑、欧洲第二、亚洲第三（火石制造，2018）②。

中国自1991年开始才逐渐成立国家高新技术产业开发区，发展较晚，但随着国家经济建设的高速发展，也逐渐形成了发展生物医药科技产业的共识，国家发改委建设了22个生物产业基地以凸显生物医药产业的具体效益，目前中国境内有五处主要的集聚区（图4-1），并且探寻中国式的现代生物医药产业发展模式，寻找生物科技产业在中国发展的新途径，以及新的生物医药科技产业战略。全球生物医药园区与中国生物医药园区发展历程的对应（见表4-1）。

---

① 行业洞察—中国生物医药产业园发展历程——火石制造(2018) 道客巴巴[EB/OL].[2023-07-15].https://www.doc88.com/p-9425011277600.html.

② 行业洞察—中国生物医药产业园发展历程——火石制造(2018) 道客巴巴[EB/OL].[2023-07-15].https://www.doc88.com/p-9425011277600.html.

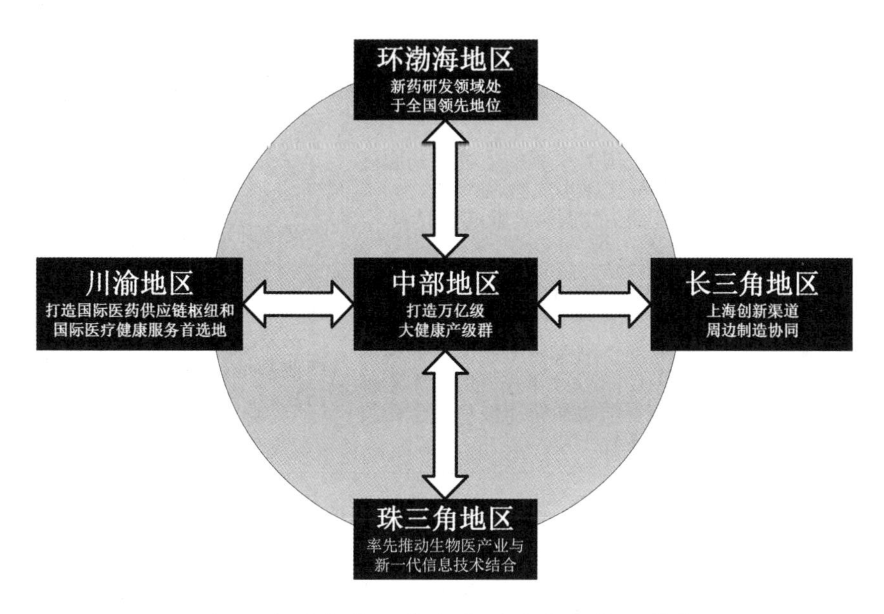

图4-1 中国生物医药产业园产业布局及特色

数据源：高力国际①

表4-1 全球与中国生物园区发展历程之对应

	全球医药园区	中国生物医药园区
20世纪六七十年代	•60年代起，美国主流高校设立生物研究机构，因此生物医药产业由此在美国兴起。 •1975年美国北卡三角研究园成为世界上第一个生物医药产业园区。	—
20世纪80年代	•美国生物医药产业集聚发展。 •欧洲各国纷纷开始建设生物医药产业园区。	—

① 高力国际．一文了解全国生物医药产业园(产业布局及特色篇)||Colliers高力国际[EB/OL].[2023-07-02].https://www.colliers.com/zh-cn/research/20211130pharmaceuticalindustrypark_2.

续表

	全球医药园区	中国生物医药园区
20 世纪 90 年代	• 以美国为引领的生物医药园区运作模式逐步成熟。 • 亚洲生物医药产业起步。	• 从 1991 年开始批准建立国家高新技术产业开发区。 • 生物医药产业园伴随国家高新技术产业开发区而生。
“十一五”（2006—2010）	• 世界范围内生物医药园区蓬勃发展。 • 亚洲生物医药产业园区加快追赶步伐，2004 年成立的日本彩都生命科学园和新加坡启奥生命科学园逐渐壮大。	国家发改委分批建设 22 个国家生物产业基地，生物医药产业集聚效益凸显。
现在	生物医药产业园区形成了美国第一、欧洲第二、亚洲第三的全球格局。	• 形成了长三角地区、珠三角地区、环渤海地区、中部地区和成渝地区在内的五处产业集聚区。 • 中关村生命园、上海张江药谷、苏州 BioBAY、武汉光谷生物城、广州国际生物岛和成都天府生命科技园等成为典型代表。

数据源：火石制造（2018）①

二、中国生物医药产业园区各层级发展现况

（一）中国生物医药产业园区发展与分布◇

中国生物医药产业发展的布局，呈现出空间布局特点以集群式分布，布局主要集中在经济发展水平高、科技水平高、人才聚集度高地区。当前北京、上海、苏州、杭州、广州、深圳等创新资源丰富的城市，聚集了大量研发型生物技术公司，建立了系统完整的产业服务体系，实现了“1+1>2”的区域集聚效应。要继续巩固和深化这个优势，打造具有全球竞争力和影响力的生物经济创新极和生物产业创新高地（王学恭，2022）②。

---

① 行业洞察--中国生物医药产业园发展历程——火石制造（2018）道客巴巴［EB/OL］.［2023-07-15］. https://www.doc88.com/p-9425011277600.html.

② 王学恭．加快生物医药创新升级促进生物经济高质量发展［J］. 中国生物工程杂志，2022，42（5）：2.

全国各园区坚持“跨越、特色、集成”的指导思想，按照整合医药科技、产业资源，建设国内一流、现代化、国际化高科技生物医药园区，推动医药产业跨越式发展的总体要求和战略部署，谨慎决策、科学规划、合理安排、稳步实施。围绕完善园区基础配套设施建设，提升项目服务与物业管理水平、强化企业化运作等方面做了大量卓有成效的工作，加强产业园管理，提高园区服务质量和水平，为企业提供优质服务。（生物谷）[①]

具体而言，由中华人民共和国科学技术部发布《2022 中国生物医药产业园区竞争力评价及分析报告》。指出中国生物医药产业形成环渤海、长三角、珠三角、中部长江经济带、川渝等主要集聚区。总体上呈现东部强势，但中西部后发追赶、渐趋平衡的区域协同发展态势。随着生物医药产业空间布局不断演化，聚集化的趋势加强[②]。

中国生物医药行业发展趋势强，至 2020 年底中国药品生产企业已近 8000 家，医疗器械生产企业超 2.6 万家。在新药申报方面，仅 2020 年批准新药临床品种就接近 900 个，其中创新药生产品种同比增长 66.67%[③]。国务院也进一步出台《“十四五”生物医药产业发展规划》，大力鼓励生物产业的创新发展[④]。

中国的生物医药在短短几十年时间里取得了一定的成绩，但是各省级地方层级生物医药园区（或为生态科技产业片区），在产业聚集方面有独特优势，逐步成为中国生物医药产业发展的重要依托，但中国医药产业还处于规模小、企业分散、创新不足、附加值不高的发展状态。现阶段中国尚不具备自主研制生产占有国际市场能力。

---

① 武汉医药产业园—人物企业—生物谷. [EB/OL]. [2023-07-02]. https://www.bioon.com/search?_token=XCjP8vx08ek5jMe6bx9oUKe6d1m7SUXYRg6Tm4Gc&w=%E6%AD%A6%E6%B1%89%E5%8C%BB%E8%8D%AF%E4%BA%A7%E4%B8%9A%E5%9B%AD

② 《2022 中国生物医药产业园区竞争力评价及分析报告》正式发布——中华人民共和国科学技术部 [EB/OL]. [2023-07-01]. https://www.most.gov.cn/kjbgz/202211/t20221109_183363.html.

③ 药监局，2020 年药品监督管理统计年度报。

④ 中国区 | 一文了解全国生物医药产业园（产业布局及特色篇）| 高力国际 |Colliers 高力国际 [EB/OL]. [2023-07-02]. https://www.colliers.com/zh-cn/research/20211130pharmaceuticalindustrypark_2

上海中创产业创新研究院[①]针对中国生物医药产业园区的运营，提出的以下几点评论（知乎，2023）[②]：

（1）从国家层面来看，缺乏全面规划的空间布局配套方案，导致全国范围内众多生物医药产业园区的重复建设和同质化现象，这在一定程度上制约了行业的健康发展。

（2）地方层面在规划区域空间布局时显得力不从心，造成园区分布广泛但规模偏小、分散，且缺乏明确的产业定位和发展方向。这种情况导致招商引资的困难，专业人才引进水平低下，并容易引发恶性竞争。

（3）生物医药产业园区在发展过程中呈现出明显的不均衡态势，多数园区创新能力不足，企业、科研机构、高校、医疗机构等各方之间的合作与交流机制有待加强。此外，园区内部还存在一定的竞争关系，创新机制、知识产权保护与市场需求的对接尚需完善。

企业在科研投入、创新认识以及创新能力方面存在短板，产学研合作机制尚不成熟。高校与研发机构之间的配合不够灵活，导致实验室成果难以转化为具有经济价值的产业产品。此外，缺乏专业的项目管理单位和技术支持，管理观念相对陈旧。

生物医药产业发展所需的关键设备、试剂等支撑技术与装备相对落后，且多依赖于进口。这在一定程度上限制了产业的自主创新能力和市场竞争力。

国际生物医药技术经验的缺乏成为制约我国生物技术产业发展的一个重要因素。由于支撑技术与装备涉及多学科、多技术领域的交叉，且多数专用仪器、装备公司具有国际市场背景，因此占有国际市场对于产业的生存和发展至关重要。

生物医药园区在产业审核机制方面普遍缺乏明确的标准和程序，导致招商方向与园区产业定位不吻合，影响了园区的整体发展质量和效益。

① 中国生物医药产业园区运营模式、发展痛点及破解建议分析——上海中创产业创新研究院[EB/OL].[2023-07-03].http://www.zcyj-sh.com/newsinfo/2069988.html?templateId=1133604.

② 生物医药产业园区的运营模式、发展痛点及破解建议——知乎[EB/OL].[2023-07-01].https://zhuanlan.zhihu.com/p/148594819.

政府在考核园区时过于关注产值、税收等短期指标，而忽视了对产业创新能力、服务能力、产城融合效果等长期价值的考虑。这种考核机制不利于激发中小企业的创新活力，因为它们在孵化阶段对产值和税收的贡献相对较小，但却是生物医药产业创新的重要力量。

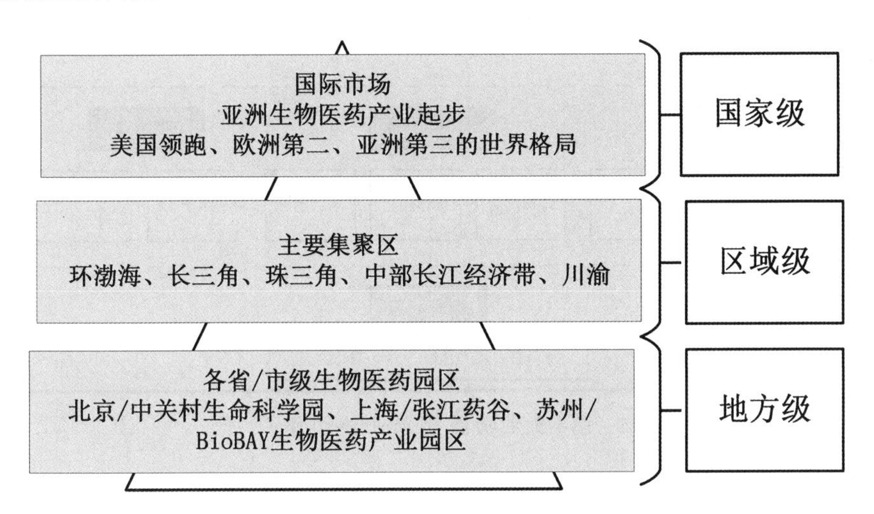

图4-2 中国生物医药产业园区产业链集聚层级概念图

数据源：本研究绘制

（二）中国生物医药产业链现况

产业链乃产业经济学中的一个概念，即产、供、销，从原料到消费者手中整个产业链条，具有由各个部门间基于一定技术经济的关联性，并依据特定逻辑关系与时间、空间整体布局关系，客观形成的链条式关联之形态。生物医药产业链图谱（见图 4-3）（朱国生，2023）[①]。

① 中国生物医药产业园分布现状及规模分析 _ 产业园区规划 —— 前瞻产业研究院 [EB/OL]. [2020-07-08]. https://f.qianzhan.com/yuanqu/detail/200708-8a6c30dd.html.

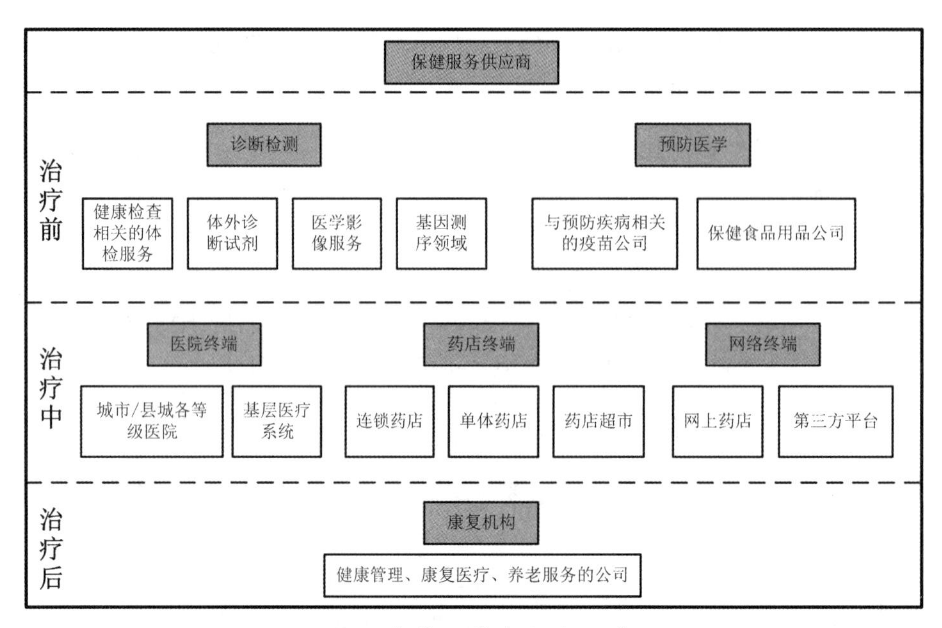

图4-3 生物医药产业链图谱

数据源：园区大会

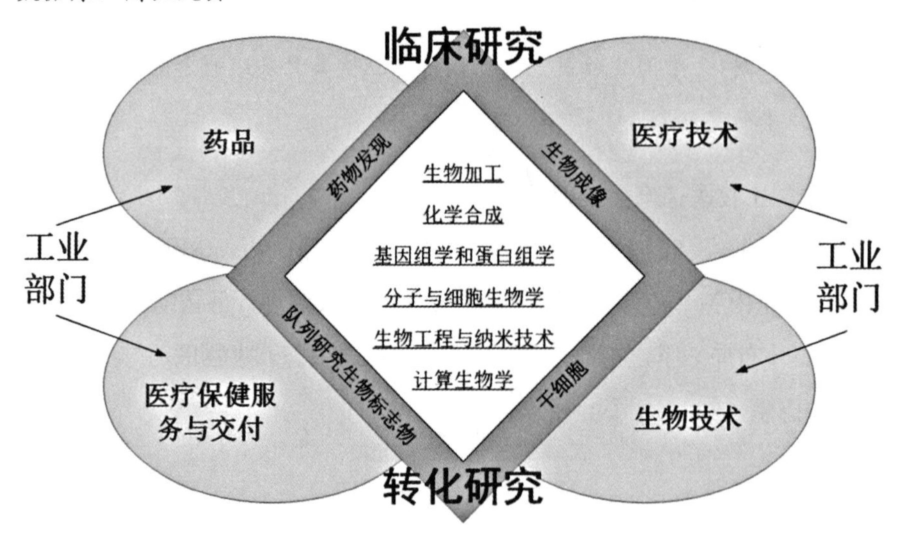

图4-4 生物医药科学群聚地的基础和转译研究分类图

数据源：贸易和工业部 Ministry of Trade and Industry（2006）①

① Ministry of Trade and Industry. (2006). Science & Technology Plan 2010 (p. 32). Retrieved from http://www.mti.gov.sg/STP2010

（三）中国生物医药产业园区发展的优选案例

中国的生物医药产业在短短几十年时间里取得的成绩仍相当丰硕，针对 2021 年国家生物医药产业园区综合竞争力前 50 强评比，综观中国生物医药产业园的发展，将生物医药产业园区以“综合竞争力”较全面典型案例分析，北京 / 中关村生命科学园、上海 / 张江药谷、苏州 / BioBAY 生物医药产业园区（火石制造，2019）①。发展的过程当中可以发现：由过去的“由上而下治理”，变成“中央地方管理”，现在成为“专业特许企业服务”（如表 4-2）。

从此三个案的发展历程中发现，社会资本及社会专业逐步进入生物医药产业聚集的核心需求中，所需要进驻的厂商不再只是土地、厂房等的资产，而更需要具有更国际性、专业性、财务性、市场性、政策性等多方面的整合协助，需求的质量逐渐要求高标准，同时由上下游产业链的关系发现，无论是大企业以及中小企业皆须具有扮演的角色与功能，整合在一致性的发展目标下，才能与世界竞争具有高效高质量的产业发展，也才能促进研发与创新、金融与市场可行的实践，方可借由生物医药产业园区建设的投资效益，带动整体及区域经济发展。

表4-2 国内生物医药产业园区典型案例分析表

案例	北京 / 中关村生命科学园	上海 / 张江药谷	苏州 /BioBAY 生物医药产业园
园区定位	•国家级生物技术。 •新医药高科技产业创新基地。 •聚焦国家生物医药产业发展。	•誉为“张江药谷”。 •科技部、卫健委、药监局、中科院、中国工程院与上海市签约共同打造的“国家上海生物医药科技产业基地”。	•中国和新加坡两国政府间的重要合作项目，1994 年经国务院批准设立 BioBAY。 •国际化创新创业典范，定位为孵化创新创业企业。 •“产业园区 + 创新孵化器 + 产业基金 + 产业联盟”的产服模式。

① 火石制造，集聚发展引领 科技创新赋能 [N].，中国医药报，2019—02—18.

续表

案例	北京／中关村生命科学园	上海／张江药谷	苏州 /BioBAY 生物医药产业园
执行阶段	• 生命园一、二期现已基本完成建设（2.49 平方公里），生命园三期项目已全面启动（360 万平方米） • “十五”起步期（2001--2005） • “十一五”培育期（2006-2010） • “十二五”发展期（2011-2015） • “十三五”自主创新引领示范期（2016-2020）	• 早期政府驱动阶段（1992—1999） • 地方各级政府大力支持、全球化发展双核驱动阶段（1999—2009） • 基于自主创新的全球化发展阶段（2009 至今）	• 起步探索期（2006—2009） • 快速发展期（2010—2015），重点在招商引资、园区规模拓展、产业资本发展层面。 • 行业引领期（2016 至今）。包括三大园区。包括：(1) 苏州生物医药产业园一期（原苏州生物纳米科技园）。(2) 苏州生物医药产业园二期，位于桑田岛的产业园二期 A、B 区域已投入运营，计 20.5 公顷。(3) 苏虞生物医药产业园三期。
具体绩效与未来展望	• 以生命园扩展区建设为契机，健全产业服务体系，拓展产业发展空间。 • 提升园区生物医药产业自主创新引领示范地位。 • 积累原创性科技成果与众多创新产品。 • 形成了完整的生物医药产业链，打造与高科技企业共成长的园区价值链。 • 汇聚创新创业人才。	• 基地集聚和发展实力较强的生物医药企业。 • 业务面已覆盖产业链全过程。重点集中在临床前的研发服务。 • 化合物合成筛选、提取和工艺研发、临床前药理毒理研究等方面具有较强实力。	• 园内的信达生物制药与礼来制药签约，回购由 BioBAY 代建的生物药产业化基地。 • BioBAY 与常熟合作，建设苏虞生物医药产业园，属于苏州工业园区生物产业第一个走出去的项目 • 结盟全球领先的医疗器械公司美敦力，与红杉资本共同成立基金。 • 创造新模式：以基金为依托，成立医疗器械企业孵化 器，大力扶持初创型企业，搭建产业信息与资源共享平台。

数据源：本研究整理，引自：健康界（2023）①；知乎（2023）②

第三节　创新案例剖析与政策导向

一、模式创新案例：苏州BioBAY生物医药产业园“产服模式”

苏州 BioBAY 生物医药产业园系中国和新加坡两国政府间的重要合作项目，1994 年经国务院批准设立 BioBAY，2018 年苏州工业园区生物医药产业产值达 780 亿元，

① 2022 生物医药产业园区百强榜 | 产业园区 | 智慧医疗 | 医药 | 企业 | 药械 |- 健康界 [EB/OL]. [2023-07-01]. https://www.cn-healthcare.com/articlewm/20221123/content-1471679.html.

② 生物医药产业园区的运营模式、发展痛点及破解建议 - 知乎 [EB/OL]. [2023-07-01]. https://zhuanlan.zhihu.com/p/148594819.

居园区三大特色新兴产业之首，并以 BioBAY 苏州生物医药产业园作为园区培育生物科技产业的主要创新基地，园区形成以新药创新、医疗器械、生物技术、服务外包及纳米技术等为主的研发创新型产业集群，集聚高层次研发人才 1 万多名，自主创新型生物医药企业超过 400 家[①]。

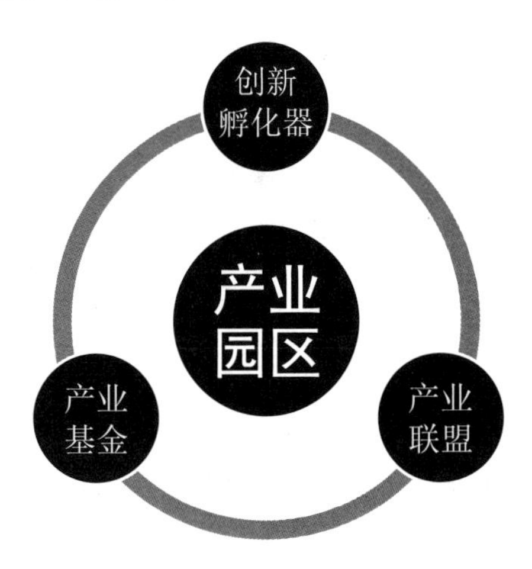

图4-5 BioBAY产服模式概念

数据源：本研究绘制

BioBAY“产业园区 + 创新孵化器 + 产业基金 + 产业联盟”的产服模式，经过多年发展，BioTOP 已经发展成具有 CNAS 资质的独立第三方分析检测技术服务公司，为园区内的生物医药企业提供着从分析检测、生物技术服务到试剂耗材采购、人员技术培训和生物材料国际物流平台多元上游服务。

生物医药产业已经成为中国战略性新兴产业之一，市场规模逐年攀升。而面对生物医药行业的特点包括高风险、高投入、高技术、周期长的问题，如何解决生物医药初创企业技术、设备、资金、行业资源的短缺，是实现生物医药初创企业孵化的关键，BioBAY“产业园区 + 创新孵化器 + 产业基金 + 产业联盟”的产服模式提供了良好的借鉴案例[②]：

① 【热点评述】BioBAY 苏州生物医药产业园_园区 [EB/OL]. [2023-07-01]. https://www.sohu.com/a/380141907_120059752.

② 【热点评述】BioBAY 苏州生物医药产业园_园区 [EB/OL]. [2023-07-01]. https://www.sohu.com/a/380141907_120059752

（1）创新孵化器重点解决技术、设备短缺，扶持企业科研阶段的成长。

BioTOP 创新孵化器是对园区“专注创业企业孵化”定位的直接支撑，解决企业技术与设备缺乏的问题，同时 BioBAY 对孵化载体建设的投入力度之大，亦值得产业地产运营服务商注意，构建产业孵化能力将是策源产服实现脱颖而出的发力点。

（2）告别产业基金“外包”，采用与国际化基金合作成立产业基金和产业直投两种形式。

过去产业基金一直是产业园区能力的薄弱点，多采取产业基金“外包”的形式，BioBAY 大胆地结合了产业直投，更贴近入园企业，直接帮助园区企业解决后续发展资金问题，复星在产业投资的经验丰富，联合复星投资条线开展优质企业产业直投将是策源产服的一大优势。

（3）园区成熟阶段组建产业联盟助力产业生态圈建设。

BioBAY 组建了由合作论坛与科技联盟组成的产业联盟，帮助创业公司获取行业资源，策源产服的优势在于复星内部的优质产业资源丰富，但是外部智库的作用同样不可忽视，联合外部智库不仅可以开拓更大的产业资源援助，也为客户企业产业发展提供咨询服务。

2012 年 1 月，BioBAY 以其高质量的企业服务和齐全的配套设施，吸引了信达生物入驻。入驻 BioBAY 之后，信达生物的发展可谓是一帆风顺。入驻 BioBAY 刚五个月，他们就拿到了 礼来亚洲基金领投、富达跟投的 3000 万美元 B 轮融资。如今，信达生物港股上市，同时 PD-1 单抗药物达伯舒开售，信达生物已经成了中国创新药领域的标杆企业。

二、模式创新案例：新加坡利用“产业政策”促进生物医药产业集聚做法

新加坡为促使经济发展，以政策吸引外资进驻，投注大量资源在科学研究上，并善用政策“鼓励创新创业、扶植当地企业、链接各个单位、建立合作系统”，创造产业群聚效应，对于生物医药产业最重要建设有“启奥生技园区”和“大士生物医学园”等，具体的做法归纳如下：

（1）完善的科技发展策略，有整合性的人力基础设施高质量配合。

提供高质量、高技术的人力、人才和基础设施等策略，新加坡成为创业创新和知识基地的枢纽中心，吸引越来越多的国际生医公司进驻新加坡，外资的进驻也带动经济上扬和产业成长，科技发展策略与外人直接投资之间产生正向关系。

（2）重视当地中小企业，由小规模的生物医药公司作为创新引擎。

新加坡国内大多为中小企业，产业结构约有 90% 是中小企业，新加坡政府观察到规模较小的生物医药公司，而针对此类型的小公司视为创新的引擎。（彭麒真，2021）①

（3）重视国际研发交流，链接产业促进合作产生集聚效应。

吸引了许多国际知名药厂来新加坡设厂，如英国的葛兰麦史克 GlaxoSmithKline、瑞士药厂诺华 Novartis 等。GSK 药厂则投资 6200 万新加坡元在新加坡设立一个 R&D 中心。Novartis 则设立“热带疾病研究院”，从事研发治疗骨痛热病和肺痨病的新药。

三、模式创新案例：案例地区生物医药产业园区引入PPP模式案例

（一）案例地区生技研究园区引入“单一企业概念”，提高交流效益

“案例地区生技研究园区”（Biotechnology Research Park）为案例地区首跨公部门单位合作之生技环境，亦以“创新研发”（Research and Development，R&D）为主的新一代“最高级”生物科技园区。为达成园区研发、技术服务及商品化一条龙之构想，园区扮演生物技术新药研发产业链上完整贯穿推进引擎，并由公部门单位共同进驻使用。

该园区由案例地区研究院立“生医转译研究中心”进驻，强化“创新转译医学”，衔接基础医学研发与临床应用应求，与生医研发密切相关的“案例地区实验研究院实验动物中心”（NLAC，NARlabs）、案例地区经济事务主管部门“财团法人生物技术开发中心”（DCB）、案例地区卫生事务主管部门“食品药物管理署”（TFDA）亦共同进驻联合组成为“生技新药研发环境”。

2020 年 9 月 17 日成立“生医转译研究中心”，于园区主要管理范畴为 ABCD 栋，

① 彭麒真（2021）。新加坡吸引外人直接投资政策之研究以生物医药产业为例（硕士论文）。取自华艺线上图书馆系统。（系统编号 U0001-1510202107215000）doi: 10.6342/NTU202103747.

而负责管理维护园区公共事务及生态环境之平衡。园区各进驻单位各自负责独立运作的经费、行政及业务。针对园区公共事务之运作、管理、公共设施及生态环境之维护，实以召开“园区营运管理会议”来凝聚各进驻单位共识，并由主管单位与各项工作小组（交通、总务、财务、环安等）进行分层协调与执行，其所需经费亦即由各进驻单位及研究机构，依楼层面积比例出资、共同分摊。

2022 年颁布《案例地区生技研究园区联合会设置要点》，案例地区生技研究园区为岛内首跨单位及学研单位共驻之研究园区，以跨单位资源及产官学研整合“单一企业概念”，提供尖端人才与合作互动环境，促使案例地区创新生医产业与国际药厂接轨。

（二）TPE 生技园引入 PPP 模式，打造育成、研发、试产量、商务办一条龙服务

2023 年正式引入 PPP 模式，将首件生技 BOT 案区 TPE 生技园（Taipei Bioinnovation Park）正式落成启用，估年产值超过 125 亿人民币。 TPE 生技园区正式启用便吸引大批生技医疗企业超前部署咨询。根据私部门“世康开发股份有限公司”内部统计，目前预计进驻的生技医疗企业已超过 30 家，其中以“生技新药”“细胞治疗”、生技服务”“高阶医材”及“智慧健康”等五大类别占比最高，也显示案例地区生技产业对 TPE 生技园区的硬性需求强烈，生技产业将成为资讯、通讯后，与全球接轨的重要发展项目之一。

公部门进一步表示“南港区”是 TPE 市生技产业发展的重镇，集结“案例地区卫福部食药管理单位”“案例地区研究院”“案例地区生技研究园区及生技中心”“案例地区实验动物中心”，透过 BOT 案公私协力，将 TPE 生技园区打造育成、研发到试量产、商务办合一的多功能空间，预计将引进超过 3000 个就业人口，带动生技年产值人民币 125 亿元，成为 TPE 生技产业廊带新的核心引擎。

四、广东省生物医药园区及产业链发展政策目标

全国各地接连出台了相对的政策：如《广东省发展生物医药与健康战略性支柱产业集群行动计划（2021—2025 年）》主要的任务完成“双核多节点产业空间”布局，打造生物医药与健康产业聚集区。

在工作目标方面：到 2025 年实现生物医药与健康产业规模、聚集效应、创新

能力，国内一流体制机制、服务体系、市场竞争力，国际领先能够打造万亿级产业集聚集群，建成具有国际影响力的产业高地。其中，聚集效益的增强以及产业内部结构优化完善，具有创新能力的提升，及国际合作水平，等等，皆需要将生物医药产业链完整结合，并且能够引入更高效的项目管理统筹能力。

在重点任务方面：完善双核多节点产业空间布局，打造生物医药与健康产业集聚区。以广州深圳市为核心，以珠海、佛山、惠州、东莞、中山市等重点的产业创新集聚区。支持广州市打造粤港澳大湾区生命科学合作区和研发中心，布局生命科学、生物安全、研发外包、高端医疗、健康养老等领域。另外支持江门与肇庆市建设再生医学大动物实验基地、南药健康产业基地。推动上下游企业协同发展提升生物医药与健康产业集群价值链。支持生物医药与健康重点企业，瞄准产业链关键环节和产业技术实施兼并重组，健全产业链关键资源整合，孕育一批链主企业和生态主导型企业。

在重点工程方面：建立十大产业特色园区建设工程，建设十大综合性产业园区，并且支持惠州、江门、肇庆及粤东粤西粤北地区建设一批产业特色园区，推动韶关国家健康医疗大数据应用示范粤港澳中心与产业园区建设。支持园区建设药物筛选、中式放大、临床且评估、注册申请等公共服务平台，完善危险废物、污水废水处理等配套设施都建立绿色低碳的发展模式。如：为培育一批产医药龙头产品，带动做强生物医药产业链，加快消费品工业“三品”（增品种、提品质、创品牌）工作步伐，促进全省工业经济高质量发展，奋力打造国家重要先进制造业高地。

其中多提到形成产业聚集而形成产业链的优势：有利于企业成本降低；有助于新企业诞生；有益于企业创新氛围形成；有利于打造“区位品牌”；有益于区域经济的发展。

更进一步战略“产业链供应链安全”更是助力国家产业高质量发展[①]、保障实体

① 高质量发展(high-quality development)：2017年，中国共产党第十九次全国代表大会首次提出“高质量发展”表述，表明中国经济由高速增长阶段转向高质量发展阶段。党的十九大报告中提出的“建立健全绿色低碳循环发展的经济体系”为新时代下高质量发展指明了方向，同时也提出了一个极为重要的时代课题。高质量发展（全面建设社会主义现代化国家的首要任务）_百度百科 [EB/OL]. [2023-07-02]. https://baike.baidu.com/item/%E9%AB%98%E8%B4%A8%E9%87%8F%E5%8F%91%E5%B1%95/22414206.

经济稳定持续运行、构建新发展格局重要内容，也是国家经济安全的重要组成部分。

（一）广东省生物医药产业园区竞争力

《2022 中国生物医药产业园区竞争力评比分析报告》正式发布，2021 年以产业竞争力、合作竞争力、技术竞争力、环境竞争力、人才竞争力五项指标，广东省评比后仅四个国家生物医药产业园区，且成绩不理想不具竞争力，肇庆市等多项国家级生物医药产业园区皆未入榜，如下表：

表4-3 广东省2021年“综合竞争力”前50强国家生物医药产业园区

排名	园区名称	所在省市
6	深圳高新技术产业园区	广东
12	广州高新技术产业开发区	广东
37	佛山高新技术产业开发区	广东
44	中山火炬高新技术产业开发区	广东

数据源：本研究整理

（二）珠江三角地区聚集群

珠三角地区凭借信息技术的产业优势，率先推动生物医药产业与新一代信息技术结合，重点布局高端医疗、高性能医疗器械、基因测序、生物信息分析、细胞治疗等细分行业。

珠三角地区现有 45 家生物医药上市企业总部，68 家三甲医院，5 个医学院（在校学生 67,872 位），P3 及以上实验室 4 个。近一年内全区新增 1140 家生物医药企业。目前广州和深圳依托成熟的信息技术，重点布局高端医疗、高性能医疗器械、基因测序、生物信息分析、细胞治疗等细分行业①，已培育出多家创新医药上市企业如华大基因、迈瑞医疗、康泰生物、惠泰医疗、达安基因等②。

---

① 《广东省发展生物医药与健康战略性支柱产业集群行动计划（2021-2025）》政策解读 广东省科学技术厅 [EB/OL]. [2023-07-11]. http://gdstc.gd.gov.cn/zwgk_n/zcfg/zcjd/content/post_3095613.html.

② 中国区 | 一文了解全国生物医药产业园（产业布局及特色篇）| 高力国际 | Colliers高力国际 [EB/OL]. [2023-07-02]. https://www.colliers.com/zh-cn/research/20211130pharmaceuticalindustrypark_2.

（三）深圳高新技术产业园区

广东省深圳高新技术产业园区的各项指标竞争力评比结果，除“人力竞争力”成绩较理想外，广州高新技术产业开发区的环境竞争力指标如榜，仍需加强提升，才能有高质量发展。如下表：

表4-4 广东省深圳高新技术产业园区的各项指标竞争力评比结果

指标竞争力	排名	园区名称	所在省市
产业竞争力	8	深圳高新技术产业园区	广东
合作竞争力	3	深圳高新技术产业园区	广东
技术竞争力	10	深圳高新技术产业园区	广东
环境竞争力	4	深圳高新技术产业园区	广东

数据源：本研究整理

深圳的生物医疗设备和生物制药企业在全国范围内具有显著的优势，特别是在创新药物研发和产业化、药品制剂出口以及生物医药研发外包等核心领域，其发展速度堪称迅猛。这些企业不仅在国内市场上占据重要地位，还积极参与国际竞争，推动国内生物医药产业的国际化进程。

而在广州，生物医药产业集群的发展也呈现出蓬勃生机。其“两中心多区域”的产业布局有效地整合了资源，促进了产业的协同发展。目前已有超过150家生物企业以及一批国家级生物科研机构在这里集聚，共同构建了一个从生物技术研究、中试到产业化的完整产业链条。这不仅为广州的生物医药产业注入了强大的创新动力，也为整个区域的经济发展提供了有力支撑。

总的来说，深圳和广州在生物医药产业方面都有着不俗的表现和广阔的发展前景。这两个城市不仅在国内生物医药产业中占据重要地位，也在国际上享有较高的声誉，是推动我国生物医药产业发展的重要力量。（中国生物医药产业地图白皮书，2022）①。

（四）珠海市生物医药产业园区

广东省珠海市生物医药为优化发展产业环境，聚焦生物医药重点领域和关键技术，强化创新引领，优化产业结构，着力提升生物医药科技和产业竞争力，培育千

① 《中国生物医药产业地图白皮书》，2022。

亿级生物医药产业集群，根据《珠海市推动生物医药产业高质量发展行动方案》制定本措施（中国生物医药产业地图白皮书，2022）①。《行动方案》资源要素支撑工程主要包括强化产业用地供给、强化人才引进与培养、强化产业金融支撑、推进通关便利化等措施，从用地、人才、金融、环境等方面，全方位优化生物医药产业发展环境。具体举措如下：

举措 1：成立生物医药统筹发展领导小组：主要包括审议产业发展政策，决定生物医药产业发展中的重大事项，确定阶段性目标任务，推进重大生物医药项目落地建设等。

举措 2：组建生物医药专家咨询智库：组建由科技、医学、产业、投资等领域专家构成的生物医药咨询智库，聘请全国知名专家及本地知名企业家、学科带头人为专家顾问，对肇庆市生物医药产业发展的重点方向、重点项目、战略规划和政策制定等决策提供支撑，对引入重大项目进行评估筛选，对肇庆市生物医药企业定期交流和指导。（周永龙，2020）② 生物医药专家咨询智库采用分级管理及（年度）动态更新机制。

（五）肇庆市生物医药产业园区

肇庆市产业发展的版图，生物医药产业是十分重要产业。2020 肇庆市生物医药规上企业共 16 家，其中上市公司 3 家，拥有国家级企业重点实验室 1 家、国家级企业技术中心 1 家、国家级高新技术企业 2 家、博士后科研工作站 2 家、省高新技术企业 5 家；2020 年 1 至 9 月实现总产值 29 亿元。主要龙头企业有“星湖科技”“肇庆大华农”“一力制药”等，其中，星湖科技生产的“利巴韦林”在国内市场份额占据前列；肇庆大华农拥有省内唯一一家动物疫病防控领域的国家级企业重点实验室，多项成果为国际领先水平，获得“中国兽用生物制品企业十强”称号。近年重点推进“高济医疗广东邦健总部项目”“粤港澳大湾区南药产业园建设项目”“广东博效医疗生产基地项目”的动工建设（周永龙，2020）③。

---

① 《中国生物医药产业地图白皮书》——《行动方案》，2022。

② 巴中市人民政府办公室关于印发巴中市生物医药产业高质量发展行动方案（2022—2025 年）的通知 [N]. 巴中市人民政府公报，2022—08—15.

③ 西江日报记者 周永龙. 肇庆生物医药产业驶上发展快车道 [N]. 西江日报，2020—11—10.

“高济医疗”于广东邦健总部项目，是肇庆市端州区重点力促城市型经济为主的现代服务业集聚发展的重大项目，也是推动“古端州、新活力”行动落实的重点项目。计划总投资 23 亿元的“高济医疗广东邦健总部综合体项目”，是端州区第一个真正意义上的产业总部项目。该项目的引进也是肇庆端州区积极抢抓粤港澳大湾区发展机遇，结合自身发展需要和产业发展特点的举措①。

肇庆高新区紧紧抓住生物医药（兽医兽药）产业发展“风口期”，发挥优势、提前谋划，形成了聚势起航的发展格局，成为国内外优质生物医药（兽医兽药）企业布局华南区域的天然良港（周永龙，2020）②。

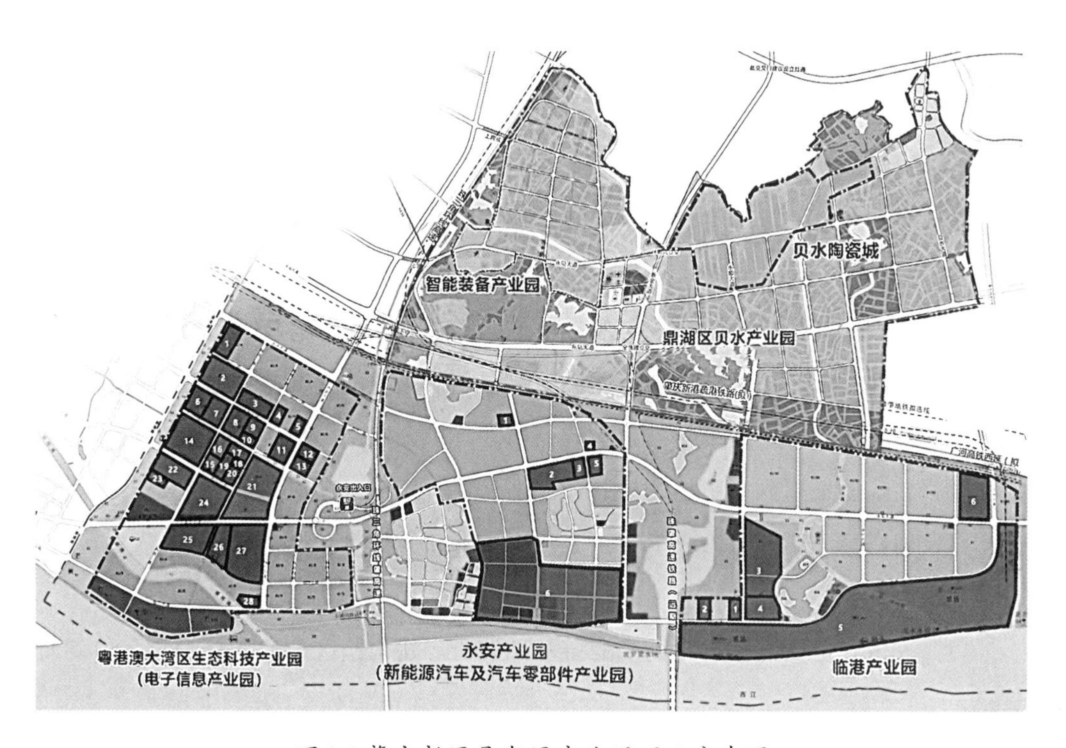

图4-6 肇庆新区鼎湖区产业园项目分布图

数据源：本研究绘制

① 记者周永龙．特约记者彭剑．通讯员孔令滨，郑明春．重大项目建设助推古端州焕发新活力[N]．西江日报，2020—10—20.

② 西江日报记者 周永龙．肇庆生物医药产业驶上发展快车道[N]．西江日报，2020—11—10.

除“肇庆大华农”“海王生物”“仓配速效生物医药仓储物流”等一批优质项目外，肇庆高新区还拥有“农业农村部动物疫病防控生物技术与制品创制重点实验室”“广东省兽用生物制品技术研究与应用企业重点实验室”“生物安全三级实验室”等多个科研平台。其中，生物医药龙头“肇庆大华农”已在肇庆高新区扎根发展近20年，是目前国内产量最大、设备最先进的禽流感疫苗生产基地（周永龙，2020）①。

第四节　PPP项目融入执行研究方案

一、研究目标、研究内容拟解决的关键问题

（一）总目标

本研究目的是运用地方级生物医药产业园区个案，进行基础调研、分析、归纳成功或经验教训，参考线有综合竞争力指标，调整获得“地方级生医园区开发的综合性指标”，并运用PPP模式的特许权设计，促使“规划、运营、管理”工作，能符合现代生医园区“产服结合、研发创新、绿色低碳智能”高效发展的期待，以社会经济与财务可行性评估为基准建构招商诱因，以公私部门协商机制为创造投入产出平衡平台，验证引入公私协力模式，能强化地方级生医园区的综合竞争力，达成高质量发展目标。

（二）分目标

（1）完成在地资源生物医药产业链基础调研，建构园区产业集聚规划定位调研评估。

（2）完成生物医药产业厂商研发创新需求调研，建构园区公共技术平台研发中心评估。

（3）完成生物医药产业园区进驻厂商环境需求，建构绿色、低碳、智能园区规划设计评估。

---

① 西江日报记者 周永龙．肇庆生物医药产业驶上发展快车道［N］．西江日报，2020—11—10.

（4）完成在地金融融资管道与条件，搭建地方级生物医药产业园区开发投资融资管道。

（5）建构地方级集聚生物医药产业园区开发建设指标体系。

（6）进行公私协力模式引入园区开发财务可行性评估，建构奖励厂商给特许事业进驻的诱因条件。

（7）制定 PPP 模式引入园区开发协商机制，强化园区产业竞争力拟定战略。

（三）重点

本研究属于基础性调查研究，具有实际现况的数据，形成具有因果关系的研究设计，经由统计量化分析及多目标分析的方法形成可数字化管理的模型，可借由模式的比较差异中，推论出可调整的诱因条件与敏感度分析，再将公私协力模式之特许事业所具备的新型管理模式，可促进生物产业园区成为研发及创新能力厂商孕育的摇篮，达到推动生物产业园区的地方级产业产生集聚效益，形成产业经济发展的目标。

重点任务如下：

（1）探讨地方级生物医药产业园区以特有生物医药产业发展定位，进行发展潜力分析，确立特殊生物医药产业具启动的潜力。

（2）全面搜集生物医药产业园区针对目前推动产业现况，进一步探讨对于产业链整合集聚的规划构想。

（3）以目前现况之财务主客观条件，进行损益平衡评估，建构具科学依据的奖励评估机制。

（4）应对国际化、专业化趋势导入 PPP 模式，改善提升园区研发及创新的竞争力。

（5）提出生物医药产业园区开发全周期管理观点，着重各阶段应注重之财务面向的激励机制及战略。

（6）针对地方级生物医药产业园区开发投资融资，厂商研发所需资金之融资平台，建构融资渠道与有利条件。

（四）难点

研究难点有二：

（1）社会对于 PPP 模式认识不足或误识，对于各角色单位必须重新建立共识。

（2）调研材料取得困难，开发园区发建设开发方案与进驻厂商名单据隐私及敏感性，需要立项确立后，确认资料合法使用，方可减少疑虑进行调研。

（五）研究内容

研究基本上遵循《2022中国生物医药产业园区竞争力评比分析报告》中五项指标，包括：产业竞争力、合作竞争力、技术竞争力、环境竞争力、人才竞争力。对此展开地方级生物医药产业园区开发的研究任务。

项目规划共分为二阶段进行：（1）第一阶段分以任务一、任务二、任务三为主；（2）第二阶段以任务四、任务五；（3）第三阶段以任务六为主。说明如下：

第一阶段：收集目前区域级与地方级生物医药产业园区开发经营案例，以公私协力模式进行经营管理的个案进行属性分析，且收集能促进产业发展的关键指标，归纳多目标的开发目标的指标体系。

（1）任务一：建构园区产业集聚规划定位调研评估。

收集生物医药产业园区所需要之专业生物医药厂商类别，并针对产业特性寻求具体规划的条件指标，以符合生物医药产业在“区域级集聚”的角色与竞合关系，能凸显在地的生物医药一级产业的特色与在地条件，兼容上中下游的生产链，才能具有吸引研发与创新团队进驻之条件，借此发展成为“地方级集聚”具有在地性特色的生物医药产业园区，为达成强化产业竞争力、合作竞争力目标进行基础资料之调研与评估分析。

（2）任务二：建构园区公共技术平台研发中心调研评估。

收集生物医药产业园区需要的生物技术、生物检验、制药技术、制药设备机器等方面之条件指标，以符合生物医药园区在研发创新功能上的需求，才能凸显具有前沿的研发能力与创新思维，才能吸引专业的特许团队进入，吸引生物科技相关人才共同参与，借势发展成为具有人才培育的生物医药产业园区。为达成强化产业竞争力、合作竞争力、技术竞争力目标进行基础资料之调研与评估分析。

（3）任务三：建构绿色、低碳、智能园区规划设计调研评估。

收集生物医药产业园区在建设开发所需要的绿色、低碳、智能的环境与工程需求，满足现代生态环保园区的理念，亦是目前公共建设开发的必要要求。对于现在生物医药科技产业园区的规划部，无论是外部联系交通的便利性，以及内部的空间结构规划安排，公共服务与交通运输智能化的设计与管理技术不可或缺，低碳环境的整备建设与生产动态监控规划设计密不可分，园区厂办人居环境的适宜性、现代生活美学要求、生态健康康养的多元需求，更是环境品质关键。达到环境的竞争力目标，进行基础资料的调研以及评估分析。

第二阶段：在开发财务评估过程中，探讨地方级融资管道与融资条件，进而制定吸引社会资本参与投资的诱因条件，以合理的财务诱因条件及协商空间，达成政府落实促进民间参与公共建设的政策。

（4）任务四：建构地方级生物医药产业园区开发投资融资管道。

筹资环境条件对大型国际企业或是对于在地的中小型企业而言，都是十分重要的，PPP模式的特许公司目前的趋势也将此纳入产业服务项目，以满足进驻研发厂商及生产单位的需求，因此本项目必须了解融资的管道、融资的成本、融资的条件，也是展现研发团队活力与动能的产业环境。必须就融资环境以及管道模式进行梳理，并且分析可采用的是适当的途径与建议，方可协助企业取得适当运作资本，延续研发的持久力与活力。

（5）任务五：进行公私协力模式引入园区开发财务可行性评估。

公私协力模式对于医疗产业园区的开发是至关重要的，运用常用的效益评估项目，包括回收期间、净现值、内在投资报酬率、自偿率、风险程度、融资方式。公部门主要是以经济效益为目标，除了考虑自身常用的资金来源外，更必须审查私部门投入资金的融资来源，以及关注所提供的诱因是否适当。

私部门以财务效益为目标，也必须了解奖励性的诱因是否足够，同时未来在园区设施使用的费用、设备质量是否足够，相关的研发与技术设施是否能够支持项目执行，因此必须针对实际提供筹资来源、研发技术支持、生产条件及财务效益的评估项目（“回收期间”“净现值”“内在报酬率”“自偿率”“风险程度”“筹资方式”）（表4-5）进行审慎评估。

然后再经由敏感度分析，可将关键影响因子的敏感性程度做比较及依据重要性的排序，便可建构成为公部门与私部门协商机制流程，借由综合分析协商机制可归纳出具体的公私协力政策，如何推动策略促进双方在未来合作中兼顾彼此目标，达到双赢的发展。

第三阶段：建构公、私部门在财务考虑的合作协同机制，寻找出PPP模式引入的公私部门协商流程及增强竞争力战略。

（6）任务六：制定PPP模式引入园区开发协商流程，强化竞争力战略。

本文前述现今生物医药生产业园区个案中，所提及的“单一窗口模式”“设置政策法令协助模式”“公私协力模式”“产业服务体系模式”等。其主要精神都是“增强效率、提升民间参与度、全方位与产业接轨”的改革新做法。

（六）拟解决的关键问题

解决区域级与国家级生物医药产业发展，地方级生物医药产业园区的竞争力支撑不足，缺乏基础调研生物医药产业链与在地性连接不足问题，园区环境建设需多目标同时兼顾产业链布局、研发创新环境营造、高效智能型服务、绿色低碳设施规划、融资财务管道评估等现代生物产业园区的高质量发展目标，引入第三方角色建立协商机制进行协商，可促进产业园区更具吸引力，有利于产业聚集产生聚集经济效益，提升综合竞争力。

二、拟采取研究方法、技术路线、实验方案及可行性分析

（一）研究方法

1. 文献分析法：探讨文献及个案中收集本研究所需之PPP模式，生物医药产业投入产出的效标。

2. 田野调查法：实地生物医药产业园区项目调研及二手统计资料收集。

3. 混合研究法：在本研究项目中融合使用“定量研究”和“定性研究”的方法与技术的研究路径。

4. 实验法：以研究目标进行实验设计，设定实验变量及假设实验环境，制定实验程序进行实验数据分析。以生物医药产业园区之生物医药产业投入产出分析、敏感度分析（risk analysis）为主，再辅以工程经济学之损益平衡分析（breakeven analysis）进行财务效益评估。考虑项目评估可行性的情况下，可能所会遭受到的项目状况（C. S. Park，1993）。研究方法包括：投入产出分析技术、敏感度分析、损

益平衡分析、熵权 TOPSIS 法[①]，分别进行说明如下：

（1）投入产出分析技术。

投入产出分析是一种深入剖析国民经济各部门之间经济技术联系的重要工具。通过这种方法，能够系统地了解各部门的产出情况以及这些产出是如何在国民经济中流转的，比如用于其他部门的再生产，或是直接满足居民和社会的最终消费需求，甚至出口到国际市场。同时，投入产出分析还揭示了各部门在生产过程中如何从其他部门获取所需的中间投入和原始资源，展示了它们之间紧密而复杂的依存关系。

不仅关注部门间直接的、显性的联系，更在于挖掘它们之间间接的、隐性的联系，这些联系虽然不易察觉，但却对国民经济的整体运行至关重要。投入产出分析为研究和理解国民经济结构、制定经济政策、进行经济预测和决策提供了有力的支持和依据。(MBA 智库百科，2023)[②]

（2）敏感度分析法。

可用来估计税后现金流量的每一投入变项（input）发生改变时对净现值之影响。另外可针对某问题点，来决定哪些变量项目对其项目的现金流量之影响力。一般可由输入变项的“敏感度变动率”的变化及“敏感度图”加以呈现。变项包括：“回收期间”“净现值”“内在报酬率”“自偿率”“风险程度”“筹资方式”等六项评估指标。

表4-5 适用于开发财务效益评估项目

开发财务评估项目	指标说明	计算方式及代表意义
回收期间 (Payback Period)	预期能自投资项目的净现金流量中回收该项目原始投资额所需的年期，以评估项目是否被接受的方法。	计算回收期间最简单的方式，系将投资项目的净现金流量加以累积，然后累积总额到零，该期间就是项目的回收期间。

① TOPSIS法（Technique for Order Preference by Similarity to an Ideal Solution）是一种逼近于理想解的排序法，该方法只要求各效用函数具有单调递增（或递减）性即可。TOPSIS 法是多目标决策分析中一种常用的有效方法，又称为优劣解距离法。

② 投入产出表 - MBA智库百科[EB/OL].[2023-07-15].https://wiki.mbalib.com/zh-tw/%E6%8A%95%E5%85%A5%E4%BA%A7%E5%87%BA%E8%A1%A8.

续表

开发财务评估项目	指标说明	计算方式及代表意义
净现值 (Net Present Value, NPV)	净现值法系折算现金流量技术之一种，其计算程序如下： (1) 找出投资项目的现金流量：项目的原始投资额也包括在内，再用适当的资金成本率（或折现率）将这些现金流量折算成现值。 (2) 将所有现金流量的现值加起来后，所得到的总和就是项目投资净值。若净现值为正，则接受项目；若净现值为负，则拒绝项目；若决策者有两个互斥项目可供选择，则选择具有较高净现值的项目。	投资项目的净现值可用下式算出： $NPV=\sum_{t=0}^{n}\frac{CFt}{(1+k)^{t}}$ 在此 CFt 代表投资项目在第 t 期所产生的现金流量。k 是适用于该项目的折现率或资金成本率，n 则为该项目的规划年限。 投资项目的资金成本率 (k) 为投资计划各种资金成本之加权平均利率，视该项目的风险、经济体系中利率水平，及其他相关因素而定；自有资金投资则以银行之一年定期存款利率为准。
内在报酬 (Internal Rate of Return，IRR)	投资项目的内部报酬率，能使该项目的预期“现金流入量现值”，刚好等于其预期“现金流出量现值”之折现率。 运用此评估方法时，通常会先订一个最小可接受报酬率，例如银行之一年期定期存款利率，若内部报酬率高于此标准，则此投资项目可被接受； 反之，则舍弃此投资项目，若决策者有两个互斥项目可供选择，则选内部报酬率较高者。	可用下列等式来表达上述概念： $NPV=\sum_{t=0}^{n}\frac{CFt}{(1+r)^{t}}=0$ 满足上式之 r 值即为”内在报酬率”，其他符号所代表的意义与前式相同
自偿率（Self Liqu idating Rate，SLR）	根据财政学者 R. A. Musgrave 对自偿性的定义：“计划案未来对营收可以支持建设期的投资成本，如同公营企业般可贷款从事投资，另据生产性的投资计划亦兼有营收与扩大税基效果； 主要的是这类计划的支出，政府在未来无须因此而增兼税收或额外的税源来偿付。”(R. A. Musgrave & P. B. Musgrave，1989） 然而，此仅止于概念性、原则性的看法，在事务上尚须考虑一些虽然未能达到 100% 完全自偿，但建设完成后营运期间有净营收产生，且具有部分自偿性之计划。	为了求取这偿付建设成本的百分比，而创设了所谓的自偿率 (SLR) 用以分割建设成本中，可由计划自偿的金额，另计划无法自偿的部份，就需政府作实质的资本协助（capital grant）。自偿率之计算概念及公式如下： $SLR=\frac{\mathrm{B}}{\mathrm{A}}\times100\%$ B：营运评估期净现金流入（完工年度现值） A：建设期建设成本支出（完工年度终值）

续表

开发财务评估项目	指标说明	计算方式及代表意义
风险程度（Risks）	凡对于任何计划之预期成本或预期收入产生负面冲击、不良影响，或潜在不利因素，称之为“风险”。“风险”会随计划性质、应用领域或考虑层面之差异而有不同之衡量指标。 就生物医药产业园区开发建设而必须考虑的因素，就计划执行阶段中的风险，包括：奖励性规范不明确之风险、规划不当或设计不良风险、都市计划变更时程及土地取得的风险、费率掌握及预估之风险、财务计划假设条件预估之风险、汇兑通膨的风险、现金流量不稳定的风险、筹资方式风险、工程技术风险、施工延迟风险、成本超支风险、游客需求不确定之风险、不可抗力的风险等。	
筹资方式（Mode of unding）	民间筹措资金的方式有国内贷款、发行股票、债券、项目融资、进口信贷、发行海外公司债等，在选择时应考虑不同之财务环境。由民间参与生物医药产业园区开发，可得知建设资金来源多半来自政府筹资或融资及来自民间资金而来，因此在考虑筹资工具时，也应站在台当局及民间立场就各种因素加以评估，一般而言，此类考虑因素包括下列各项：先考虑财务目标：资本规模、风险因素、投资报酬率、金融环境、相关政策法令、投资标的之专业知识。	

数据源：R.A.Musgrave & P.B.Musgrave(1989)；邢志航(1998)；蔡玫亭、陈慧君(1996)

（3）损益平衡分析法。

在作投资项目的敏感度分析时，若收入较预期的低或成本较预期的高，其影响的严重性可进行损益平衡分析，以一般现金流量法中作损益平衡分析的过程，求出流入现金流量与流出现金流量之净现值（二者之差）；再者找出使二者相等之相关变量值，称为损益平衡点；而此与求算内部报酬率而使净现值为零之临界值非常类似。

（4）熵权 TOPSIS 法。

在具体的评价方法选择上，选取有限方案多目标决策分析中较为常用的熵权 TOPSIS 法，即先通过熵权法确定评价指标权重，通过 TOPSIS 法利用逼近理想解的技术确定评价对象的排序。熵权法对 TOPSIS 模型是种常用的综合评价方法，能充分利用原始数据信息，客观进行权重幅值高低，结果能客观地反映各评价方案间的差距（知乎，2023）[①]。

① 数学建模评价类——基于熵权法的Topsis模型 - 知乎 [EB/OL]. [2023-07-14]. https://zhuanlan.zhihu.com/p/348704436.

（5）微观宏观相融法。

借由各类生物医药产业园区项目的实验成果进行思考推演，在全生命周期的各阶段过程中项目规划及财务的评估机制及应用，并明确生物医药产业园区开发协商机制。

（二）技术路线

本研究假设为引入公私协力模式，能强化地方级生物医药园产业园区的综合竞争力，达成高质量发展目标。以此为核心，运用必要的研究方法（文献分析法、田野调查法、混合研究法、投入产出分析技术法、敏感度分析法、损益平衡分析法、熵权 TOPSIS 法、微观宏观相融法）组合运用，在任务一至任务六落实分析，再由任务产生成果，逐步验证研究假设。

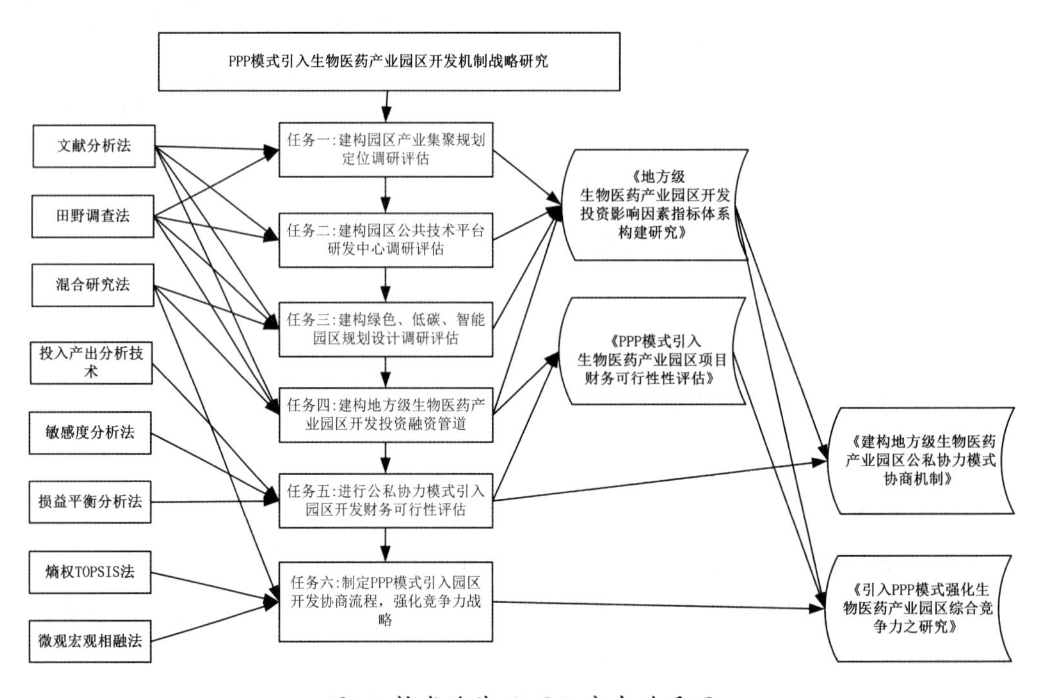

图4-7 技术路线及项目产出关系图

数据源：本研究绘制

三、PPP项目执行经验创新之处

（一）方法上创新

以现有地方型生物医药产业园区 PPP 项目执行经验为基础，以投入产出分析生物医药产业之具体财务及经济效益，增进生物医药产业组合的耦合程度强化集聚。

（二）成果上创新

加入时代趋势 PPP 模式引入项目管理思维，能具体化对于整体开发投资评估可行性产生数字管理协商机制与高效。建构具体而有直效的方式可协助管控生物医药产业园区，于发展全生命周期中，在市场性及产业发展纳入融资筹资管道财务面向有实际运作价值，与项目开发规划阶段具有预警的价值性。

（三）应用上创新

运用 PPP 模式及社会性资本融资，聚焦针对衔接在地植物与动物的在地产业生产特色产业，结合一二三级产业，透入研发及品牌行销成为生物医药科技产品，创富地方带动经济及生物医药产业发展。

第五章 PPP模式建设观光游憩园区开发机制

第一节 缘起与目的

以案例地区整体休闲产业环境而言，由于社会不断进步、居民生活水平提高，使得居民更为重视休闲生活，再加上现今推行周休二日，将更造成休闲活动需求的增加。就近年整体观光产业环境而言，目前民间参与观光游憩设施开发会受到鼓励的原因，可归纳于“市场发展趋势的观念转变”及“法治与政策的明确制定”二大主因：其一，由过去公部门自行独力就能完成的全部的事项，转变成为寻求民间协力关系的方式，减少政府投资观光游憩设施之财政负担及日后经营的专业性问题，并增进民间参与公共建设的机会。其二，政府对于民间参与公共建设的公私合伙机制，提供明确之法源基础“促进民间参与公共建设法”，其中第3条第7项中将观光游憩重大设施列为公共建设之一，并给予多项协助与奖励优惠。因此在上述二者的鼓励下，“公私合伙”方式开发观光游憩设施已成为一项可行的推动方式（KHH市公共事务管理委员会，1998）（吴济华，1994）。

由世界先进国家各项BOT的发展经验发现，成功的可行方案必须以民间投资可获得合理报酬率为基础，才能够吸引民间参与观光产业开发，达成未来推动开发及发包作业进度之顺利。在规划观光游憩设施开发阶段，公私部门所扮演的角色不同导致所专注之效益亦不同[①]，如何制定双方皆能接受的共识，为建立二者协力关系的关键（吴英明，1996）。

研究目的是针对引入民间参与观光游憩设施开发为前提，在开发财务效益评估过程，如何以合理的财务诱因条件及协商空间，制定吸引民间参与投资的诱因条件，

---

① 民间关注的是“财务效益”，政府关注的是“经济效益”，而“财务效益”仅为其中之一环。

以达到政府落实促进民间参与公共建设政策中“民间最大参与”及“政府最大审慎”之原则。

第二节　理论与方法

就以民间参与观光游憩设施开发财务的性质而言，若以项目投资的方式进行，可视为“项目融资”(Project Financing)，其中所产生之风险即为“项目风险”(Project Risk)。本研究以BOT项目的财务可行性方面为研究范围，进行开发财务评估之“敏感度分析”及“损益平衡分析”，以减少项目投资方面的财务风险。

一、BOT项目风险之相关理论与研究文献

世界各地有诸多位学者对BOT项目风险方面提出诸多论点，与本研究相关之论述者，包括：

黄世杰(2003)提出由国外过去40年发展经验发现，财务问题是BOT成败的关键，由于业主在施工中有许多因素干预，对于工程延长与成本增加负有相当的责任，乃给予延长特许营运期限作为补偿；且承接厂商不可能完全以自有资本投资，利用银行融资为正常的事，政府应该协助。

陈西华(2002)指出政府推动BOT之本意，在于引进民间资金与企业经营效率，并促进经济发展。惟于初步财务评估一项公共建设计划方案时，若本业净营运收入不足以偿还银行贷款本金与利息，及满足民间机构股东要求合理报酬的情况下，虽然因计划方案不具有民间投资财务可能性，但若能运用相关法规授权范围，不违背公共利益与公平合理原则，重新检讨BOT方案的招商条件，以个案务实规划考虑，不夸大风险可承受程度，将计划方案加以重新包装调整组合，建立适合民间企业投资条件(E.F.Brigham & J.F.Houston，2001)。同时，提出“整包策略”概念，即配合政府规划合理分担民间业者须承担之兴建营运风险、减少民间机构资金筹措困难、适当之收费费率结构与权利金调整机制、应用价值工程管理技术降低工程成本等措施，更能提高诱因，增加厂商意愿。

二、研究方法

研究方法以敏感度分析为主，并依据工程经济之损益平衡分析进行财务效益评估。考虑民间在投资项目评估可行性的情况下，可能所会遭受到的项目风险状况。可由工程经济学中二分析方法（C. S. Park，1993）分别进行说明如下。

（一）敏感度分析（sensitivity analysis）

此分析方法可用来估计税后现金流量的每一投入（input）变量发生改变时对净现值之影响。另外可针对某问题点，来决定哪些变量项目对其项目的现金流量之影响力。一般可由输入变项的“敏感度变动率”的变化及“敏感度图”加以呈现。

（二）损益平衡分析（breakeven analysis）

在作投资项目的敏感度分析时，若收入较预期的低或成本较预期的高，其影响的严重性可进行损益平衡分析，以一般现金流量法中作损益平衡分析的过程，求出流入现金流量与流出现金流量之净现值（二者之差）；再者找出使二者相等之相关变量值，称为损益平衡点；而此与求算内部报酬率而使净现值为零之临界值非常类似。

三、研究对象与数据源

研究对象为符合“促参法”中规定的公共建设中的“观光游憩重大设施”，且由案例地区交通事务主管部门观光局所设立的“大鹏湾风景特定区”[①]之中部分分区（游一区）为例，并依据大鹏湾风景特定区管理处委托之规划计划书中，“奖励民间参与投资开发方式研选”内容为基础资料（中兴工程顾问，1997年），依据假设建构开发财务试算表后，再进一步进行开发财务评估之敏感度分析及损益平衡分析。

---

① “大鹏湾风景特定区”面积276423公顷，设有大鹏湾风景区管理处，以BOT方式进行发包、议约、签约之作业及推动观光宣传为发展目标，目前着手进行大鹏营区、青洲滨海游憩区及琉球风景区露营营区委外经营合约。

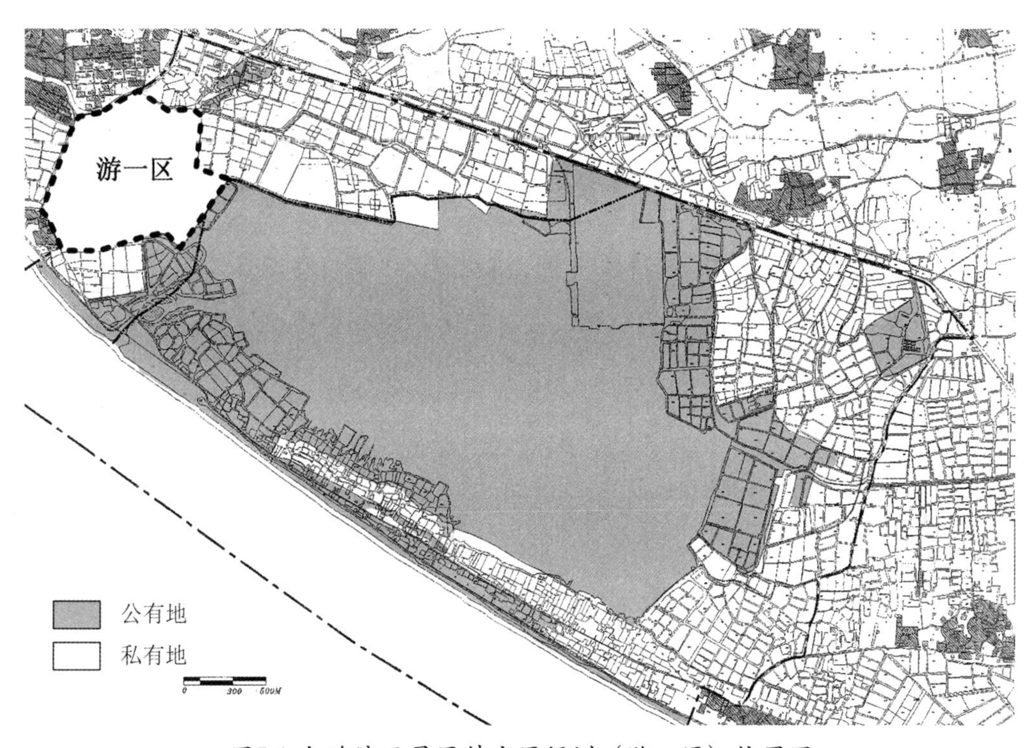

图5-1 大鹏湾风景区特定区规划（游一区）位置图

数据源：本研究绘制

第三节 财务评估效益要项

目前一般财务规划常用的效益评估项目，包括“投资回收期间”(Payback Period)、“净现值”(NPV)、“内在投资报酬率”(IRR)，但针对观光游憩设施开发而言，若采公、私合作的方式进行，运用民间资金投资建设开发时，将会增加计划财务规划的复杂性。

此外，“公部门”除考虑自身常用之资金来源外，更必须考虑私部门投入之资金来源等事项，提供之诱因是否适当等；“私部门”也需了解奖励性的诱因是否足够，同时未来设施使用费率与使用量是否足够，相关之公共设施可否支持计划执行等，因此必须增加数项财务效益评估项目，包括：“自偿率”“风险程度”“筹资方式”，而以上六项之财务效益评估项目，将有助于财务规划的可行性（邢志航，1998）（蔡玫亭、陈慧君，1996）。此六项财务效益评估项目说明请参阅（表 4-5）。

第四节　影响观光游憩设施开发之财务因素

依据相关文献之汇整影响财务因子，将相同之“固定假设财务因子”，对未来由民间开发参与的分区进行财务试算；并对于具协商弹性空间的“协商条件财务因子”逐一演算说明（邢志航，1998）（黄昆山、许美珠，1999）。

固定假设财务因子：由公部门订定，包括:“评估期”“折现率”“地价上涨率”“利率”“汇率”“税率”等六项。

协商条件财务因子：由公私双方协商后订定，包括:“奖励性项目中具协商弹性之财务因子”“贷款年期及比例、收入（消费基本金额）”“公共建设与公用设备兴建工程负担比例”“反馈方式与防污经费分摊比例”等四项。

第五节　研究过程与成果

一、研究过程

案例地区大型观光游憩设施之开发招商方式，是依开发计划所订定之基本规划方案，再由主管部门订定财务上基本之固定假设，确定出共同财务上试算之基本标准后，再以各开发分区单独进行招标开发。而真正能吸引民间参与观光游憩设施开发的关键，与招商的财务诱因条件息息相关，因此在对于制定影响财务之协商条件影响因子时，必须有严谨且有依据的协商基础。

就财务可行性方面，若依法将奖励性诱因条件加入后，仍不足以满足民间投资之基本财务效益需求，便会产生具有双方协商的空间；但是，其又受到所组成因子（“固定假设财务因子”及“协商条件财务因子”）之影响，所以必须由财务方面进行分析，以建立协商之依据。

本研究之分析过程如下:（1）确立规划方案;（2）订定固定假设财务因子及基

本假设；（3）确立加入奖励条件；（4）建构现金流量试算表；（5）由前述六项财务效益评估项目进行评量，分析财务可行性；（6）进行敏感度分析及损益平衡分析；（7）提出具备提高财务可行性具成效之“协商条件财务因子”影响性；（8）归纳该规划项目于公私部门协商时，建立协商条件应讨论议题（整包策略）。

二、研究成果

本规划项目设定具影响性的“固定假设财务因子”包括：折现率（10%）、银行贷款利率（8%）、征收所得税（25%）、地价税上涨率（12%）四项。特许权年期为 25 年，经敏感度分析后可得知，以“折现率”及“银行贷款利率”二项，对于 NPV、IRR、SLR 影响较大，其余二项较小但仍为必备要项，仍于招商条件需事前仔细推估明订，方可提供给私部门合理保障，同时公私部门才有财务试算上之基础。

依据本研究过程所得之成果说明如下：

1. 奖励性诱因条件加入后的财务效益，未达到吸引民间投资之目的。

表5-1 大鹏湾风景特定区开发(游一区)财务效益评估结果

财务试算条件项目		无奖励条件	有奖励条件
总投资金额		949778 万元	865660 万元
借贷金额		463160 万元	441860 万元
民间参与投资金额		486618 万元	423800 万元
评估项目	回收期	特许期超过 100 年	特许期超过 100 年
	净现值 NPV(25 年)	166468 万元	213751 万元
	内在报酬率 IRR	7.52%	9.16%
	自偿率 SLR	41.01%	57.51%
财务评估说明		•内在报酬率 7.52 低于折现率 10%，低于一般投资报酬 15% ～ 20%。 •回收年期超过试算 100 年，回收当初投资金额相当困难，经营年期已不足影响。 •计划自偿率不足，仍需其他奖励性条件加入。	•内在报酬率 9.16 低于折现率 10%，低于一般投资报酬 15% ～ 20%。 •回收年期超过试算 100 年，回收当初投资金额相当困难，经营年期已不足影响。 •计划自偿率不足，仍需其他奖励性条件加入。
财务评估结果		有或无“奖参条例”奖励，皆无法吸引民间业者投资。 自偿率不足，净现值低于投资金额，将形成向银行借贷筹资困难。	

数据源：本研究整理

对公私部门而言，若依目前之相关财务条件与规划方案，私部门愿意投资之机会很低，预期财务效益无法满足，推动（游一区）单独招商似乎不可行（表 5-2）。

由于（游一区）之开发设施使用为“住宿旅馆休憩类”及“文化教育活动类”之组合，依据基本之财务计划中之财务试算条件为基础，于财务试算及敏感度分析后得到下列之结论：

（1）加入奖励性之条件后，仍不足以满足民间投资之基本财务效益需求，IRR(9.16%) 不足 15%，且回收年期超过 100 年以上，已丧失投资开发价值。

（2）就试算中自偿率过低（57.51%），无法获利之情况，未来私部门融资或向银行借贷时将十分困难。

2. 依据敏感度分析及损益平衡分析，具备提高财务可行性之“协商条件财务因子”：

就私部门参与开发时，具有调整弹性的财务项目及开发财务特性的财务因子，将会是私部门参与与否相当重要的关键之一；若依据规划项目内容及固定假设财务因子为基础，并以具影响性之协商条件财务因子（如表 5-3），调整幅度增减 20% 为范围，计算现金流量并进行敏感度分析。

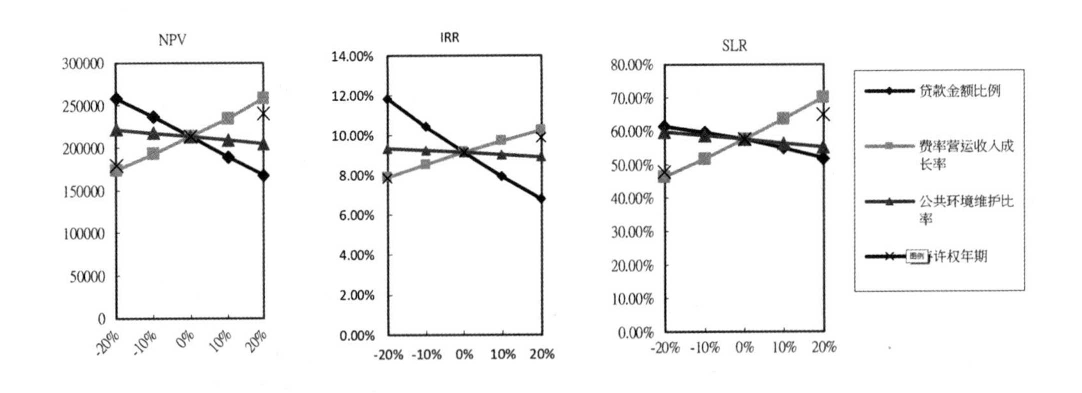

图5-2 游一区协商条件财务因子敏感度分析图

表5-2 游一区协商条件财务因子变动敏感度分析

变动幅度财务影响因子			-20%	-10%	0%	10%	20%
协商条件因子	贷款金额比例	比例	40%	45%	50%	55%	60%
		回收年（经营期）	—（超过100年）	—（超过100年）	—（超过100年）	—（超过100年）	—（超过100年）
		NPV（万元）	258367	236325	213751	188916	167903
		IRR	11.82%	10.41%	9.16%	7.93%	6.8%
		SLR	61.37%	59.57%	57.51%	54.86%	51.82%
	费率营运收入成长率	成长率	3.2%	3.6%	4%	4.4%	4.8%
		回收年（经营期）	—（超过100年）	—（超过100年）	—（超过100年）	—（超过100年）	—（超过100年）
		NPV（万元）	173807	193023	213751	234772	257834
		IRR	7.91%	8.54%	9.16%	9.7%	10.26%
		SLR	46.42%	51.76%	57.51%	63.54%	70.06%
协商条件因子	公共建设环境维护费用占营业收入比率	比率	2.4%	2.7%	3%	3.3%	3.6%
		回收年（经营期）	—（超过100年）	—（超过100年）	—（超过100年）	—（超过100年）	—（超过100年）
		NPV（万元）	221710	217441	213751	209232	204931
		IRR	9.35%	9.24%	9.16%	9.03%	8.92%
		SLR	59.83%	58.64%	57.51%	56.3%	55.12%
	特许权年期	年期	20年	—	25年	—	30年
		回收年（经营期）	—（超过100年）	—	—（超过100年）	—	—（超过100年）
		NPV（万元）	179539	—	213751	—	240193
		IRR	7.83%	—	9.16%	—	9.87%
		SLR	47.84%	—	57.51%	—	65.05%

数据源：本研究整理

（1）经分析后得知，协商条件财务因子中以“贷款金额比例”“费率营运收入成长率”及“特许权年期”三项，对于NPV、IRR、SLR都有相当大影响。

（2）若以提升“自偿率”为整包策略[①]，则“费率营运收入成长率”对自偿率之提高有较大之影响，由57.51%提升为70.06%（表5-3）。且由敏感度分析（图

① “整包策略”，例如将土地由计划方案中分割出去，改由政府自行负担办理，能缩小方案规模。由政府投资非自偿比例建设经费额度不超过50%，搭配附属事业开发净效益挹注本业，另外亦可考虑他案以OT方式委由业者并案经营增加本业外之收益，与放宽财务参数条件等，如此以新型方式规划整包方案，可以大幅改善原计划方案不良之财务特性。（陈西华，2002）

5-2），影响程度依序为“费率营运收入成长率”“特许权年期”“贷款金额比例”“公共建设环境维护费用占营业收入比率”。

（3）“贷款金额比例”“公共建设环境维护费用占营业收入比率”二项影响较小，但为必要之要项，仍需于招商条件需事前仔细推估明订，方可提供给私部门合理保障，同时公私部门才有财务试算上之基础。

3. 民间参与大鹏湾风景特定区施开发，需协商诱因条件之建议。

公、私部门于招商或协商时，都必须调整所订定之相关招商条件，而其中多项对开发财务有影响之“固定假设财务因子”，必须事前先由公部门研究且应于招商条件明订；若经由整体试算后仍无法达到期望之私部门之项目投资财务效益时，就必须对各项具影响之协商条件因子进行协商，依据敏感度分析及损益平衡分析后提出协商招商条件中重要项目，判别出何项因子最具影响且调整之合理范围，进而，于协商时能更进一步协商。

本研究依据将大鹏湾风景特定区中，规划方案允许民间参与方式招商之分区（游一区），其中加入奖励条件，（游一区）仍无法达到财务可行。经敏感度分析发现（游一区）公私部门间于民间参与开发协商时，应于“费率营运收入成长率”及“特许权年期”建立调整机制与规范，避免招商制度僵化规定造成公私合作之困扰。对于双方而言，“公部门”可视之为未来营运协商之筹码，“私部门”也可借此降低融资之困难度与限制的风险，有助于增加财务协商之弹性。总体而言，整体规划分区开发需同时考虑“个别分区”与“整体开发”之可行性。在整体可行的前提下，若个别开发分区经加入奖励条件仍无法达到财务可行时，需透过个别分区间之财务互补机制，截长补短以促成之。

第六节 PPP项目执行经验结论与建议

以案例地区交通事务主管部门观光管理单位2004年统计[①]中发现，休闲观光资

① 2004年台闽地区主要观光游憩地区游客人数月别统计资料“观光游憩地区经营的家数统计公营风景区25处、合法之民营游乐区多达87处”。

源开发与经营方面，公营风景区已不能满足民众需要，必须借助民间资金及经营活力，投入观光游憩产业的开发与经营。对于民间参与观光游憩设施之开发方面，必须同时以公私部门不同的角度，规划一完善之推行财务的计划，并与实质环境规划与开发作交互式的配合，方可增加开发之可行性。

而就民间参与观光游憩设施开发之财务规划方面建议：(1) 公部门对于开发财务认知与评估能力要多于私部门，促使计划能顺利推动。(2) 财务可行性之关键性“协商条件财务因子”依各规划项目特性不同而有差异，必须成为公私部门协商之重要财务议题之一，将关键之协商诱因条件纳入项目风险管理与协商机制。如此才能促成“民间参与观光游憩设施开发项目投资”之实现，达到政府于公共建设政策上吸引民间资源参与的目标。

第六章 PPP模式引入特色小镇产业建设机制

特色小镇的特色产业建设公私协力模式(Public-Private Partnership, PPP),是由政府主导及企业主体在市场化运作,聚焦在特色产业和新兴产业,实际执行时必须专注特色产业所需之相关理论,由于PPP范畴相当繁多。

本书从探讨特色小镇之特色产业发展与PPP的具体运作机制出发,重点阐述介绍中国现阶段PPP运作模式上的创新,并对PPP模式促进特色小镇与乡村振兴加快建设步伐的战略可行性、应用必要性、未来发展趋势进行分析,以及对现阶段还存在的种种困境及各种不足提出相关建议。

第一节 特色产业PPP项目理论基础与适用性分析

特色小镇发展可以分为三类,即“产业类”“社区类”和“旅游类”,可归纳特色产业发展可应用在市场推动上应用理论架构,提供制定PPP模式引入特色小镇特色产业的本质性理论特性,进而说明PPP模式的成功运用关键。

为了可快速解决一些特色小镇项目特色产业发展上突出存在问题对策(如:政策法规落后、人才提供未到位、企业融资审批难、风险管理能力不足、后期经营绩效差等),期待特色小镇之特色产业推动PPP模式,可以充分调动起社会企业投资开发积极性,减轻地方财政压力,提高运营效率。

一、特色产业PPP项目理论与适用性

在特色小镇特色产业 PPP 模式中，就是“政府与社会资本合作”模式，是一种公部门政府和公共私人部门联合发挥，围绕着政府项目本身的政策优势，提供各种基础设施、公共事业、自然资源环境等方面，经由建设项目和相关服务等授权的互利合作方式。

这种运作模式的公共项目投资项目，可以广泛采用 BOT、BOOT、TOT 项目等各种方式组合来独立进行，其中，公共项目部门又可以帮助缓解公共财政方面带来的社会负担，完成项目建设工作和政府服务，私人部门通过融资等方式来分担一定的风险，并由此来获得合理的回报[①]。

二、特色产业引入PPP模式具体作用

参考 2022 年特色小镇行业研究报告指出：（1）提高了公众组织和一般私营事业部门工作人员的工作财务水平。（2）降低各级政府之间的经济财政压力。（3）鼓励创新，与公众部门比较，私营部门在风险管理的某些方面更灵活。（4）共同承担风险。（5）推动社会主义市场体制建设的整体改革。（6）扩大社会资本的投资领域。

三、特色产业PPP项目引入的必要性

从目前的情况来看，PPP 运营模式也正在慢慢成为当地政府用于建设各类特色小镇建设的两种主要财政融资担保途径选择之一，特色小镇基础设施的开发建设大大促进带动了中国 PPP 运行模式事业的进一步发展，而用 PPP 的模式去激发各地特色小镇投资的内在活力。

（1）有利于进一步减轻基层政府投资的资金财政压力，由于特色小镇开发的前期投资及建设管理门槛一般较高，并且投资建设资金周期往往比较长，制约特色小镇规划建设工作的两个最基本限制因素（门槛高、周期长），主要仍然是财政资金

---

① 刘奇东，程鹏，徐洁．特色小镇建设中 PPP 模式应用研究分析 [J]．工程技术研究，2019，4(17)：217—218.

总量不足。

（2）有助于进一步降低分散和小额分散地建设特色小镇所带来的项目资金风险。

（3）能够真正在某些重要程度层面上有效提高中国特色小镇发展的总体建设服务质量效率及运作效率。特色小镇孵化器的市场化建设及其与园区 PPP 等模式创新的紧密结合，应是当下一种较为必然发生的社会趋势。

四、特色产业PPP项目运作方式

PPP 运作方式之选择主要由 PPP 项目类型、融资需求、改扩建需求、收费定价机制、投资收益水平、风险分配基本框架和期满处置等因素决定。

在中国实践中应用运作方式的命名以“公共资产的所有权 / 使用权等的控制状态”为基础。国际上另一种并行的命名法，即“以政府转移给社会资本的职能多少”为基础命名。例如：设计 - 建造 - 融资 - 运营 - 转让（DBFOT，Design-Build-Finance-Operate-Transfer）和设计 - 建造 - 融资 - 运营（DBFO，Design-Build-Finance-Operate），国际上尚有其他方式。

若以运作方式分类 PPP 模式，可分为：（1）委托运营（O&M，Operations & Maintenance）；（2）管理合同（MC，Management Contract）；（3）租赁—运营—移交（LOT，Lease-Operate-Transfer）；（4）建设—运营—移交（BOT，Build-Operate-Transfer）；（5）建设—拥有—运营（BOO，Build-Own-Operate）；（6）购买—建设—运营（BBO，Buy-Build-Operate）；（7）移交—运营—移交（TOT，Transfer-Operate-Transfer）；（8）改建—运营—移交（ROT，Rehabilitate-Operate-Transfer）；（9）区域特许经营（Concession）①。

PPP 模式皆具附带特许权，是指在实施 PPP 模式下，对中国特色小镇项目开展融资、经营管理等相关方面的工作，同时对与项目建设有紧密依存关系附带属性的产品。其特许公司发展环境关系网络如下图：

① 邢志航，公共基础设施闲置及公私协力（PPP）活化机制实践 [M]，北京：新华出版社，2023：10-15.

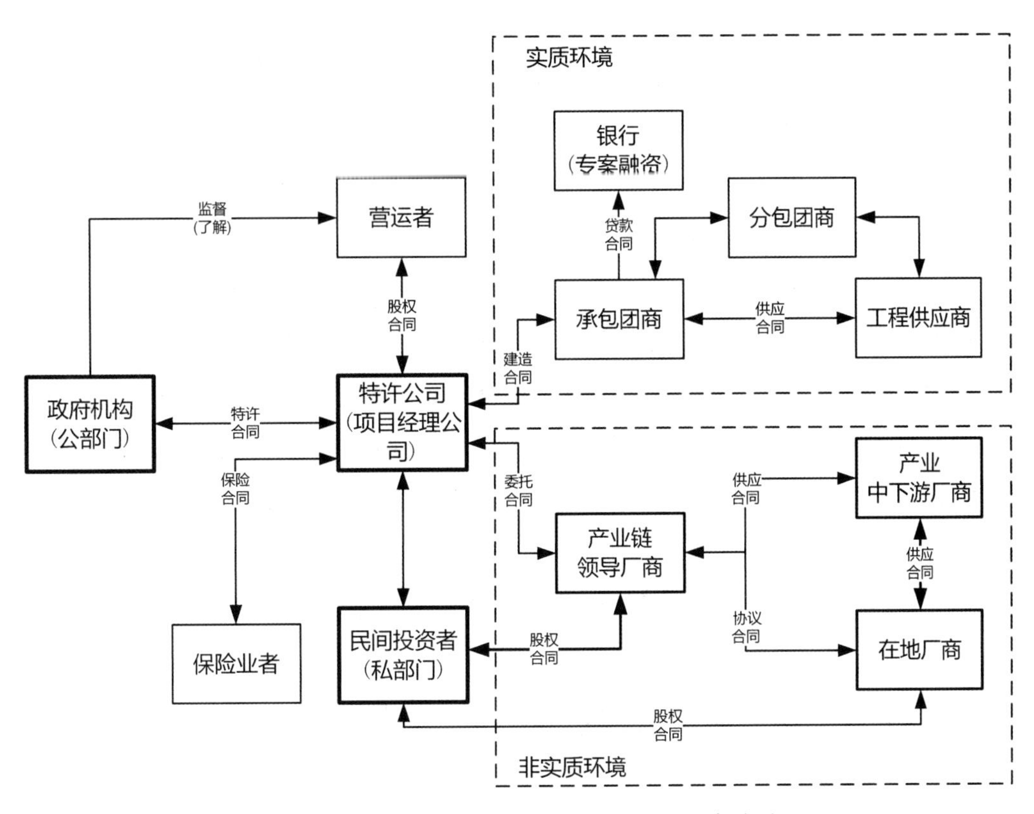

图6-1 PPP模式下特色产业特许公司发展环境关系网络

数据源：本研究绘制

第二节　特色小镇 PPP 项目可行性优势、课题及对策建议

一、特色小镇特色产业PPP项目可行性优势

（一）中央与地方相关政策支持

特色小镇建设的整体发展理念应当是体现创新、开放、共享、绿色环保以及生态协调等；而作为旅游产业平台，必须将当地产业、旅游、文化活动和社区功能要素融为一体①。

① Vinod N. Sambrani. (2014). PPP from Asia and African Perspective towards Infrastructure Development: A Case Study of Greenfield Bangalore International Airport, India. Procedia - Social and Behavioral Sciences.

中央部门给予各项政策资金支持。省市政府（如浙江、广州、福建）等地方政策，普遍试点可运用PPP合作模式，从事特色小镇特色产业发展建设，提供直接对应性的地方政策支持。

（二）满足参与方资金需求广泛吸引社会资本

由于前期地方政府资金支持不足而使得建设特色小镇前期开发阶段需要开发商注入的大量闲置的资金，PPP融资运营模式是由于经济的回报比较稳定，能够广泛吸引很多社会资本来介入，特色小镇项目建设资金单靠依赖政府经济是根本不行的，需要广泛借助一些社会资本方面的社会力量，而提高投资经济回报能力是真正吸引众多社会资本加入的一大关键，PPP运作融资模式能够保证对这一重要问题有效的解决①。

（三）地方特色产业PPP项目获得收入方式可推动

特色产业PPP项目之具体收入为支撑营运具体关键，其特许PPP项目中，若按社会资本之特许经营项目公司获得收入的方式分类，如下表：

表6-1 地方特色产业PPP项目收入方式内容及具体设施

收入方式	特许事业内容	具体设施
(1) 使用者付费方式	通常用于可经营性较高、财务效益良好、直接向终端用户提供服务的基础设施项目	市政供水、城市管道燃气和收费公路等
(2) 政府付费方式	通常用于不直接向终端用户提供服务的终端型基础设施项目。	市政污水处理厂、垃圾焚烧发电厂等，或者不具备收益性的基础设施项目，如市政道路、河道治理等。
(3)VGF方式 VGF（Viability Gap Funding / Subsidy VGF）通常用于可经营性系数较低、财务效益欠佳、直接向终端用户提供服务但收费无法覆盖投资和运营回报的基础设施项目。	通常用户付费不足的部分，由政府以财政补贴、股本投入、优惠贷款、融资担保和其他优惠政策等方式，给予社会资本经济补助。	医院、学校、文化及体育场馆、社会保障房、价格政策降低或需求不足之网络型市政公用项目、交通流量不足之收费公路等。

数据源：本研究整理

① Vinod N.Sambrani.(2014).PPP from Asia and African Perspective towards Infrastructure Development: A Case Study of Greenfield Bangalore International Airport, India. Procedia - Social and Behavioral Sciences.

（四）良好的运作条件和实践基础

特色小镇规划建设模式属于 PPP 项目模式下社会基础设施项目建设投资管理范畴，适用于合作共赢等市场化建设运营模式。纵观全球形势和各国政府对 PPP 项目的积极参与，很明显，大部分 PPP 项目的成功率都很高。不同国家的政府机构正试图利用这种机会来实现公共部门和私营部门的互惠互利。在亚洲和非洲等地区，许多此类项目一直是物质主义的。

中国一些特色小镇如何运用这种 PPP 运营模式，未来产业化发展的道路还在前期探索研究阶段，但可以总结出其他公共基础项目的经验和借鉴国外成功的 PPP 项目经验，结合中国具体项目的实际情况解决应用问题[①]。

二、特色小镇特色产业PPP项目存在的问题

PPP 模式起源英国，可在特许期内和预算中提供高质量的结果，吸引了公共部门的广泛关注，并被许多国家采用，成为许多重大建设采用的模式。

然而中国式的 PPP 运营方式的运用，就是中国特色小镇体系下的城镇整体规划政策下，借鉴 PPP 模式的中国式投融资运营实践。但是，PPP 项目的特征是大规模投资，长期合同特许权和复杂的技术，这些技术在实施中引起许多潜在的风险因素，这也可能导致 PPP 项目的失败[②]。

（一）现今执行 PPP 模式项目存在的问题

2022 年特色小镇行业研究报告（2022）：特色小镇项目是当今国内特色产业投资发展带来的一项新趋势，但仍然存在项目融资机制与风险管理脱节等深层次问题，为促进特色小镇投资开发及融资管理提供出了许多新思路。

（二）PPP 模式下特色产业项目的风险

指出目前需评估的风险包括：政策法规建设落后，制度体系不健全。人才缺口

---

① Vinod N.Sambrani.(2014).PPP from Asia and African Perspective towards Infrastructure Development: A Case Study of Greenfield Bangalore International Airport, India.Procedia-Social and Behavioral Sciences.

② 刘泉钧．特色小镇推进 PPP 融资模式探讨 [J]．中共乐山市委党校学报，2017(6):5.

较大，项目管理与融资业务稀缺；银行贷款和审批效率不佳，形成不确定风险；风险管理能力低，手段陈旧与思路单一；特色小镇后期运营效果欠佳[①]。

三、特色小镇特色产业PPP模式下的对策建议

（一）特色产业 PPP 项目应对措施建议

包括：优化审批流程规范政策执行；能创新融资模式吸引社会资本参与；提升核心竞争力引进人才战略；评估市场需求立足自身能力；鼓励社会资本参与特色小镇 PPP 融资[②]。

（二）特色产业 PPP 项目可持续发展对策

包括：设计实施 PPP 的合作模式来实现当地经济、社会生活水平与产业发展投资环境整体方面的稳定发展。政府引导基金项目投资运营和城市区域经济社会发展和产业基金投融资合作基金等的融资合作方式。

可持续发展的对策具体工作有：建立信息公开平台；完善法律法规体系，补充政府决策和监管机制[③]。

第三节　PPP 模式特色小镇发展趋势与方向

特色小镇将向着未来社会方向发展，将推动未来生活方式的改革创新发展，建设将形成企业主导、城市合作、村民共建的创新发展样式；将引入优势民营企业，建立生活健康的绿色产品圈，以扩大投资方式的途径发展。也因此，PPP 模式将为特色小镇的发展提供更为先进的相关具体的技术，并且提供更加人性化的管理经验和降低投资风险[④]。

① 谷莹莹．济南市特色小镇建设引入 PPP 模式问题研究 [J]．全国商情·理论研究，2019，000(003)：49—50.

② 朱皡阳．PPP模式下特色小镇建设运营盈利模式分析 [J]．工程经济，2019，29(04)：72—76.

③ 朱皡阳．PPP模式下特色小镇建设运营盈利模式分析 [J]．工程经济，2019，29(04)：72—76.

④ 聂登俊，李文，郭上．PPP 模式助推特色小镇发展的思考与建议 [J]．中国财政，2018(18)：39—40.

一、PPP模式对特色小镇的发展有助推作用

关于特色小镇的规划建设主轴是“政府引导、社会投资、企业运作”与 PPP 模式大致吻合，因此就目前执行案例而言，以 PPP 模式对特色小镇为较有力方式。

（1）PPP 模式是对基础设施建设与服务提供方式的重要创新，有助于提高特色小镇基础设施建设水平和运行能力。

（2）PPP 强调市场化操作，可以很大程度吸纳社会资源投入特色小镇建设。市场化也是政府推动发展特色小镇的一大方向。

（3）PPP 模式可以减轻财政支出负担。特点小城镇的投资规模大，但投资困难、运维时间长，需大规模融资。PPP 模式能集聚大量社会资本，而且还能够实现投资融智，提供了中国特色小镇 PPP 的全生命周期投资方案设计。

（4）PPP 模式能够鼓励社会资金通过供应链经营的方式，进行集约化、大规模供给。特色小镇 PPP 项目的重要特征就是包含子项目众多，边界也相对繁杂，而通过 PPP 模式，让大量社会资金融入小城镇前期的策划与施工中，可缓解中国特色小镇碎片化设计与经营的困难①。

二、PPP模式推动特色小镇的方向趋势

（1）明确特色产业的发展方向。

在制定特色小镇的规划和设计时，专业人员必须确定其发展方向，主要考虑以下几个方面：土地规划，创新生态系统的构建，以及完善小镇的景观和公共环境。

（2）扩大融资渠道，满足资金需求。

由于特色小镇发展需要长期投资并且投资额度较大，因此需要充足的资本支持。为此，我们必须扩大投资渠道以满足特色小镇发展对资本的需求。

（3）通过 PPP+ 模式实现项目与产业的有机融合。

在执行特色小镇的 PPP 模式规划过程中，我们需要做好基础设施管理，推进公共服务的建立，并经营好特色产业。为了突出特色小镇的项目特色，需要深入探讨

---

① 费建翔，刘惠萍．特色小镇 +PPP 模式研究 [J]．企业改革与管理，2019（14）：210—212.

“附带特许权的 PPP”和“引入产业合作的 PPP”这两种发展模式。

（4）PPP 模式与智能化技术相结合，打造具有中国特色的小镇开发特色。

利用 PPP 模式和 BIM 智能化技术的结合，可以促进项目管理的智能化，全周期掌握项目信息，实现信息的数字化呈现，满足不同参与方的需求，提升传统项目管理的思维和方法。

（5）合理分担特色小镇 PPP 项目的风险。

实施特色小镇的 PPP 模式规划过程中，必须适当地处理可能面临的问题，重点在于政府、项目公司和社会资本之间的风险分担。特色小镇 PPP 项目建设复杂且长期，因此需要进行全方位的识别，并在确定目标后对风险进行评估，为下一个风险分担目标提供依据。

第七章 PPP 模式优化特色产业建设财务环境机制

随着经济、文化的不断快速发展，地方特色产业发展已经成为促进两岸经济发展和民生改善的重要途径。而 PPP 社区基础建设，其财务模式灵活、风险分摊明确、效率高效等特点，相对于传统的政府投资模式，能够更好地促进地方特色产业发展，提高基础设施建设质量和效率。本报告旨在研究地方特色产业发展中 PPP 社区基础建设的推动作用和财务环境，以期提出相应政策建议，促进地方特色产业的更好发展。

两岸地方特色产业发展是中国大陆与案例地区经济文化交流的重要内容。随着两岸关系的发展，两岸地方特色产业的合作与发展受到越来越多的关注①。近年来，随着 PPP 模式在基础设施领域的推广，PPP 社区基础建设成为促进两岸地方特色产业发展的一种新方式。②本报告旨在探讨两岸地方特色产业发展中 PPP 社区基础建设的推动作用和财务环境，以期为促进两岸经济合作和民生改善提供有益的参考和借鉴③。

第一节 融资方式、成本效益与风险控制的 PPP 视角

针对目前 PPP 模式的社区基础建设推动的财务环境可由以下四个方面进行说明，

---

① Bao, Y., & Shen, L. Comparative study on PPP projects in mainland China and Taiwan region. *Journal of Civil Engineering and Management*, 2017, 23(8), 1055—1066.

② Chen, X., Chen, J., & Wang, Y. Research on the feasibility of PPP mode for urban public infrastructure construction in the Taiwan Strait Economic Zone. *Journal of Infrastructure Development and Finance*, 2019, 8(1), 1—14.

③ 刘敏、钟世勇．海峡两岸 PPP 模式下基础设施建设的合作研究 [J]. 现代城市研究，2016(4): 83-88.

PPP 模式对财务的影响关键在于推动者对于财务环境的了解程度，以及社会经济相关的配套机制是否完整。

一、融资方式

PPP 模式的融资方式多样，包括银行贷款、发行债券、资产证券化等。在实际操作中，私人企业通常会结合自身情况和项目需求选择最合适的融资方式。政府部门则需要在政策上提供更多的支持和引导，降低融资成本。

二、成本效益

PPP 模式的运用可以帮助降低项目成本，提高经济效益。同时，由于私人企业在管理效率和市场竞争方面更具优势，因此也有助于提高项目质量。

三、收入来源

PPP 模式下，社区基础设施的收入来源主要包括使用者付费、政府补贴和经营收入等。使用者付费主要针对能够产生收益的项目，如收费公路等；政府补贴则对于一些公益性较强、经济效益较低的项目；经营收入则是私人企业在项目管理运营中获取的收入。

四、风险控制

PPP 模式下的风险控制需要政府部门与私人企业共同参与。政府部门需要制定合理的风险分配方案，明确双方的权利和义务；私人企业则需要完善风险评估和管理机制，确保项目的稳定运营。

第二节　在地方特色产业社区建设 PPP 模式案例分析

PPP 社区基础设施建设还需要采取一系列措施加强合同的管理。这包括合同的签订、执行和监管等环节。政府应该建立相应的管理制度和监督机制，确保合同的有效执行和监管[①]，典型案例——福建厦门市和案例地区 KHH 市的 PPP 社区基础建设情况说明如下：

福建厦门市和案例地区 KHH 市是两岸地方特色产业合作的重要区域。近年来，两市基础设施领域的合作不断深化，尤其是在 PPP 社区基础建设方面，两市在实践中的做法都值得借鉴[②③]。

一、福建厦门市“莲花大道PPP项目”

福建厦门市的 PPP 社区基础设施建设主要集中在城市道路、桥梁、污水处理等领域。例如，福建厦门市的“莲花大道 PPP 项目”，由福建省仙岳集团、福建省交通集团、福建省投资集团等单位参与，项目总投资超过 15 亿元。通过 PPP 模式，该项目已经实现了财务可持续性，同时提高了基础设施建设的效率和质量，成为福建厦门市 PPP 基础设施建设的标杆项目[④⑤]。

二、案例地区KHH市“都会公园开发PPP项目”

案例地区 KHH 市的 PPP 社区基础设施建设，主要涉及城市发展、公路、污水处理、公园等领域。例如，KHH 市“都会公园开发 PPP 项目”，由 KHH 行政主管机关与外商共同参与，项目总投资达 20 亿元。该项目的实施不仅增加了城市公园的面积和品质，而且极大地推动了 KHH 市的旅游和经济发展[⑥⑦]。

---

① 高晓龙、郭路遥、陈宝．海峡两岸PPP模式在城市基础设施建设中的应用研究 [J]．西部人居环境学刊，2017(1)：10—16.

② Li, Y., & Wang, Y. Study on the application of PPP mode in urban infrastructures of the Taiwan Strait Economic Zone. *Journal of Service Science and Management*, 2016, 9(5), 475—484.

③ Lin, J. & Chen, Y. (2018). The path of cooperation for the construction of cross-strait infrastructure under PPP mode. *Journal of Sustainable Development*, 2018 (11): 3.

④ 厦门日报．厦门市 PPP 基础设施建设取得新进展 [N]．厦门日报，2021(8)：B02.

⑤ 福建日报．福建省 PPP 项目建设取得重大突破 [N]．福建日报，2022(2)：A02.

⑥ Zhou, H. & Chen, W. Research on the risk management of PPP projects in the Taiwan Strait Economic Zone. *Journal of Risk Management and Analysis*, 2019, 9(2), 67—75.

⑦ KHH 行政主管机关．PPP 特别报告——PPP 社区基础设施建设 [J]．KHH 行政主管机关公报，2020(1)：19—20.

三、案例地区地方特色产业发展PPP社区基础建设情况

案例地区自20世纪90年代起，PPP模式在案例地区逐渐得到应用，并在社区基础建设中发挥了重要作用。通过公私合作，政府能够提高效率，减少财务压力，同时私人部门也能获得稳定的投资回报[①]，发展特点及说明（表7-1）。

表7-1 案例地区PPP社区基础建设的特点及说明

	特点	说明
发展特色	广泛的合作领域	案例地区PPP公私协力涵盖了众多社区基础建设领域，如：水务、能源、交通、医疗等。政府积极推动公私合作，共同解决社会发展中的各种问题。
	独特的运作方式	案例地区的PPP项目通常采用“公开竞争+邀请合作”的方式，确保了公私合作的公平性和透明度。政府发布招标文件，邀请有意愿的公司进行合作，最后择优选择合适的合作伙伴。
	强调社会责任	PPP公司在参与社区基础建设时，往往强调社会责任。它们不仅追求经济利益，更重视为社区带来的长远效益。这种强调社会责任的做法，有助于提升PPP项目的可持续性。
挑战与对策	法规体系不完善	尽管PPP模式在案例地区的应用逐渐增多，但相关的法规体系仍不完善。为解决这一问题，政府应加快完善PPP法律法规，明确各方权责，降低合作风险。
	风险分担机制不健全	PPP项目涉及的风险因素较多，需要政府和私人部门共同合理分担。建议政府建立健全的风险分担机制，提高PPP项目的抗风险能力。
	专业人才匮乏	推动PPP模式需要大量的专业人才。政府应加大对PPP专业人才的培养力度，提高PPP项目的成功率。

数据源：张全（2019）[②]；徐兴江（2019）[③]；KHH行政主管机关（2020）[④]

① Zhang, J.& He, Z.Analysis of the factors affecting the implementation of PPP projects in the Taiwan Strait Economic Zone.*Journal of Civil Engineering and Architecture*, 2017, 11(3), 63—71.

② 张全．“PPP+”模式助力社区基础设施建设[J]．科技风向标，2019(5)：58—59.

③ 徐兴江．“PPP+”模式在社区基础设施建设中的应用研究[J]．现代市场营销，2019(12)：110—111.

④ KHH行政主管机关．PPP特别报告——PPP社区基础设施建设[J]．KHH行政主管机关公报，2020(1)：19—20.

第三节　PPP 模式对社区基础建设财务环境的影响与优化策略

一、财务环境的关键问题

在实际推进过程中，PPP 社区基础设施建设面临着一些关键问题。如：解决 PPP 社区基础设施建设的关键问题需要在融资、政策支持、风险分担、项目管理和社会参与等方面进行改进。通过不断优化政策措施和项目管理，有望推动 PPP 社区基础设施建设取得更好的成效[①][②]。具体关键问题现象及解决对策（表 7-2）：

表7-2 PPP引入社区基础设施建设的关键问题现象及解决对策

	现象说明	解决对策
融资难题	PPP 社区基础设施建设项目通常投资较大，而政府和社会资本方（如企业、银行等）在资金方面的投入往往存在不足，导致项目建设进度缓慢，甚至可能导致项目停工	解决融资问题成为 PPP 社区基础设施建设的关键。
政策支持不足	虽政府已经出台了一系列有效政策支持 PPP 项目，但在实际操作中政策执行力度和效果仍有待提高。	政策体系的完善程度也有待加强，为 PPP 社区基础设施建设提供更加有力的保障。
风险分担不清晰	PPP 社区基础设施建设涉及多方利益主体，如政府、社会资本方、居民等，风险管控依据不足。	在项目实施过程中，明确各方的权责、风险分担以及违约责任等问题，确保项目顺利推进的关键。
项目管理水平参差不齐	PPP 社区基础设施建设项目的管理水平直接关系到项目的顺利推进和质量，部分地区在项目管理水平方面存在不足。	需要加强培训和管理人才的引进，提高项目管理水平。
社会参与度不高	PPP 社区基础设施建设项目需要广泛的社会参与，以便更好地满足居民的需求。目前部分地区的社会参与度仍然较低。	需要加强宣传和引导，提高居民的积极性。

数据源：陈兆琦（2016）[③]；赵倩倩（2019）[④]；徐兴江（2019）[⑤]

① 叶蕾．浅析 PPP 模式在社区基础设施建设中的应用 [J]．中国城市经济，2017(5)：73—74.

② 张全．“PPP+”模式助力社区基础设施建设 [J]．科技风向标，2019(5)：58—59.

③ 陈兆琦，赵君平．PPP 基础设施的融资与建设 [J]．中国资本市场，2016(10)：42—44.

④ 赵倩倩．基于 PPP 模式的社区基础设施建设探析 [J]．城市建设，2019(7)：50—52.

⑤ 徐兴江．“PPP+”模式在社区基础设施建设中的应用研究 [J]．现代市场营销，2019(12)：110—111.

二、PPP引入财务环境的特点优势

由研究调查案例发现PPP引入社区基础建设的财务模式具有灵活性、风险分摊明确、效率高等特点。其中，政府和社会资本合作模式的运用在PPP社区基础建设中具有很大的优势，也是政府与民间部门合作创造有利环境的方式[①]。

三、引入PPP模式执行风险

在社区基础建设中引入PPP模式，风险的分析和控制是非常重要的。需要制定相关政策和法律法规以确保合作各方的正当权益，同时还需要加强对项目的监管和风险管理。在PPP社区基础建设的过程中面临以下风险[②]：

（1）缺乏正确的思想认知。

由于对PPP项目的有关政策、规定学习不够，没有深入的研究，导致部分人对其了解不足，在正确认知上存在误差。

（2）项目定价存在问题。

对于有经营收入的项目，有些咨询机构在测算时过于随意，没有依照相关内容和标准规定进行。另外，折现率的确定也存在误差，特别是在进行PPP项目实际测算时，由于其折现率的选择有所差异，所以在计算时也容易出现差错。

（3）缺乏健全完善的法律环境。

现阶段中国在实行的规范文件中大多数以指导为主，没有专项针对PPP模式而设立的有关规范。PPP项目缺乏稳定的法律环境，现有的法律框架不能有效地调整和平衡政府方和私人方的利益和风险，也不能为各方提供稳定的预期收益。

四、改善财务环境中推动具体措施

在财务环境中，PPP社区基础建设可以通过创新合作模式、分担成本风险等方式，

---

① 胡国卿、杨晓春．海峡两岸PPP模式下城市基础设施合作研究［J］．城市建设理论研究，2018(2)：23—28.

② 赵学清．PPP社区基础建设风险分析及对策研究［J］．现代城市研究，2020(9)：66—70.

实现财务可持续性。同时，可以降低政府财政负担，促进基础设施建设的质量和效率[①②]。对于风险可采取以下措施：

（1）提高思想认识。加强培训和知识普及，让更多人了解和掌握 PPP 项目的基础知识、政策和技巧；强化调查研究，不断完善 PPP 项目政策环境和法律法规。

（2）做好定价策略和税收筹划。咨询机构需要准确了解当地相关项目的数据，在此基础上进行谈判和公开招标，以实现项目的应有价值。同时，政府和企业需要制定合理的定价策略和税收筹划方案，以降低项目成本和风险。

（3）加强风险管控。建立合理的风险调整机制，对项目风险进行合理分担。政府和企业需要制定风险应对策略和预案，以降低项目风险。

（4）提供稳定的法律环境。制定和完善针对 PPP 模式的法律法规，为各方提供稳定的预期收益和法律保障。

---

① 赵倩倩．基于 PPP 模式的社区基础设施建设探析 [J]．城市建设，2019(7)：50—52.

② 徐兴江．“PPP+”模式在社区基础设施建设中的应用研究 [J]．现代市场营销，2019(12)：110—111.

第三篇：

环境与社会治理——PPP 促进 ESG 目标应用案例

第八章 PPP 塑造乡风文化创新与营造

第一节 猴硐社区“以猫造社”文化创新发展

一、前言

案例地区早期地区产业发展历史中，瑞芳地区的煤矿是“猴硐”地区的重要产业，但后来因矿产减少缺乏开采经济效益，辉煌的煤矿产业已伴随矿源枯竭而消失，就当地社区而言，矿产资源曾是经济命脉，但也因过度仰赖矿业，已无矿可采，产业也无法持续发展。

虽然“猴硐”早期的煤矿繁华光景不再，近年却因“猴硐”社区内的猫文化的营销反而更加出名。这里的猫不仅众多，也在社区住户的管理及照料之下，其性情亲近人又温驯，于是社区内猫四处自由的活动，与住户居民在生活空间中共处，形成一种惬意的浪漫的猫性氛围，与都市车水马龙繁华景象成为强烈对比。

（一）研究动机与目的

“猴硐”社区猫咪近年来是许多爱猫游客必到的打卡地，就总体环境中实质环境而言，社区内拥有完整的运煤桥遗迹供游客回顾往日采矿的繁荣景象，也新增多项猫的空间及人猫互动的活动场域。

本研究动机以“猴硐”社区运用猫文化成为社区的文化资产，进而探讨猫与社区住户及游客间的活动场域。并针对“以猫造社”的文化资产活化策略影响下，社区总体环境的现况，以“工作坊”的方式提供该社区环境改善建议，研究目的如下：

以猫与“猴硐”社区住户之间关系现况，并由观光人潮对猫跟居民所带来总体环境冲击（实质环境及非实质环境），提出对于社区总体营造环境规划建议，以提出规划配套措施及设施的课题，达到人与猫的行动与生活环境共生的目标。

运用“以猫造社”的文化资产活化之个案进行分析，利用SWOT分析找出优势、劣势、机会与竞争，以现有社区总体环境的自然及人文资源，营造游客、住户与猫互助共生的空间场域。

（二）研究范围

“猴硐”位于NTPC市瑞芳区的一个小镇，由猴硐派出所管区界定，包括“硕仁里”“猴硐里”“光复里”“弓桥里”等四个“行政里”，其中硕仁里为三貂岭聚落，也因此猴硐里、光复里、弓桥里是当地居民普遍认知“猴硐”地理位置所在。“猴硐”现在没有猴子，却住了比“猴硐”社区居民还要多的猫。

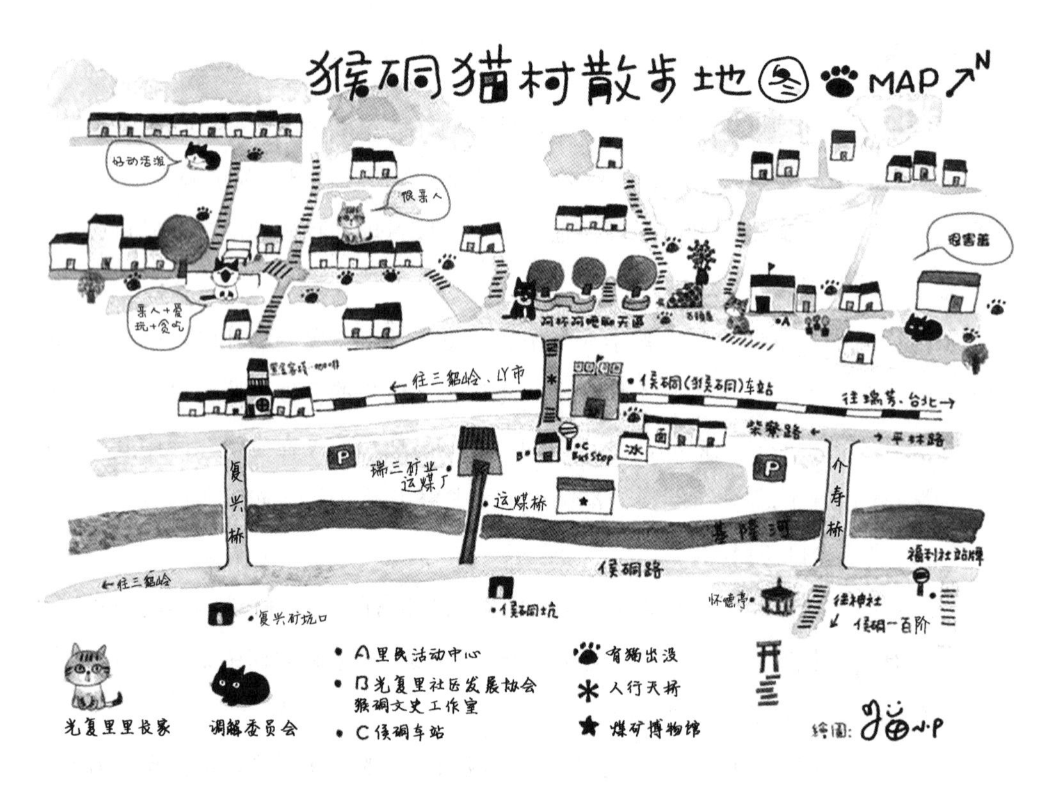

图8-1 猴硐社区观光休闲动线引导示意图

数据源：猴硐猫城物语（2010）

二、文献回顾

（一）社区产业再发展演化趋势之研究

在全球竞争压力下，传统产业遭逢空前的挑战，面对经营的危机，急需借由调整和修正，进而转变更具弹性的型态（Morris et al.，2003）。

而在无烟囱工业的文化思维下，于国华（2003）指出：将产业以地方社区本身作为思考的主体，并基于地方特色、条件、人才和福祉来发展出产业。而产业必然要以保护生态和传统文化并且期待永续经营。而文化创意产业便是产业发展观光化的一种趋势。林炎旦、李兆翔（2011）指出："文化创意产业"是一种由下而上、具挑战性、地方特性、整合社区资源的新形态经济生产与消费者关系。

（二）猫宠物文化之相关研究

日本爱媛县大洲市长滨町有座叫"青岛"的"幸福猫岛"，这里的猫比当地的居民还多，百只猫咪与居民共同生活，处处可见姿态慵懒的猫咪踪影，甚至还能看到猫咪下海捕鱼的画面，堪称猫的天堂。

过去没有高耸的高楼大厦，生活较为单纯，街猫们的生活空间逐渐被压缩，面对车水马龙的街道，以及因为拥挤与生存竞争而变得紧张不和善的人类，街猫在缺乏管控照顾之下的状态繁衍，有的猫可独自生活，也有的会聚集形成野猫群。与比邻而居的人类之间，亦衍生出一些问题。如排泄物的气味、猫在发情夜晚的凄厉哭叫声、打架追逐声或是翻找食物垃圾所造成的社区脏乱等，这是一般对街猫不好的印象。

曾光华（2009）研究指出：猫宠物的成长速度并不亚于狗宠物，都市化导致生活空间受到限制，促使以室内为活动范围、独立自主的猫宠物比狗宠物更受到大众的青睐。猫本身高贵的气质和自由自在的个性，很容易吸引想要饲养宠物的人们。猫和狗的宠物特性不同，猫较不愿意被人占有，人要懂得其习性，它才会和饲主有良好的关系。

三、研究方法

本研究所采用"行动研究法"（action research），主要是一个由下而上的研究方法，强调从实务工作者的需求与立场出发，对实务工作者本身所处的工作情境与内涵进行反省与批判，并结合研究过程与步骤，找出实务工作的困境，与问题之解决方案与行动策略（潘淑满，2003）。

“行动研究法”（action research）是一种旨在通过参与者的直接行动和反思来解决实际问题的研究方法。它强调实践者的参与，并以提高实践效果为目标。以下是行动研究的关键步骤和特征：

（1）识别问题：首先，研究者（通常是实务工作者）识别出在其工作环境中的一个具体问题或挑战。

（2）规划行动：然后，设计一个旨在解决问题的行动计划。这个计划是可调整的，可以根据过程中的发现进行修改。

（3）执行行动：实施行动计划，并在实践环境中观察其效果。

（4）观察和收集数据：在行动执行的过程中，收集数据以监控结果和影响。

（5）反思和评估：对已执行的行动进行反思和评估，以确定其效果，并从中学习。

（6）修正行动计划：基于反思和评估的结果，对行动计划进行必要的调整，并重复执行、观察、反思的循环。

（7）共享发现：将研究发现和改进措施与更广泛的社区或实践领域分享。

潘淑满（2003）在研究使用行动研究法来探讨如何改善某个教育实践或解决特定的问题。行动研究法的特点包括：

（8）参与性：实务工作者直接参与研究过程，使得研究更加符合实际需求。

（9）迭代性：行动研究是一个循环过程，可以不断地调整和优化。

（10）实践导向：行动研究的目的是改善实践，而不仅仅是理论研究。

（11）反思性：通过不断反思，实践者能够深入理解问题并找到更有效的解决方案。

（12）合作性：行动研究通常涉及多个利益相关者的合作，包括实践者、研究人员、社区成员等。

研究设计包括以“田野调查法”及“个案研究法”相结合进行资料收集，再将发现区分以实质环境及非实质环境课题进行 SWOT 分析[①]，运用在“猴硐”社区总体

---

① SWOT 主要分析组织内部的优势与劣势以及外部环境的机会与威胁。

营造策略的具体行动上。

希望当地居民能从猫需求面去考虑，了解“猴硐”社区实质环境，以及补足现有不足，利用 SWOT 分析找出优势、劣势、机会与竞争，以现有社区总体环境的自然及人文资源，营造游客、住户与猫互助共生的空间场域。

（一）现地探勘“猴硐”以猫造社的社区文化

（1）文化创新产业将（人、文、地、产、猫、景）资源整合，打造地方特色并鼓励年轻人返乡延续既有的地方文化，发展地方观光、休闲产业。

（2）目前观察“以猫造社”的“猴硐”社区营造工作，主要包括如下：

（3）引导出这些蕴藏在社区发展过程中重要的爱猫人文，善用猫文化元素、猫装置艺术景观、猫自然生态等事物形成产业。

（4）加强历史人文的调查研究，鼓励当地民众、爱猫社团、周边学校教师参与，可深化地方人文猫文化认同。

（5）透过“猴硐”召开社区大会让居民共同讨论、研拟社区的价值及所面临的问题。

打造猫文化元素

猫文化元素的住家风铃

猫文化意象公布栏

猫文化元素立牌标示

猫文化元素告示牌

猫跳台规划设计

图8-2 “猴硐”社区营造以猫造社之实体环境现况

猫文化元素的拍照立板

明星猫黑鼻站长装置艺术

猫栖息空间分布图

“猴硐”猫商店街景

专为猫设置的遮阳屋

图8-3 “猴硐”社区营造人猫互动场域之环境现况

数据源：本研究摄制

图8-4 “猴硐”社区总体营造环境工作坊

数据源：本研究摄制

（二）SWOT分析

1. 优势（Strengths）部分

（1）独特的旅游吸引力。以猫造镇的策略使猴硐社区成为猫爱好者和旅游者的热门目的地，提供了独特的游览体验，这是其他竞争对手难以模仿的。

（2）品牌识别度增强。借助猫文化的特色，猴硐社区在国内外树立了明确的品牌形象，增强了市场竞争力。

（3）社区凝聚力。围绕猫儿保护和福利的共同目标，社区居民展现出强烈的团结意识，这有助于社区资源的整合和利用。

（4）社交媒体传播效应。可爱的猫咪容易在网络上引起热议和传播，借助社交媒体的力量，猴硐社区可以较低的成本获得更高的曝光率。

2. 劣势（Weaknesses）部分

（1）经济模式单一。高度依赖猫文化旅游的经济模式，可能面临市场变化的风险。

（2）基础设施不足。随着游客数量增加，现有的设施和服务可能无法满足需求，如交通、医疗、住宿等。

（3）管理挑战。随着猫的数量增多，对它们的管理与照顾可能超出社区能力范围，特别是在疾病防控、日常养护等方面。

（4）环境压力增大。大量游客到访可能给社区带来噪声、垃圾处理等环境问题。

3. 机会（Opportunities）部分

（1）市场需求增长：人们对于特色休闲体验的需求持续增长，为社区提供了扩大市场份额的机会。

（2）合作潜力：有机会与宠物用品公司、旅游机构等进行合作，开发新的商业机会。

（3）文化交流平台：可以作为不同文化背景游客的交流平台，促进国际友好和文化多样性。

（4）政策扶持：政府可能因应动物保护和旅游业发展而提供政策支持或投资。

4. 威胁（Threats）部分

（1）政策风险：政府政策的变化可能影响动物保护规定、旅游经营许可等，对社区造成冲击。

（2）自然灾害及疫情：地震、疫情等不可预见的事件可能导致游客骤减，严重影响社区经济。

（3）市场竞争加剧：其他旅游目的地可能复制“猫镇”概念，导致市场份额被分割。

（4）公共安全事件：涉及动物的安全事件（如猫咪伤人或传染病暴发）可能损害社区声誉并带来经济损失。

综上所述，“猴硐”社区通过“以猫造社”的创新策略，在提升旅游吸引力、品牌认知度、社区凝聚力以及网络传播方面具有显著的优势。然而，也存在依赖单一旅游模式带来的风险，基础设施和管理上的挑战，以及由外部环境带来的威胁。社区需要不断优化管理策略，拓宽经济发展渠道，并准备应对潜在的外部威胁，从而确保可持续的发展。

表8-1 “猴硐”社区环境SWOT内部条件分析课题

	优势 Strength 社区之核心竞争优势	劣势 Weakness 社区有哪些较弱的层面
实质环境	• 猫咪意象打造的厕所。 • 车站的旅游地图，Q 版猫的画风。 • 猫意象造景桥。 • 猫告示牌。 • 猫耳造型公布栏。 • 设有猫公交车。 • 猫文化代表装置艺术品。 • 猫儿数量多。	• 联络交通局限。 • 环境较脏乱。 • 没有猫医疗院所。 • 猫节育须找医院长期配合。 • 猫死后何处去之处理无配套设施。 • 猫遮阳避所避雨措施少。 • 配套建筑物老旧。 • 缺乏猫文化博物馆。
非实质环境	• 案例地区赏猫著名景点。 • 爱猫族乐园。 • 前卫几何设计天桥外观。 • 人猫天桥。 • 活动中心可爱猫涂鸦。 • 猫亲近人群。 • 光复里居民猫共识较强。	• 以猴硐为地名，无法跟猫画上等号。 • 发展猫村动机明确，缺乏政府公部门的持续支持与支持。 • 生命教育尚未落实扰猫。 • 居民对于猫咪的习性并没有基本的认知。 • 假日人潮太多。 • 志愿者们无力应付游客人潮。 • 猫咪生病传染速度快。

表8-2 “猴硐”社区环境SWOT外部条件分析课题

	机会 Opportunity 有利社区整体发展条件	威胁 Threat 可能威胁到社区猫生存条件
实质环境	• 猫街整合，彻底进猫物营销，带动居民经济收入。 • 打造猫创意园区。 • 加入亲子与猫的知识库。 • 猫饲料贩卖机。 • 矿业文化资产整合成附属猫空间以建物再利用以提升观光价值。	• 成为弃养猫的最佳地点。 • 与九份著名观光景点邻近。 • 缺乏大规模以猫造社整体推动计划。 • 社区资产无活化，人口外流出走。
非实质环境	• 政府民间金援投资整合，成为风景优美的猫村。 • 举办猫选美活动。 • 可发展自有猫品牌。 • 推彩绘猫屋。 • 推行猫认证培训养育员。 • 举办猫儿认养活动。爱猫艺术家建立装置艺术品。	• 猫明星黑鼻去世，失去聚焦焦点。 • 没有对猫的保育法条。 • 没有猫饲料厂商长期赞助。 • 小贩乱卖猫饲料、猫罐头和逗猫棒。滥用逗猫棒，造成危险刺伤猫。 • 猫生存的压力跟环境的恶劣，无法使全部猫咪获得妥善照顾。 • 只局限特定猫群。猫排斥性无法带家猫同游。 • 人潮多时猫咪易惊吓。 • 门前摆摊跟猫无关的商品很多。 • 旅游团大声喧哗，乱丢垃圾。

数据源：本研究整理

四、结论与建议

（一）“以猫造社”之社区发展与营造的特性

“猴硐”先天的纯朴的自然景观与后天猫村人文风貌文化相结合，可将猫儿与“猴硐”社区加入更多以猫为艺术休闲观光产业，带动“猴硐”社区营造永续社区发展之愿景，强化社区观光客驻足之吸引力。“猴硐”目前只有“光复里”猫咪规划较为齐全，“硕仁里”“猴硐里”“光复里”“弓桥里”四里结盟需要更周详的社区营造计划，如同日本“青岛”有座猫天堂，案例地区“猴硐”一样可以创造一个属于案例地区的猫城。

以“田野调查法”及“个案研究法”结合进行资料收集，主要发现如下：

1. 人与猫的关系是社区共生共存的条件，若能使居民凝聚共同意识，趁势推动猫咪社区营造的各项工作，就可以达成永续经营的发展。

2. “猴硐”的街猫不全是流浪猫，“猴硐”街猫友善，在这氛围之下让人感受猫与人之间相处是不相互危害的，而是相互信任彼此成为生活的一部分，为紧张繁忙的生活注入温馨之泉。

3. “猴硐”社区营造是个长期的推动工作，居民认为需要更多爱猫的人才与资源，才能使社区总体营造全面性的推展，首先必须让在地人士能够拥有专业养猫的知识，结合丰富的猫文化及矿业怀旧人文及游憩资源综合的观光特性，将各相关产业联系成一完整的猫宠物文化的服务供应链。

4. “猴硐”社区总体营造资源分配，以凝聚爱猫族群激发社区动力，居民共同为形成猫社区愿景而建设。

（二）“猴硐”猫文化产业之社区营造发展策略之课题建议

为延续推动猫故乡社区营造工作，建议整合地方政府行政体系、社区资源及民间旅游，透过各项学习及参与机制，建立公民意识，振兴地域活力，创造“猴硐”多元化文化特色、优质化属于猫艺术社区，建立自主运作且永续经营之社区营造模式，强调贴近社区居民与猫和谐的生活模式、强化民众主动参与公共事务之意识，建立由下而上提案机制，厚植民居互信基础，扩大草根参与面，营造一个永续成长的以猫著名的社区，并可借此创造当地年轻人就业机会，促进社区永续发展。

针对上述调查及研究“猴硐”社区总体营造文化发展建议如下：

1. 致力猫儿生活环境的提升；如：成立猫医院，注意结扎及医疗。

2. 当地机关提供教育训练；培养猫志工团，推动猫儿新故乡社区营造工作。

3. 整体交通旅游串连规划；案例地区猫文化推广，整合社区资源及民间旅游。

4. 推动认养制度；结合动物保护观念，提倡猫咪认养，社区成员共同体认对猫儿事务的参与意识。

5. 成立猫儿生命教育馆：生死教育、猫儿殡葬管理。

6. 举办各项居民会议机制：厚植居民互信基础，扩大草根参与面。

7. 与艺术家结合：创造属于猫咪的艺术社区。

“猴硐”社区总体营造是瑞芳区的重要人文工程，其目的在激发社区自主意识，借由社区居民自觉自发一起营造家乡，进一步产业活化地方、凝聚社区意识落实终身学习，打造人猫和谐生活环境，活化社区动力，属于猫儿的地方特色，地方社区能营造永续发展基础动能。

第二节 彩虹眷村“艺术创作”社区营造

一、前言

社区是提供人民生活居住的最小单位，一群居住在同样生活圈的民众组成了社区的概念，彼此提供生活基础的设施服务与精神层面的满足。现今城市高度开发的结果，导致原有社区渐渐失去原本互相照应的功能，甚至面临拆迁与消失，因此，如何有效保存社区遗址并运用创意思维，让在地居民、政府单位彼此互相合作与配合，让社区文化能可持续保存，将是未来社区营造整体需思考的愿景策略。

眷村文化的社区组成背景皆为上个世纪四十年代末迁台的外来移民，主要职业皆为军人，彼此有相同的文化而形成了眷村的在地性文化，是案例地区特有的社区文化，经历了时代的变迁逐渐从兴盛走向没落。

一般社会对于眷村社区文化称之“竹篱笆文化”，城市居民认为是一种城市社会学中所称的“圈内文化”的现象，过去以来眷村常具有与外界交流封闭、省籍意识、环境残破等印象，而今彩虹眷村的成功保存，让眷村文化之社区营造产生新的契机。

（一）研究动机与目的

社区为一群具有共同文化背景的人组成，彼此互相协助以维持社区的整体运作，经由时间的累积产生社区的在地性文化，由于经济发展与城市发展，许多老旧社区经由重划被划定成住宅、商业与道路区域，将使旧有社区面临拆迁的命运。一旦社区遭遇破坏与摧毁，文化与技艺终将流失，因此，如何以富创意性的思维与营销策略来保存社区的文化，提升整体社区营造的层次，达到老旧社区的活化，将是未来社区营造的挑战，也是本研究的动机。

彩虹眷村的营销成功活化替社区营造注入一剂强心针。眷村运用了视觉上的艺术创意，主要以“文字”与“绘画”为主。文字设计以“平安”“祈福”“善恶”等用语作为文字艺术的创新，绘画则将诸多“动物”“男女”“老幼”的表情与情感彩绘于眷村围墙，此种视觉上的创新艺术造成广大民众的回响，并发起自发的社区保护行为，最终赢得了彩虹眷村的成功。本研究目的即是探讨营销策略是如何帮助彩虹眷村得以成功的原因，并以 SWOT 分析[①] 与建议彩虹眷村后续规划愿景。

（二）研究范围

本研究调查范围以 TXG 市南屯区春安里（图 8-5）（图 8-6）之彩虹眷村为例，春安里组成以“干城六村”“台贸五村”“马祖二村”（图 8-7）所组成，彩虹眷村为春安路 56 巷 33 号，隶属马祖二村（图 8-8）。

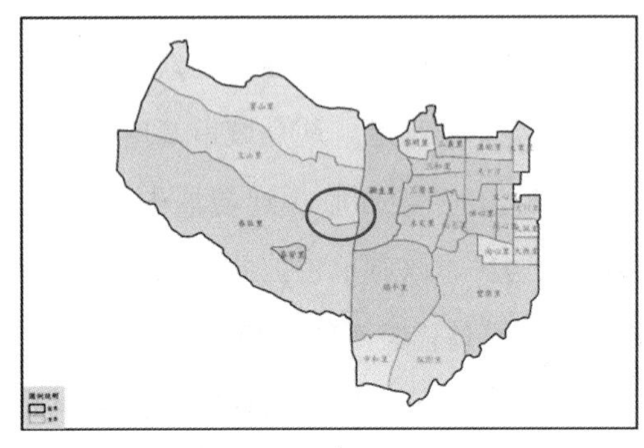

图8-5 TXG市南屯区里界图

数据源：TXG 行政主管机关地图查询系统

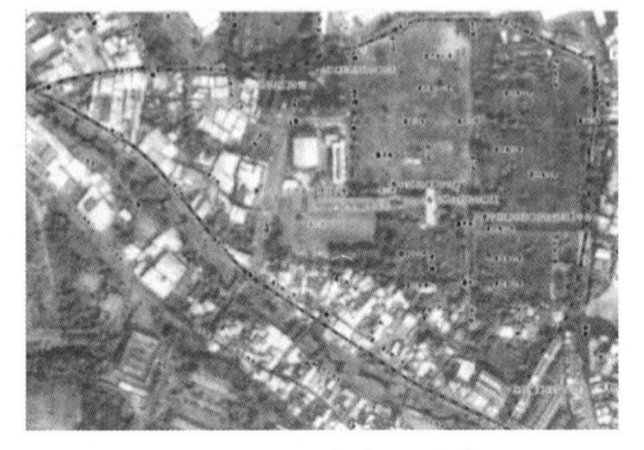

图8-6 TXG市南屯区春安里

数据源：TXG 行政主管机关地图查询系统

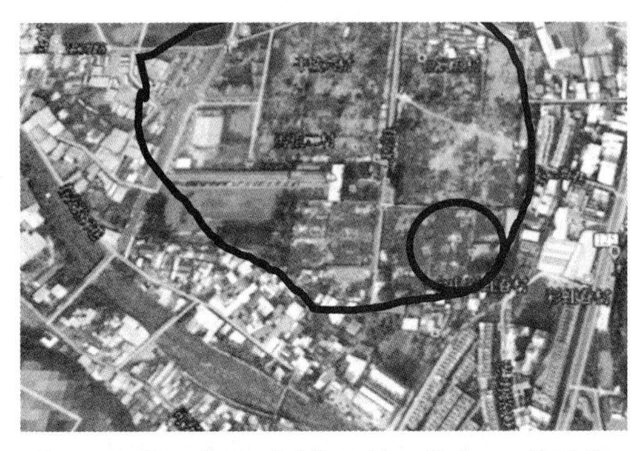

图8-7 干城二村、台贸五村、马祖二村区位

数据源：Google Earth

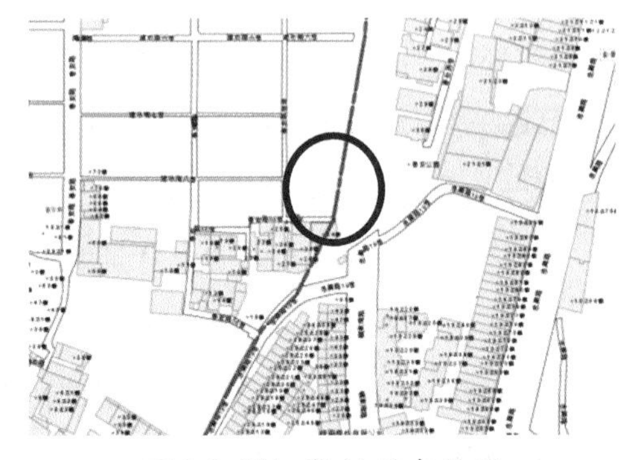

图8-8 彩虹眷村所在位置

数据源：TXG 行政主管机关地图查询系统

---

① 企业或组织借由SWOT分析的结果，订定充分掌握机会（O）并运用组织的优势（S）、化解组织的威胁（T）及矫正其劣势（W）的策略，以求达成组织使命与目标（杨荣宗，2004）。SWOT 实际上是将内部与外部条件各方面进行综合和概括，进而分析优劣势、面临的机会和威胁的一种方法。其中优劣势主要着眼于自身的实力及其与竞争对手的比较，而机会和威胁分析将注意力放在外部环境的变化与对企业可能产生的影响。

二、文献回顾

本研究以 TXG 彩虹眷村为研究范围，因彩虹眷村背景为早期移民之军眷社区，经历时代变迁面临拆迁的命运，透过黄老先生的参与及热情，让广大民众响应社区营造的文化保存，而有今日彩虹眷村的面貌，其中的过程涵盖眷村文化的保存、社区意识及营销策略的运用，因此，在文献回顾以眷村文化、社区意识、彩虹眷村发展策略为文献探讨。

（一）眷村文化

眷村在案例地区是非常特殊的聚落，它的面貌诉说案例地区历史过程。案例地区的“眷村聚落”是因为政治因素造成，因 1949 年历史原因造成大撤退、大移民潮，其中包括 60 万的军籍人口（胡台丽，1990），仓皇中抵台临时安置在日军遗留下之房舍、营房附近，并自行以“土木瓦盖顶，竹筋糊泥为壁”，形成以“竹篱笆”为建材之居住环境（马自立，1990；林树，1997）。眷村文化的发展经历了兴建时期与改建时期（图 8-9），自 1996 年制定“老旧眷村改建条例”之后，由于政策，全台眷村有计划且有进度的消失中。

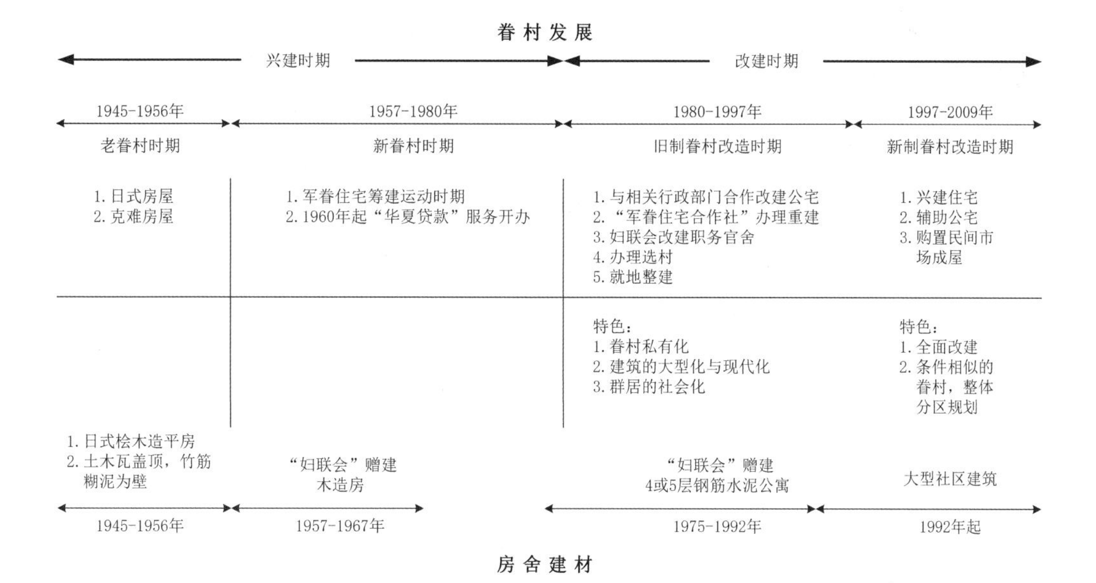

图8-9眷村发展与房舍建材演进关系之对照

数据源：黄丽娟 (2010)

眷村文化[①]亦是社区文化的一种，萧家兴（2008）认为构成社区基本要素有一定数量的人口、范围的地域、完整的生活服务设施、特有的文化、地域内居民的认同感与社区意识。

老旧眷村改建条例亦是社区总体营造[②]的一种策略，全面的改建与整体性的分区规划，目的是改善周边环境。社区总体营造是要由社区本身做起，必须是发自内心、自主性的，且应具有“民主参与”“由下而上”的决策模式，政府的角色只是在初期提供各种鼓励、诱因和示范计划，重点放在理念的推广、经验的交流、技术的提供以及部分经费的支持（柳雅婷，2008）。

一般社会对于眷村社区文化称之“竹篱笆文化”，城市居民认为是一种城市社会学所称的“圈内文化”的现象，眷村具有与外界交流封闭、省籍意识、环境残破等印象，但实际上其居住环境质量仍具有其特性。由于眷村是依据以军眷为主的社区形成“特殊族群”文化，因此具有特殊之“空间意识”，必定与眷村社区“居住环境空间意识特性”之认知息息相关（张珩、邢志航，2003）。

总而言之，社区总体营造是期望透过改造而让环境变得更好，也由于改造带来的是新的面貌与新的生活环境，因此，旧有的生活模式与旧有的文化将遭遇破坏，如何在发展与保存中取得互相的平衡，将是未来社区营造的课题。

（二）社区意识

“社区意识”根据 1993 年 Davidson 和 Cotter 针对 Hoover 市居民做社区意识之调查发现，居民的社区意识高低除了和人口统计特征中的年龄、性别、教育程度、

---

① 徐震（1985）认为，社区的定义视学者着重的面向而有不同，综合言之，社区的定义为：“社区是居住于某一地理区域，具有共同关系、社会互动及服务体系的一个人群”。萧家兴（2008）认为社区是一个牵涉很广的概念，不同的社区存在不同的社群性质，一般系指一定地域内的一群人，因职业、社会文化的差别，形成各种不同的自然团体、自然地域，在该地域中因生活的契合，使得彼此间存有相助依赖的关系。

② 柳雅婷（2008）认为社区总体营造发展依年代轨迹可区分为三个层次：20 世纪 70 年代－社会运动与民间意识的觉醒，此年代展现了案例地区民间生命力量的能量；80 年代－社区意识及文化定义省思，此年代进入发扬光大的时期，以社区意识及文化定义的省思为特色；90 年代－社区意识的完全展现，此年代因政策面以利多方案的推动，协力团体的组成强化了社区意识的凝聚，亦将社区意识发挥成社区发展之动力。

居住时间以及居住状况有明显关联外，还与下列四项因素密不可分：(1) 居民的归属感；(2) 对公共事务需求认知；(3) 个人可感受影响他人或受他人影响的能力；(4) 情感联系程度（林晖月，2001）（林鉴澄，1986）。

（三）彩虹眷村之发展与社区营造策略分析

1. 彩虹眷村的沿革

台贸五村、干城六村、马祖二村，位于 TXG 市南屯区大肚台地上，在成功岭营区与岭东科技大学之间，三村紧邻而成为 TXG 市大型眷村区域之一，合计约 800 户眷舍，土地面积合计共 10.28 公顷，主要道路为春安路。至 2004 年底为配合眷村改建政策，三村基地上眷舍多数已拆除，尚存马祖二村部分眷户居住（彩绘眷村所在地），截至目前 2014 年，马祖二村仅剩黄永阜老先生居住于此。

2. 彩虹眷村保留文化具体行动

目前周边大部分眷村皆已拆除，仅剩干城六村，跟案例地区其他眷村一样难逃城市重划的拆迁，却因一个 88 岁的老兵黄永阜老先生让社区重新获得艺术价值，在剩余的干城六村与马祖二村的房舍创作，用文字与彩绘在房舍墙壁及地面作画，形成宛如彩虹般美丽的景观，并被称为“彩虹眷村”，吸引许多人来这里体会黄先生给予人的感动（柯一清，2013）。

三、彩虹眷村以艺文特色营销社区的发展情形

（一）现况

彩虹眷村目前最主要以马祖二村的春安路小区为主，亦即假日观光客最常到访之处，因黄老先生的坚持与富创意的文字与绘画，让彩虹眷村得以有今日保存的成果。

彩虹眷村也在网络信息平台成立专属网页，定期发布跟彩虹眷村相关的信息，并透过营销活动将眷村原貌呈现于百货购物中心，亦有相关团体以故事性描述替彩虹眷村拍摄微电影，并将成果呈现于网络平台。彩虹眷村今日得以保存，是黄永阜先生的坚持感动了许多对社区营造有情感的群众，自发性的组成团体并协助保存眷村，运用网络资源来建立沟通与凝聚的管道，让彩虹眷村得以受到广大民众的喜爱，最终使得彩虹眷村得以保存并发展至今。

（二）现地调查结果

本研究以实地探访调查彩虹眷村目前之现况，现阶段周边土地已经简单的基础整地，尚为空旷并未开发，周边已有新形态建筑正在建设中，眷村周边也设置休闲游戏区与公共卫生间供来访游客使用，内部有创意艺品的贩售，平日与假日到此参访游客络绎不绝，并有街头艺人常驻于此。

图8-10 彩虹眷村现况（1）

数据源：本研究摄制

图8-11 彩虹眷村现况（2）

数据源：本研究摄制

图8-12 黄老先生文字彩绘创作（1）

数据源：本研究摄制

图8-13 黄老先生文字彩绘创作（2）

数据源：本研究摄制

图8-14 参访游客络绎不绝

数据源：本研究摄制

图 8-15 创意艺品贩卖部

图 8-16 街头艺人常驻于此表演

数据源：本研究整理

实际走访彩虹眷村，被黄老先生的文字创作与创意绘画深深吸引，字字句句透露出时间累积的浓烈情感及人生的智慧，诸多建材与建筑设备皆可透露出彩虹眷村的历史遗迹，看着眷村社区景观与周边现代城市景观产生的差异性，再突显出彩虹眷村传统文化的情景，来往络绎不绝的游客横跨老、中、青三个世代，种种画面散发出现代社会快速发展下，人们殷切期盼的传统氛围，由此可见，彩虹眷村的存在是具有时代性的意义。

四、彩虹眷村现况的SWOT分析

本研究将参访彩虹眷村的观察与纪录，透过 SWOT 分析彩虹眷村内、外部环境的特点（表 8-3），彩虹眷村 SWOT 营销策略（表 8-4）。

表8-3 彩虹眷村SWOT营销现况分析

S（优势）	W（劣势）
拥有基础网络信息平台，能与广大支持民众产生互动，形成强烈的链接。 许多拥有社区营造情感的团体组织与个人，纷纷协力替彩虹眷村筹备许多营销活动，以提升知名度。	眷村内部能发挥创意的空间皆已使用完毕，倘若没有空间继续创作，无法提升层次将使游客再访率降低。 是否有足够的财务规划能支持彩虹眷村整体的管销费用。
O（机会）	**T（威胁）**
周边土地未来势必将会开发，开发期间对彩虹眷村的未来将造成诸多变量。未来周边开发后如果以建商主导，在利益挂帅情况下将会影响彩虹眷村的未来发展。	彩虹眷村的成功案例将有助于后续社区营造的借镜，因此即拥有存在之必要性。 彩虹眷村的成功将带给后续参与社区营造保存的团体组织许多信心。

续表

SO 战略	ST 战略
应积极利用网络力量，持续扩大与宣传眷村后续整体发展愿景，例如设立眷村博物馆、纪念馆等等。	应与全国各地眷村社区联署并成立专属经营团队，负责经营与规划所有眷村社区，并申请政府经费补助。
WO 战略	**WT 战略**
拟定后续眷村发展的区域大小，与建商协商土地使用，抑或是互相合作成立眷村文化聚落，达到双赢局面。	应积极整合与纳入所有社区营造的团体组织，同心协力规划各类型社区营造借此凝聚向心力。

数据源：本研究整理

五、结论与建议

社区营造是一种文化的传承，现今城市化发展之下，社区除了营造需维系社区意识的文化精神，还需要各方单位组成专业团队来协力运作，处理相关事务与诸多无法控制的风险状况，经营团队必须长期与产、官、学三方单位开诚布公的密切沟通，更需从社会化教育的观点来发扬社区文化，让社区文化得以传承。

未来社区营造的经营需要加入“创新元素”与“营销策略”，运用当代网络信息科技，以虚拟平台凝聚社会大众的力量，让社区营造能透过信息化的发展结合各类型案例，让居住在社区周边的居民与广大关心社区事务的民众皆可在信息平台关心社区的相关事务。

第三节　特殊族群“社区意识”保存与改建需求

一、个案背景

随着时代的变迁以及都市的快速更新，案例地区军人眷属所居住的眷村成为目前都市中老旧型社区的代名词，眷属－成为特殊族群。居民生活质量显得低落，眷村特有的老旧连栋式的木造房屋及狭窄巷道，更是危及社区安全。于 1996 年颁布案例地区“军队老旧眷村改建条例”，希望透过眷村改迁建方式，改善眷村社区居民的居住环境质量并借以加速达到“都市更新”的目标。

社区是都市环境与社会的基本单元，也是人类社会行为基本关系最容易发生的地方。要塑造良好的社区居住环境，就必须先了解社区。Lewin 对于人类行为特质描述：“需定义某一时段之情境。”本研究认为“情境”受到三因素影响：“过去发展经验”“现况客观特性”“对预期未来之期望”。研究议题如下：

1. 眷村居民对于社区意识认同之程度。

2. 眷村居民对于社区居住环境质量满意之程度。

3. 眷村居民对于眷村改建之态度与需求。

4. 依据“眷村居住环境空间意识特性”之探讨，提出特殊族群社区更新应注重事项。

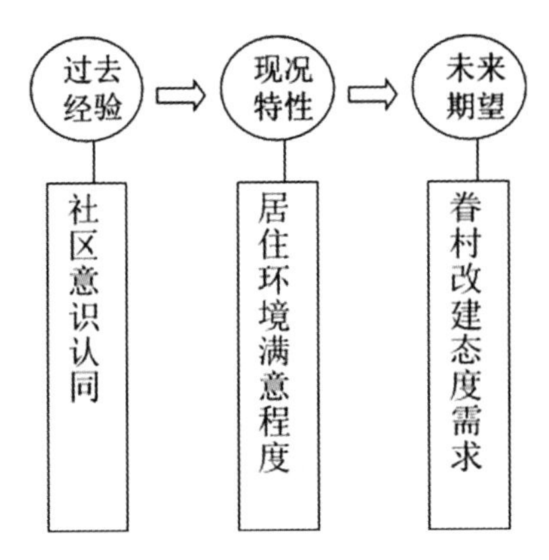

图8-17 居住环境空间意识特性影响要素

数据源：本研究绘制

二、文献回顾

（一）特殊族群之定义

菲雪尔(Fischer、Claude)1980提出“圈内文化”或“次文化”理论(Subcultural Theory)：指一群人具有相似社会与个人背景，经过一段时间相处互动，逐渐产生一种相互了解的规范、价值观念、人生态度与生活方式。本研究将生活于其中具有共同圈内文化的群体，称之“特殊族群”。

（二）社区意识

本研究采用“社区意识”之定义为：包括地理、心理、行动三概念，意指“在某一特定地区内的居民”。居民认同此区域的归属感。对同一政策或事件有全面普及性影响的区域。眷村具有以上之特性。

依据 Davidson 和 Cotter 调查发现：居民社区意识的高低除了和“人口统计特征”有明显关联外与下列因素密不可分：(1) 居民的归属感。(2) 对公共事务需求认知。(3) 个人可感受影响他人或受他人影响的能力。(4) 情感联系程度。

（三）社区居住环境

居住环境的质量直接影响居住者的日常生活，研究此议题有助于了解“规划现况”的问题。能借由分析得知当地居民对其居住环境满意程度，以供未来规划设计的参考建议。

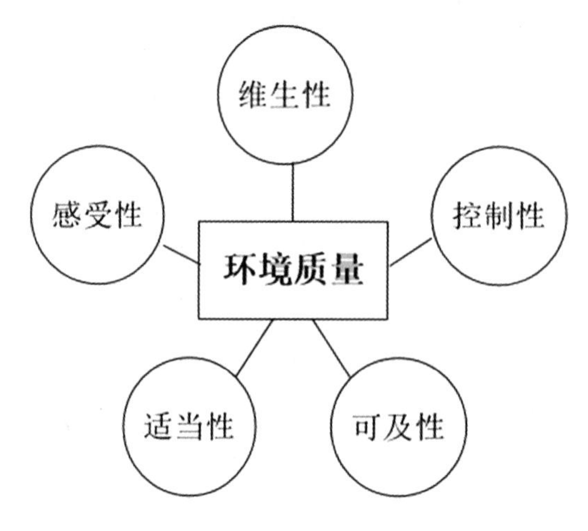

图8-18 Lynch居住环境质量五向度

数据源：本研究摄制

三、研究范围与研究方法

（一）调查范围之选定

TNN 市眷村总计三十五处，以其中十八处未迁改建眷村之眷户为研究范围，含计划中或未进行迁建之眷村。

表8-5 TNN市十八处未改建眷村之面积、眷户数及调查抽样份数

	规模类别群落	眷村名称	代码	眷村位置	面积（公顷）	眷户数（户）	抽样份数	回收份数
TNN市未改建眷村	小面积多眷户	公园新村	AN01	北区公园北路	1.8	74	3	3
		国民新村	AS01	南区国民路	1	78	4	4
		卫民新村	AC01	中区卫民路	1	57	3	3
		博爱新村	AE01	东区郡王路	0.5	61	3	3
		自强新村	AN02	北区林森路	2.3	60	3	3
		自治新村	AN03	北区开南街	1.3	99	5	5
		九六新村	AN04	北区精忠路	0.4	176	8	8
		崇义新村	AP01	安平区北安路	1.1	86	4	4
		进学新村	AC02	中区中山段	0.4	24	3	3
		临海新村	AW01	西区保安段	1.5	27	3	3
		中兴新村	AN05	北区前锋路	0.8	160	8	8
		明德新村	AS04	南区大成路	2.5	90	4	4
		履锋东村	AP02	安平区北安路	1.2	126	6	6
		实践四村	AS02	南区兴中街	1	298	14	14
		慈光十三村	AN06	北区开南街	1.9	275	13	13
		大鹏五村	AS05	南区新都路	2	212	10	10
	大面积少眷户	志开新村	AS03	南区南门路	20	747	35	39
	大面积多眷户	精忠三村	—	东区中华东路	13	1338	63	63
小计					53.7	3988	192	196

数据源：本研究整理

（二）抽样调查及统计意义

本研究以统计分析方法为主，依据居住密度分类眷村规模，以面积及眷户数为因变量进行群落分析（Cluster Analysis）得四类型（表8-5）。(1) 小面积少眷户型：13处；(2) 小面积多眷户型：3处；(3) 大面积少眷户型：1处；(4) 大面积多眷户型：

1处，采“分层比例随机抽样法”调查，以眷户数为母体抽样。

调研抽样方式：抽样信心水平达95%，抽样误差为0.06%、样本数为194个有效样本、以具房屋所有权之现居住户为有效样本，问卷问项采Likert-Type五点量表设计。

（三）分析方式及变项关系架构

依据Lewin对特质之描述，依据时间演进的过程，将“眷村居住环境空间意识特性”包含之影响向度及项目，建立变项架构说明（表8-6）

表8-6 变项关系架构及项目内容说明

基本数据		眷村居住环境空间意识特性		
眷村居民特性		小区意识向度（过去发展经验）	居住环境质量满意向度（现况客观特性）	眷村改建需求向度（预期未来期望）
性别 年龄 住户阶级 学历 婚姻 籍贯 党籍 月收 居住人数 房屋权属 居住时间 房间数 室内面积	⇨	·地区认同 ·发展信赖 ·事务熟悉 ·发展参与 ·资源运用 ·情感责任 ·热心自信 ·气氛融洽 ·邻里关怀	·公共空间设备 ·基本维生机能 ·环境安全状况 ·健康舒适程度 ·地方特性 ·社交程度 ·空间配置 ·完整人性空间 ·配合环境条件 ·建成环境融合 ·多样空间选择 ·访客易寻地点 ·动线畅通无阻 ·满足日常所需 ·就近取得资源 ·聚集人群场所 ·小区门户边界 ·空间权属划分 ·公私领域规范 ·管理维护	·择屋环境考虑 ·坪数分配标准 ·眷村改建方式 ·喜好住宅形式 ·需求面积大小

数据源：本研究整理

四、实证结果分析

（1）进行信度分析34项变量α值0.8593>0.7，具信度水平。

（2）进行效度分析问项皆具代表性。

（3）针对 TNN 市未改建眷村之意见分析，依序为“社区意识的认同程度”“居住环境质量满意程度”及“眷村改建需求之态度与需求”三项进行分析。

（一）未改建眷村对社区意识方面之认同程度

1. 居民归属感：（1）地方认同：高度认同。（2）发展信赖：对未来悲观。（3）事务熟悉：相当了解。

2. 公共事务认知：（1）发展参与：具参与热诚。（2）资源运用：使用良好。

3. 个人感受能力：（1）情感责任：认为眷村的事是所有居民的事。（2）热心自信：积极参与社区活动。

4. 情感联系程度：（1）气氛融洽：居民相处和谐并常有往来。（2）邻里关怀：关心程度表态不明显。

表8-7 TNN市未改建眷村对于社区意识方面意见表

小区意识	项目		非常不同意	不同意	普通	同意	非常同意
居民归属感	地方认同	身为小区里的居民是一件很光荣的事	1.0%	8.2%	37.8%	36.7%	16.3%
	发展信赖	未来三到五年内小区将变得比现在更繁荣	10.7%	37.8%	21.4%	25.0%	5.1%
	事务熟悉	了解小区的缺点及需要改建的地方	0.5%	15.8%	35.2%	42.3%	6.1%
公共事务认知	发展参与	小区居民要不计报酬地参与眷村发展工作	0	13.8%	38.3%	38.3%	9.7%
	资源运用	了解并且能够运用小区内的设施与资源	0	14.3%	41.3%	40.8%	14.3%
个人感受能力	情感责任	小区的事就是所有居民的事	0	12.8%	22.4%	51.0%	13.8%
	热心自信	会积极参与小区内的活动	0.5%	14.3%	23.0%	44.9%	17.3%
情感联系程度	气氛融洽	和邻居之间关系和谐并且往来热络	4.6%	12.2%	48.5%	34.7%	4.6%
	邻里关怀	会关心任何发生在小区内的事件或活动	8.2%	13.8%	57.7%	20.4%	8.2%

数据源：本研究整理

社区意识分析结果：

1. TNN 市未改建眷村社区意识认同程度佳，具有归属感及高度地方认同。

2. 对眷村未来发展较悲观。

3. 对眷村事务相当了解并对参与公共事务具有热诚。

4. 对于邻里关怀之意见较不明显，原因是逐渐受到“都市化”影响，其现象符合“社区失落”理论之现象。（北美都市社会学家，韦尔门）

（二）未改建眷村对居住环境质量之满意程度

1. 维生性

(1) 公共空间设备：普通

(2) 基本维生机能：满意

(3) 环境安全状况：满意

(4) 健康舒适程度：满意

2. 感受性

（1）地方特性：普通

（2）社交程度：满意

（3）空间配置：满意

（4）完整人性空间：普通

3. 适当性

（1）配合环境条件：满意

（2）建成环境融合：普通

（3）多样空间选择：普通

4. 可及性

（1）访客易寻地点：满意

（2）动线畅通无阻：满意

（3）满足日常所需：满意

（4）就近取得资源：满意

（5）聚集人群场所：满意

5. 控制性

（1）社区门户边界：满意

（2）空间权属划分：满意

（3）公私领域规范：满意

（4）管理维护：满意

表8-8 TNN市未改建眷村对于居住环境质量满意程度方面意见表

居住环境质量	项目	非常不满意	不满意	普通	满意	非常满意
维生性	公共空间设备	5.6%	21.4%	37.8%	32.1%	3.1%
	基本维生机能	2.6%	9.7%	2.6%	55.6%	5.1%
	环境安全状况	10.2%	29.6%	27.6%	30.6%	2.0%
	健康舒适程度	6.1%	25.0%	30.6%	32.7%	5.6%
感受性	地方特性	0.5%	6.6%	50.5%	38.8%	3.6%
	社交程度	0.5%	7.1%	19.9%	55.1%	17.3%
	空间配置	1.5%	19.4%	35.2%	40.3%	3.6%
	完整人性空间	4.1%	21.4%	39.8%	32.7%	2.0%
维生性	公共空间设备	5.6%	21.4%	37.8%	32.1%	3.1%
	基本维生机能	2.6%	9.7%	2.6%	55.6%	5.1%
	环境安全状况	10.2%	29.6%	27.6%	30.6%	2.0%
	健康舒适程度	6.1%	25.0%	30.6%	32.7%	5.6%
感受性	地方特性	0.5%	6.6%	50.5%	38.8%	3.6%
	社交程度	0.5%	7.1%	19.9%	55.1%	17.3%
	空间配置	1.5%	19.4%	35.2%	40.3%	3.6%
	完整人性空间	4.1%	21.4%	39.8%	32.7%	2.0%
适当性	配合环境条件	2.0%	22.4%	35.2%	37.2%	3.1%
	建成环境融合	3.1%	24.5%	38.8%	32.7%	1.0%
	多样空间选择	3.1%	29.6%	40.8%	25.5%	1.0%

续表

居住环境质量	项目	非常不满意	不满意	普通	满意	非常满意
可及性	访客易寻地点	6.1%	18.4%	32.1%	37.2%	6.1%
	动线畅通无阻	5.1%	17.3%	33.2%	40.8%	3.6%
	满足日常所需	5.1%	10.2%	18.9%	56.1%	9.7%
	就近取得资源	5.1%	21.4%	34.7%	36.7%	2.0%
	聚集人群场所	2.0%	13.3%	26.0%	48.0%	10.7%
控制性	小区门户边界	2.0%	14.8%	37.2%	44.9%	1.0%
	空间权属划分	2.6%	11.2%	40.3%	43.9%	2.0%
	公私领域规范	1.5%	13.3%	38.8%	44.4%	2.0%
	管理维护	7.7%	24.0%	31.1%	31.6%	5.6%

数据源：本研究整理

居住环境质量分析结果：

1. 调查眷村居民表达之意见，对整体之居住环境满意程度尚属满意（15 项）与普通（5 项）之间。

2. 除适当性中“多样空间选择”倾向负面外，并无对目前居住环境负面之评价，整体而言，反映出非眷村居民“居住环境质量评价”方面与眷村居民之认知明显落差。

（三）未改建眷村对眷村改建态度与需求

1. 择屋环境考虑：交通便利

2. 坪数分配标准：依住户意愿分配

3. 眷村改建方式：原地改建

4. 喜好住宅形式：透天厝

5. 需求面积大小：30 坪型

表8-9 TNN市未改建眷村对于眷村改建需求方面意见表

眷村改建需求	项目	全市总计（%）
择屋环境考虑	交通便利	41%
	情感诱因	20%
	环境设施	20%
	房屋价位	13%
	建筑特色	1%
	其他	6%
坪数分配标准	依阶级分配	26%
	依住户人口分配	20%
	依住户意愿分配	47%
	其他	7%
眷村改建方式	原地改建	55%
	迁入国宅	11%
	领取补助款	19%
	购置成屋优惠贷款	9%
	其他	6%
喜好住宅形式	集合住宅大楼	13%
	公寓 4-5 楼	5%
	透天厝	48%
	平房	34%
	其他	1%
需求面积大小	28 坪型	15%
	30 坪型	48%
	34 坪型	25%
		12%

数据源：本研究整理

对眷村改建态度与需求分析结果：

1. 择屋环境考虑交通便利性且较重视区位性。延续社经条件较差因素，对建筑特色因素未能考虑。

2. 坪数分配标准依住户意愿分配与级别分配为期待，价值标准仍尊重过去级别制度。

3. 改建方式以原地改建。习惯于既有之社会网络架构与外围环境之关系。

4. 喜好住宅形式偏好透天厝及平房。与过去对生活环境经验相同，保有开放空间。

5. 需求面积大小以30-34坪型为偏好。对过去狭窄室内面积不满，皆扩大期待与需求。

五、结论

一般社会对于眷村社区文化称之“竹篱笆文化”，都市社会上认为是一种都市社会学中所称的圈内文化的现象，眷村具有与外界交流封闭、省籍意识、环境残破等印象，但实际上其居住环境质量仍具有其特性，由于眷村是以军眷为主的社区形成特殊族群文化，因此形成特殊之空间意识，这必定促成对于眷村社区居住环境空间意识特性之相关认知。

研究发现，眷村居民对于社区意识之认同程度，逐渐受到都市化影响所产生社区失落现象；对整体之居住环境满意程度，调查发现尚属满意与普通之间，眷村社区评价与非眷村居民之认知有明显落差；对于眷村改建之态度与需求受到过去社区意识的影响，这也反应在对于未来居住环境的价值观上。

本研究得知居住环境质量评断价值与居民之空间意识有密切关系，符合研究假设：空间意识必须包括空间概念层面、意识机能操作、行为规范系统之多元性价值，方能评定居住环境品质之真正价值，而非仅以空间概念层面简单思考。未改建眷村居民却认为眷村居住环境质量仍具肯定之特性。眷村之“特殊族群”文化，其“空间意识”，对于眷村社区“居住环境空间意识特性”之认知息息相关。眷村居民会以“过去社区意识认同程度”，评断“居住环境之满意程度”；进一步将期望之需求，反应在对于未来眷村改建之态度与需求上。

第九章 PPP 模式打造风景园林绿色碳汇交易平台应用

随着工业化的进程加速，全球气候变化问题日益严重。温室气体的过度排放，如二氧化碳和甲烷，导致全球气温上升，引发了一系列环境问题，如海平面上升、极端天气事件频发、生物多样性丧失等。为了应对这一挑战，各国政府纷纷提出碳中和目标，即到一定时间点，人为排放的温室气体与吸收的温室气体达到平衡，实现净零排放。在碳中和目标下，如何提高风景园林的碳汇功能，使其在应对气候变化中发挥更大的作用，是一个值得研究的问题。本研究旨在探讨 PPP 模式在风景园林碳汇项目中的应用，以及碳汇交易平台在其中的角色。通过这一研究，期望能够为风景园林碳汇项目的实施提供理论和实践指导，推动其在碳中和目标下的广泛应用。同时，本研究也有助于提高公众对风景园林碳汇功能的认识，推动更多的人参与到气候变化的应对中来。

第一节　风景园林碳汇功能对碳中和目标之作用

一、风景园林可通过吸收二氧化碳减少温室气体浓度方式

（1）植物光合作用：风景园林中的植物通过光合作用吸收二氧化碳，将其转化为有机物质，并释放氧气。这种光合作用可以减少大气中的二氧化碳浓度，进而缓解温室效应。

（2）土壤有机质：土壤中的有机质通过微生物活动分解成二氧化碳，然后被植物吸收。这种有机质是植物生长所需的养分来源，因此通过土壤有机质吸收二氧化碳是风景园林碳汇功能的重要途径之一。

（3）微生物活动：微生物在土壤中的活动也会产生二氧化碳，这些二氧化碳可以被植物吸收。微生物活动是土壤生态系统的重要组成部分，对于维持土壤生态平

衡和促进植物生长具有重要作用。

二、风景园林对调节城市气候、改善空气质量、提高生物多样性等具有多重功能

（1）调节城市气候。风景园林中的植物可以通过蒸腾作用释放水分，增加空气湿度，同时也可以降低城市的气温。此外，植物的叶片和枝干可以反射太阳辐射，减少城市热岛效应。

（2）改善空气质量。风景园林中的植物可以吸附空气中的有害物质，如颗粒物、二氧化硫等，从而改善空气质量。此外，植物的叶片可以释放挥发性有机物，具有抗菌、抗炎等作用，对于改善城市环境具有积极作用。

（3）提高生物多样性。风景园林为各种生物提供了栖息地和繁殖场所，包括昆虫、鸟类、哺乳动物等。这些生物在生态系统中扮演着重要角色，对于维持生态平衡和提高生态系统稳定性具有重要作用。

三、风景园林为重要的生态系统及碳汇功能

风景园林作为人类创造和管理的生态系统，包含了丰富的植物、动物和微生物群落。这些生物通过光合作用吸收二氧化碳，转化为有机物质；同时，土壤中的有机质和微生物活动也可以固定大量的碳。因此，风景园林具有显著的碳汇功能，对于缓解全球气候变化具有重要作用。

碳汇（carbon sink）是指通过植树造林、植被恢复等措施，吸收大气中的二氧化碳，从而减少温室气体在大气中浓度的过程、活动或机制。此概念包含了多种类型的碳汇，如森林碳汇、草地碳汇、耕地碳汇、土壤碳汇和海洋碳汇等。具体来说，森林碳汇是通过森林的生长吸收二氧化碳并将其储存于树木和土壤中的过程。草地碳汇则主要是指草原生态系统通过光合作用吸收二氧化碳的能力。耕地碳汇涉及农业活动中，作物和土壤对二氧化碳的吸收与储存。而土壤碳汇则包括了土壤有机质中储存的碳。海洋碳汇是地球上最重要的碳汇之一，它可以通过海洋生物和化学过程吸收并固化大气中大量的二氧化碳。

总的来说，碳汇在全球碳循环和减缓气候变化中发挥着重要作用。能够从大气中移除温室气体，转化为固态或有机态，存储在一定的时间尺度内，从而降低大气中的温室气体浓度，对抗全球变暖。

未来森林碳汇、草地碳汇、耕地碳汇、土壤碳汇等等皆与风景园林密切相关。其中，海洋碳汇是地球上最重要的碳汇之一，可以吸收大气中的二氧化碳并将其固化。中国已在厦门产权交易中心成立了全国首个海洋碳汇服务平台，以推动海洋碳汇的发展和利用。

四、风景园林在碳中和目标实现过程之重要性

（1）减少温室气体排放。风景园林通过吸收二氧化碳、减少温室气体排放，对于实现碳中和目标具有重要意义。在全球气候变化问题日益严重的背景下，各国政府纷纷提出碳中和目标，以减少温室气体排放。因此，风景园林作为重要的生态系统，其碳汇功能在碳中和目标实现中具有重要作用。

（2）促进城市可持续发展。风景园林不仅具有碳汇功能，还可以为城市居民提供休闲娱乐场所、改善城市环境质量、提高城市生物多样性等。这些功能有助于促进城市可持续发展和生态文明建设。在碳中和目标下，城市需要实现经济、社会和环境的协调发展，而风景园林在其中扮演着重要角色。

（3）推动全球碳中和目标的实现。全球气候变化问题需要各国共同努力解决。各国政府纷纷提出碳中和目标，以减少温室气体排放。而风景园林作为重要的生态系统，其碳汇功能可以为全球碳中和目标的实现提供有力支持。通过推广风景园林碳汇项目、加强国际合作和技术交流等方式，可以推动全球碳中和目标的实现。

PPP 模式可以提高项目的可持续性和效率，同时降低风险和成本。该模式可以促进政府与私营部门之间的合作，共同推动风景园林项目的碳汇和碳中和目标的实现[①]。对风景园林领域目前的碳汇实践进行了回顾，并探讨了未来的发展方向。研究

---

① Smith, A.B., & Johnson, C.D.Carbon neutrality through public-private partnerships: A case study in sustainable landscape design.*Journal of Land Use Science*,2020, 15(3), 321—340.

发现，虽然目前的碳汇平台机制尚不完善，但随着技术的进步和市场的发展，未来有望实现更加高效和可持续的碳汇[①]。本文对风景园林领域目前的碳汇实践进行了批判性分析，指出了其中的问题和挑战。研究发现，虽然许多项目都试图通过碳汇来实现碳中和目标，但存在许多问题，如缺乏统一的标准和认证体系、价格波动大等。因此，需要进一步完善碳汇平台机制，以实现更加可持续和公平的碳汇[②]。PPP 模式可以通过公私合作的方式促进建筑环境的可持续发展，同时降低成本和风险。该模式可以促进技术创新和知识共享，提高项目的可持续性和效率[③]。虽然两个国家在碳汇方面都取得了一定的进展，但存在许多差异和挑战。需要进一步完善相关政策和标准，以促进更加可持续和公平的碳汇[④]。

联合国政府间气候变化专门委员会的最新评估报告，提供了关于气候变化物理科学基础的全面科学信息。报告强调了实现碳中和的重要性，并提供了关于如何减少温室气体排放和增加碳汇的指导。[⑤] 国际能源署（IEA）发布，提供了关于能源技术发展和应用的信息，包括可再生能源、能源效率、碳捕获和储存等方面。报告强调了实现碳中和需要采取的措施，包括技术创新和政策支持。[⑥]《联合国气候变化框架公约》的最新协议，旨在通过减少温室气体排放和增加碳汇等方式，将全球平均

① Wang, Y., & Li, J.Carbon trading in landscape architecture: A review of current practices and future directions. *Landscape and Urban Planning*, 198, 104—113.

② Brown, T.A., & Ulrich, K.T.Carbon offsets in landscape architecture: A critical analysis of current practices and challenges. *Journal of Landscape Architecture*, 2021, 17(1), 76—88.

③ Johnson, B.D., & Johnson, C.D.The role of PPPs in promoting carbon neutrality in the built environment: A literature review. *Journal of Public-Private Partnerships*, 2023, 28(1), 1—17.

④ Li, Y., & Wang, Y.Carbon offsets in landscape architecture: A comparative analysis of current practices in China and the United States. *Landscape and Urban Planning*, 2023 (224) 106—114.

⑤ IPCC (2021).Climate Change 2021: The Physical Science Basis.Contribution of Working Group I to the Sixth Assessment Report of the Intergovernmental Panel on Climate Change.

⑥ IEA (2022).Energy Technology Perspectives 2022.

气温上升限制在比工业化前水平高1.5℃之内。协议强调了各国需要采取措施实现碳中和目标，并提供了相关的指导和目标。①

生物多样性和生态系统服务政府间科学政策平台（IPBES）的全球评估报告，提供了关于生物多样性、生态系统服务和人类福祉之间的联系的信息。报告强调了保护和恢复生态系统对于实现碳中和目标的重要性，并提供了相关的指导和建议②。

国际能源署发布，对67个国家的能源效率政策进行了比较分析。报告提供了关于如何提高能源效率、减少温室气体排放和增加碳汇的信息，并强调了实现碳中和目标需要采取的措施③。通过采取可持续的城市规划措施，如提高能源效率、改善交通系统和增加绿地等，可以实现城市的碳排放减排和碳中和目标。该研究为城市规划师提供了指导和参考④。虽然建筑行业是温室气体排放的主要来源，但通过采用低碳技术和实施碳补偿项目，可以降低碳排放并实现碳中和目标。该研究为建筑行业的可持续发展提供了指导和建议⑤。通过采用适当的景观设计和管理措施，如增加树木覆盖、保护湿地和修复退化土壤等，可以增加碳固存量并实现碳中和目标。然而，仍然存在一些挑战，如缺乏政策支持和技术支持等。该研究为风景园林师提供了指导和思考的方向⑥。通过建设绿色基础设施，如雨水花园、城市绿化带和生物多样性保护区等，可以减少碳排放、增加碳汇，同时提供一系列的环境和社会福利。该研究为城市规划师

---

① UNFCCC (2022). The Paris Agreement. Adopted at the 21st Conference of the Parties to the United Nations Framework Convention on Climate Change on 12 December 2015.

② IPBES. *Global Assessment Report on Biodiversity and Ecosystem Services*. Summary for Policymakers, 2022.

③ Brown, T. A., & Ulrich, K. T. Carbon sequestration in landscape architecture: A review of current strategies and challenges. *Journal of Environmental Management*, 2022, 45(4), 567—580.

④ IEA (2023). Energy Efficiency Policies: A Comparative Analysis of 67 Countries.

⑤ Smith, A. B., & Johnson, C. D., Carbon neutrality in urban planning A case study of a sustainable city. *Journal of Urban Planning and Development*, 2022, 35(2), 45—60.

⑥ Wang, Y., & Li, J. Carbon offsetting in the construction industry: A review of current practices and future opportunities. *Journal of Cleaner Production*, 2023, 32(1), 187—198.

和设计师提供了指导和借鉴的价值①。通过采用不同的碳补偿方法，如购买碳信用、推广电动交通工具和支持低碳运输方式等，可以减少交通运输的碳排放量并实现碳中和目标。然而，每种方法都有其优点和缺点，需要综合考虑环境效益、成本和社会可行性等因素。该研究为决策者和规划者提供了参考和决策支持②。

第二节　PPP 模式在风景园林碳汇项目中创新应用

一、采用PPP模式引入私营部门投资和运营原因和优点分析

采用 PPP 模式引入私营部门投资和运营的原因主要有以下几点：

1. 缓解政府财政压力：随着全球气候变化问题的加剧，政府需要投入大量的资金用于风景园林碳汇项目的建设和运营。采用 PPP 模式，政府可以通过与社会资本合作，共同承担项目投资和运营风险，从而减轻政府的财政压力。

2. 引入先进技术和经验：私营部门在市场机制下具有更高的创新能力和更丰富的经验。通过 PPP 模式，政府可以引入私营部门的技术和经验，提高风景园林碳汇项目的建设水平和运营效率。

3. 促进市场竞争和降低成本：PPP 模式可以引入多个社会资本参与竞争，促进市场竞争。同时，私营部门具有更强的成本控制能力，通过 PPP 模式可以降低项目的建设和运营成本，提高项目的经济效益。

采用 PPP 模式的优点主要包括：

1. 实现资源共享：政府和社会资本可以共享资源，包括技术、人才、资金等，提高项目的整体效益。

2. 降低风险：通过 PPP 模式，政府和社会资本可以共同承担项目风险，降低各

---

① Johnson, B.D., & Johnson, C.D,.The role of green infrastructure in achieving carbon neutrality: A literature review.*Journal of Sustainable Cities*,2023, 35(3), 21—35.

② Li, Y., & Wang, Y.Carbon offsetting in transportation: A comparative analysis of different approaches.*Journal of Cleaner Transportation*,2023, 45(1), 10—20.

自的风险负担。

3. 提高效率：私营部门具有更高的市场敏感度和创新能力，通过PPP模式可以提高项目的建设和运营效率。

二、PPP模式风景园林碳汇项目具体操作方式和流程

在PPP模式风景园林碳汇项目的具体操作方式和流程如下：

（1）项目策划和设计。政府和社会资本共同策划和设计风景园林碳汇项目，明确项目的目标、范围、时间表和预算等。

（2）招标和选择合作伙伴。政府通过公开招标或竞争性谈判等方式授予特许权，选择合适的社会资本作为合作伙伴。在选择合作伙伴时，需要考虑其技术实力、经验、资金实力等方面。

（3）合同签订。政府和社会资本签订PPP合同，明确双方的权利和义务，包括投资额、建设内容、运营期限、收益分配等。

（4）建设阶段。社会资本负责风景园林碳汇项目的建设和开发工作，包括土地整理、植物种植、土壤改良等。政府提供必要的支持和监管。

（5）运营阶段。社会资本负责风景园林碳汇项目的运营和维护工作，包括植物养护、土壤监测、碳排放权交易等。政府提供必要的监管和支持。

（6）收益分配。在PPP合同中明确收益分配机制，一般根据项目建设和运营的实际效果进行收益分配。政府可以通过购买碳排放权、税收优惠等方式获得收益。社会资本可以通过项目运营获得经济收益。

（7）项目终止和移交。在项目运营期满后，社会资本需要将项目移交给政府或新的运营商。在移交过程中需要进行资产评估。

第三节　PPP模式下碳汇交易平台的作用与机制

一、PPP模式下碳汇交易平台的定义和作用

碳汇交易平台的定义：碳汇交易平台是一种基于互联网的碳排放权交易系统，

旨在通过市场化手段降低温室气体排放。它通过提供碳排放权的交易、融资、数据监测报告验证等服务，促进企业、政府和个人之间的合作，共同应对气候变化问题。

碳汇交易平台的作用：碳汇交易平台在风景园林碳汇项目中发挥着重要作用。首先，它为风景园林碳汇项目提供了碳排放权的交易和融资渠道，使得项目可以通过市场化的手段获得更多的资金和技术支持。其次，碳汇交易平台还可以为政府和企业提供碳排放数据监测报告验证等服务，提高碳排放的透明度和可信度，进而促进整个社会对气候变化问题的关注度和应对能力提高。

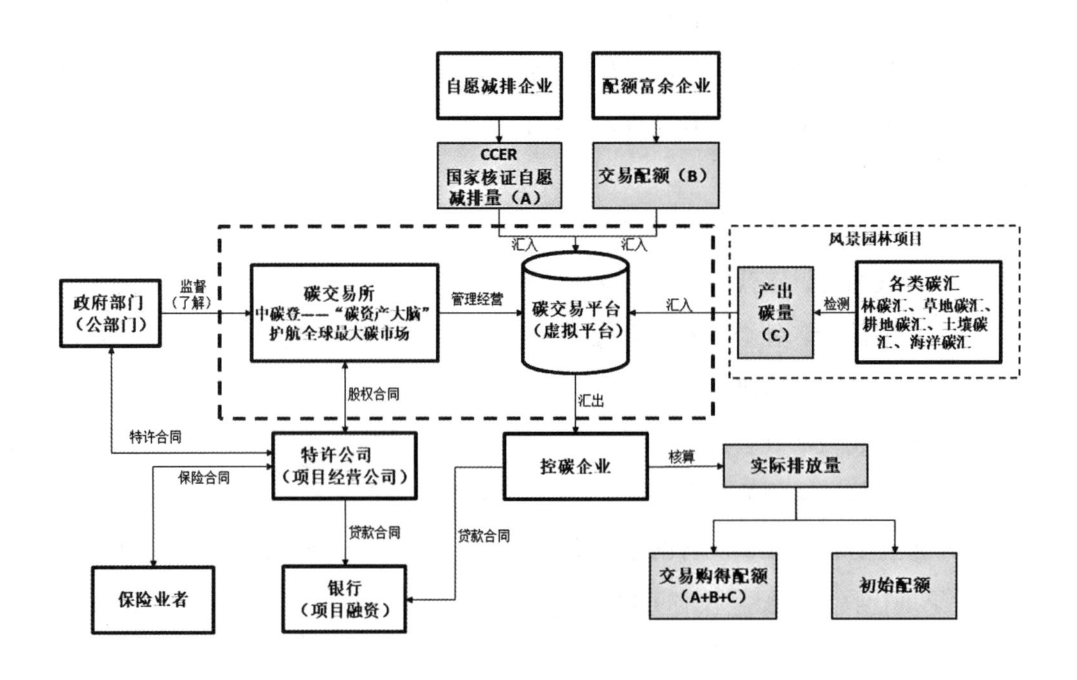

图9-1 PPP模式风景园林项目碳汇及企业碳汇交易关系图

数据源：本研究绘制

二、PPP模式下碳排放权交易和融资的分析

（1）碳排放权交易的分析。在风景园林碳汇项目中，碳排放权可以作为一种商品进行交易。项目可以通过购买碳排放权来满足自身的碳排放需求，也可以通过销售碳排放权来获得经济收益。同时，项目还可以通过碳排放权的抵押等方式获得融

资支持。

（2）融资方式的分析。碳汇交易平台可以为风景园林碳汇项目提供多种融资方式。首先，项目可以通过碳排放权销售获得直接经济收益，用于项目的建设和运营。其次，项目可以通过抵押碳排放权获得金融机构的贷款支持，进一步扩大项目的规模和影响力。此外，碳汇交易平台还可以为项目提供碳排放权质押融资、碳资产证券化等多种融资方式，为项目的可持续发展提供更多的资金支持。

三、PPP模式下碳汇交易平台提供服务提高碳排放透明度和可信度

（1）数据监测报告验证的分析。碳汇交易平台可以为政府和企业提供数据监测报告验证等服务。这些服务可以帮助政府和企业更好地了解自身的碳排放情况，制定更加科学合理的减排措施。同时，这些服务还可以提高碳排放的透明度和可信度，避免虚假数据的出现和误导决策的情况发生。

（2）提高碳排放透明度和可信度的分析。通过数据监测报告验证等服务，政府和企业可以更加准确地了解自身的碳排放情况，制定更加科学合理的减排措施。这些措施的实施可以进一步推动风景园林碳汇项目的可持续发展，提高项目的效率和可持续性。同时，这些措施还可以促进整个社会对气候变化问题的关注度和应对能力提高，最终推动全球碳中和目标的实践。

第四节　PPP模式风景园林碳汇项目运行机制与效益评估

一、PPP模式风景园林碳汇项目运行机制

（1）PPP模式下的风景园林碳汇项目通常采用招标、特许权经营等方式，私营部门负责项目的投资、建设和运营。在项目的筹备阶段，政府会与私营部门签订合同，明确双方的权利和义务。私营部门负责筹集资金、建设和管理碳汇项目，同时承担一定的风险。在项目的运营阶段，私营部门可以通过销售碳排放权获得收益，同时向政府支付一定的费用。

（2）碳汇交易平台在PPP模式下的风景园林碳汇项目中发挥着关键作用。碳

汇交易平台为项目提供了一个市场化的碳排放权交易平台，使得项目能够将碳汇转化为有价值的碳排放权进行交易。通过碳汇交易平台，私营部门可以购买碳排放权以满足其自身的排放需求，也可以将项目产生的碳排放权销售给其他企业或政府。

（3）除了碳排放权的交易外，碳汇交易平台还可以为项目提供融资服务。私营部门可以通过抵押碳排放权获得贷款，用于项目的建设和运营。此外，碳汇交易平台还可以为政府和企业提供碳排放数据监测报告验证等服务，确保碳排放数据的真实性和准确性。

二、PPP模式风景园林碳汇项目经济、社会和环境效益评估分析

（1）PPP 模式下风景园林碳汇项目的经济效益主要来自碳排放权的销售收入和项目的投资回报。通过建设和管理碳汇项目，私营部门可以获得稳定的收入来源，从而实现项目的盈利。同时，PPP 模式下的风景园林碳汇项目还可以为当地经济发展带来一定的贡献，促进就业和经济增长。

（2）除了经济效益外，PPP 模式下风景园林碳汇项目还具有显著的社会效益。通过项目的实施，可以改善城市生态环境，提高居民的生活质量。同时，项目还可以促进当地生态旅游的发展，增加旅游收入和就业机会。

（3）在环境方面，PPP 模式下风景园林碳汇项目可以有效地吸收大气中的二氧化碳，减少温室气体浓度，缓解气候变化问题。此外，项目的实施还可以提高土壤质量、改善水质和保护生物多样性等。

（4）然而，PPP 模式下风景园林碳汇项目也存在一定的风险和挑战。例如，项目的投资回报周期较长、市场波动大等可能导致私营部门的投资风险增加。此外，项目的建设和运营过程中可能存在环境保护问题和技术难题等也需要引起注意。

综上所述，PPP 模式下风景园林碳汇项目具有显著的经济、社会和环境效益。通过引入私营部门的投资和运营可以提高项目的效率和可持续性，促进当地经济发展和环境保护。然而在项目的实施过程中也需要关注风险和挑战问题并采取相应的措施加以应对，以确保项目的顺利推进和实现。

第五节　风景园林碳汇 PPP 项目案例实证研究

目前在中国国内碳汇交易中心经历得相当多。成功的个案如：2022 年为农田碳汇开发奠定先行先试基础。福建海峡资源环境交易中心和南靖县人民政府、福建环融环保股份有限公司等，共同策划推进的首单 0.7 万吨农田碳汇项目顺利在福建海峡股权交易中心完成交易。福建首例双壳贝类海洋渔业碳汇项目也相当成功。

一、风景园林碳汇PPP模式的实际碳汇详细数据

碳汇的 PPP 交易模式主要涉及公共 - 私人合作，其中政府与私营部门共同参与项目投资、建设和运营。以下是一个具体的碳汇 PPP 交易模式案例（表 9-1）：

表9-1 风景园林项目碳汇PPP交易模式案例

<table>
<tr><th colspan="2">项目</th><th>具体说明</th></tr>
<tr><td colspan="2">项目名称</td><td>×× 地区湿地保护和恢复项目</td></tr>
<tr><td colspan="2">项目地点</td><td>中国 ×× 省 ×× 市 ×××× 湿地公园</td></tr>
<tr><td colspan="2">项目规模</td><td>总面积 1000 公顷</td></tr>
<tr><td colspan="2">项目目标</td><td>通过湿地保护和恢复，提高生态系统的碳储存能力，减少温室气体排放量，实现碳中和目标</td></tr>
<tr><td rowspan="3">项目实施</td><td>政府招标</td><td>政府将湿地保护和恢复项目公开招标，邀请专业的环境科技公司进行项目实施。公司在项目中负责湿地生态修复的设计、施工和后期监测等工作。</td></tr>
<tr><td>碳汇功能与碳汇交易</td><td>• 项目注重发挥湿地的自然碳汇功能。
• 通过湿地的保护和恢复，提高了湿地的碳储存能力，减少了温室气体排放量。
• 该项目还利用碳汇交易平台进行碳排放权的交易和融资。
• 项目通过购买其他排放主体的碳排放权，来抵消自己的实际排放量。
• 项目还通过出售碳排放权引入了更多的资金和技术资源。项目与买方签订了碳中和合约，承诺在一定时间内实现碳中和目标。</td></tr>
<tr><td>收益分配</td><td>根据 PPP 模式的原则，项目的收益将在政府和私营部门之间进行分配。在该项目中，政府通过碳汇交易获得的收入，部分将用于支持湿地保护和恢复工作的持续进行。</td></tr>
</table>

数据源：本研究整理

上述个案具体的碳汇交易数据如下：

（1）碳汇功能：项目通过种植大量树木和其他植物，每年吸收二氧化碳约为5000吨。这相当于减少了约2000辆汽车的碳排放量。

（2）碳排放权交易：项目通过购买其他排放主体的碳排放权，每年抵消约3000吨的二氧化碳排放量。同时，项目还出售了一些额外的碳排放权，为项目引入了约1000万元的资金和技术资源。

（3）碳中和合约：项目与碳汇交易平台上的买方签订了碳中和合约，承诺在一定时间内实现碳中和目标。通过这种方式，项目进一步推动了项目的可持续发展和实施。

二、风景园林碳汇PPP模式的实际效果和存在的问题

通过对所选案例的深入研究和分析，可以探讨风景园林碳汇 PPP 模式的实际效果和存在的问题。本文探讨了风景园林碳汇 PPP 项目的实施效果、碳汇功能实现情况、PPP 模式存在的问题以及改进措施和建议。通过对比分析不同案例，发现该项目的优点在于能够促进环保和可持续发展，缺点是投资回报率不高，运营管理有待提高。同时，政策支持的不足也是项目实施面临的主要挑战之一。

因此，需要加强政策支持，提高投资回报率，优化运营管理等方面的措施，以推动风景园林碳汇 PPP 项目的健康发展。这些措施和建议可以为未来推广和应用提供参考和借鉴。

第十章 PPP共建环境教育平台与社会参与发展

二十一世纪的环境教育将须带领公民面对环境快速变迁下所产生的种种危机，了解环境问题真相及省思环境伦理的责任与意识，培养基本环境素养及知识，积极发展调适方案与主动参与减缓方案的行动，提升环境责任认知为核心的公民环境素养。各国运用环境教育途径是落实主要途径，环境教育是一种德育教育思想以育人为本；实施素养教育既是社会发展的需要，也是面对未来高新科技挑战的必然的时代要求，更是新时代国家教育改革的必然发展路径。

因此，提升环境教育培育机构的整体水平需重视对环境教育人员专业素养的培养，对于环境管理及保育相关的教学单位，给予全方位的环境教育人才知能培育与程度认证，统整知识课程内容及可持续性改善的培育机制，实为这一时代的关键使命。

借由中国大湾区“环境素养”教育培育基地开创机遇，以及区域内完整环境教育资源，引入社会组织资源中第三部门，建构一个可持续性的培育机制及育成环境教育培育平台。

第一节 世界环境教育发展趋势

1980代中期开始，全球环境政策迅速扩展，从设立环境部的国家数量、环境立法、环境影响评价制度和国家环境规划等四项重要的环境政策可以看出。至今，全球大部分国家级地区都已经设立了环境保护管理部门和相应的环境制度，虽然能力和内容差异巨大。如：北欧、美国等。中国近年开展植树造林、绿化土地、加强土壤改造、防止水土流失等群众性的爱国卫生运动，积极改造老城市，有计划地进行新工矿区的建设等等，提出来维护和改善人类环境，陆续出台多项环境与经济并重的政策，近年美丽乡村（2013）、环境教育（2015）、乡村振兴规划（2018—2022）等政策。

第二节　环境教育发展背景及现况

一、全球性环境课题面对极端气候时代来临

全球暖化与气候变迁在过去近30多年成为国际间瞩目的焦点，联合国政府间气候变化专门委员会在第五次气候变化评估报告第一工作组第十二次会议宣告：“人类影响极有可能是20世纪中期以来全球气候变暖的主要原因，可能性在95%以上。”（IPCC AR5，2013）①

联合国《人类环境宣言》：1972年联合国人类环境会议全体会议通过七点共同看法和二十六项原则。其中提及“人的环境权利和保护环境的义务，保护和合理利用各种自然资源，防治污染，促进经济和社会发展，使发展同保护和改善环境协调一致，筹集资金，援助发展中国家，对发展和保护环境进行计划和规划，实行适当的人口政策，发展环境科学、技术和教育，加强国家对环境的管理，加强国际合作等”，足见近代世界多认为社会环境素养的思路上必须提升，成为世界公民环境教育重要趋势。“世界环境日”是联合国促进全球环境意识，设立推动目的在于提高各界对环境问题的注意与采取行动的主要媒介之一。

二、人类社会面临的环境素养提升的隐患

二十一世纪的“德育教育”亟需带领社会中各阶层及青年学子，面对这些环境危机进而重视环境伦理，了解环境破坏及极端气候问题的核心、让全体公民省思气候素养的环境伦理之责任意识、并具备基本环境应对可持续性知能，以积极发展调适方针与主动参与减缓环境隐患方案与措施，才能培养有环境责任感的公民环境素

---

① IPCC，2007第四次评估报告，[DB/OL].http://satis.ncdr.nat.gov.tw/ccsr/doc/00_Summary.pdf，2007.

养，长期而言为人类文明开拓转机。

二、“经济发展”与“环境价值”之省思

国际上对环境教育法的舆论氛围浓烈，公众对环境教育立法的呼声也很高，中国也将生态文明摆到总体布局的战略高度，开展环境教育立法工作是落实中央关于加强生态文明制度建设的具体实践。近年如同许多开发中国家，中国顺应经济发展快速及全球化及信息化的产业趋势下，追求经济快速发展造成公民对于环境问题的忽视，且环境污染所导致的环境群体性事件高发频发形成社会隐患，有必要将环境教育的制度化和规范化，有效引导公民参与通过合理合法的方式来表达“绿水青山就是金山银山”这一对环境之经济价值诉求。

一般来说用管制政策和经济手段双管齐下能直接影响社会行为，管制政策效果更快且直接，但难以根本改变行为者的认知和态度，然而教育和信息政策虽然作用缓慢，借由教育培育渠道提升环境素养将有长期的影响，实践环境教育立法的有利契机。

第三节　环境教育具推动环境政策之长期效益

世界整体先进环境教育环境发展的趋势，是对于环境教育人员，包括设施、机构、环境教育人员认证、志工培育、教材及培育计划等，以多元方式设置推动机制与实验基地，对于场地则结合教育事业单位及公营与民营机构皆开放申请加入培育机制中，对于不同环境的多元性，结合观光旅游休闲及学习功能，吸引民众参与达到寓教于乐的效果。

由多国推动应对环境及极端气候变迁时代趋势下，皆有具体政策宣言、立法、设立专责管理机构，落实推动环境政策主要有三种方向（图 10-1)，包括：

（1）“管制政策”主要采取自上而下的方式，通过制定明确的环保标准和规定，来强制性地约束管理对象的行为。

（2）“经济政策”主要利用市场手段来刺激行为者改变行为方式。例如，通过设立碳排放税、提供绿色补贴等方式，使得环保行为在经济上变得更有利可图。

（3）“教育和信息政策”则更注重通过提高公众的环保意识和知识水平，来推

动环保行为。通常作用较为缓慢，因为需要时间来培养公众的环保意识和道德感。但是，一旦公众的环保意识得到提高，就会更加自觉地参与到环保行动中来，影响是深远且持久的。同时，公众的环保行为也会通过舆论压力等方式影响其他行为者，从而推动整个社会的环保进程。

综上所述，“管制政策”和“经济政策”能直接影响行为，而“管制政策”的效果在短期内更快且直接，但难以根本改变行为者的认知和态度；而“教育和信息”与“经济政策”虽然作用缓慢，却具有长期的影响。因此，在推动环境政策时，需要综合考虑各种政策的优缺点，综合运用多种手段，以达到最佳的环保效果。（图 10-1）

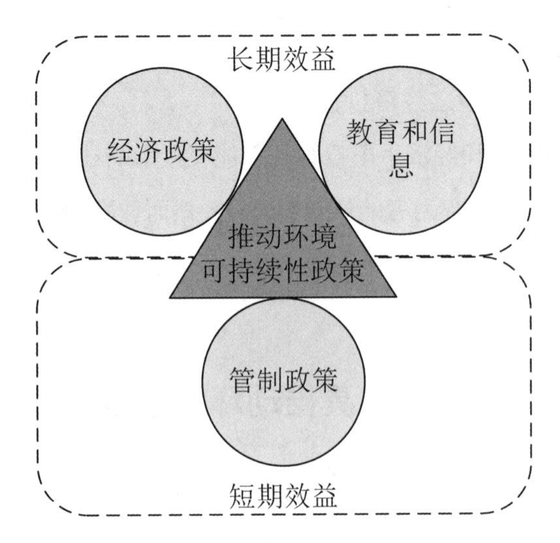

图10-1推动环境可持续性政策机制效益概念

数据源：本研究绘制

一、环境素养内涵及环境教育

“环境素养”（Environmental Literacy，EL）的命名和界定在不同领域学者有不同说法，如：“环境／生态意识”“环境／生态素养”“新环境范式”“环境／生态行为”“环境／生态态度”和“环境／生态关心”等[1]，界定体现了对知识素养、情

① Hungerford,H.,Litherland,R.,Peyton,R.,Ramsey,J.,Tomera,A.,& Voil,T. Investigating and evaluating environmental issues and actions skill development modules. Champaign. *IL: Stipes*, 1985.

感特质、价值信念、行动方式等不同视角的侧重。但内涵都是一致，都反映人们对个人与自然之间关系的看法以及参与生态环境问题的主动性。

环境素养缘起乃兴起于20世纪60年代后期①。1968年美国学者Charles E.Roth提出了“环境素养教育”概念，认为通过加强环境教育有助于培育具有环境素养的公民，是解决人类面临的生态困境的基础②。关于环境素养面向分类：

（1）从心理态度角度，将环境素养划分为“环境知识”“环境问题认知过程”和“环境情感意向”等不同板块。

（2）从环境利益关注范围，将环境素养划分为“自我利益中心”“人类利益中心”和“生态利益中心”等不同等级。

（3）从理念到实践取向，将环境素养划分为“名词性”“功能性”和“操作性”等不同层次。

Hungerford，Peyton，Tomera，Litherland，Ramsey & Volk等人（1985）及Volk，T.，Hungerford，H.& Tomera，A.（1984）将气候素养与环境伦理所包含之环境素养应具备八项内容③④。包括：(1) 生态学概念（Ecological Concept）；(2) 环境敏感度（Environmental Sensitivity）；(3) 控制观（Locus of Control）；(4) 环境问题知识（Knowledge of Issues）；(5) 信念（Beliefs）；(6) 价值观（Values）；(7) 态度（Attitudes）；(8) 环境行动策略（Environmental Action Strategies）（图10-2）。

---

① Roth C E .Environmental Literacy: Its Roots, *Evolution and Directions in the 1990s*. 1992.

② Roth C .Benchmarks on the Way to Environmental Literacy K-12. *elementary secondary education*, 1996.

③ Hungerford, H., Litherland, R., Peyton, R., Ramsey, J., Tomera, A., & Voil, T. Investigating and evaluating environmental issues and actions skill development modules. Champaign. *IL: Stipes*, 1985.

④ Volk, T., Hungerford, H., & Tomera, A. A national survey of curriculum needs as perceived by professional environmental educators. *Journal of Environmental Education*, 1984, 16(1): 10—19.

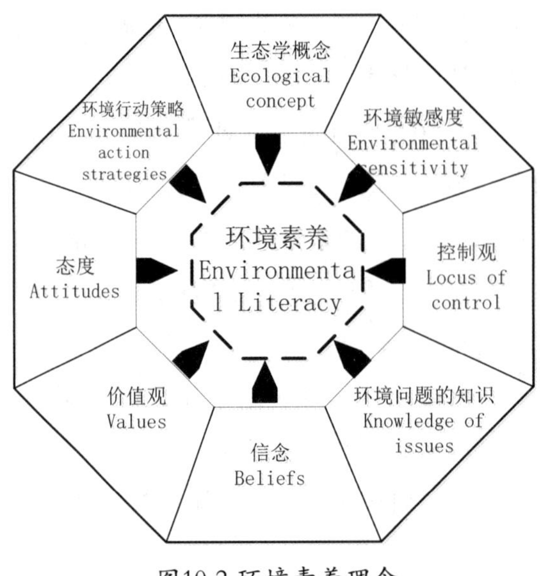

图10-2 环境素养理念

数据源：Hungerford, Peyton, Tomera, Litherland, Ramsey & Volk (1985)

二、环境教育之各部门实践角色

针对环境议题的“环境教育”宗旨在提高对于环境的综合性素养，包含：思想道德素养，培养能力及个性，身心健康发展。涵盖的内容：文化素养、科技素养、心理健康素养、思想道德素养、礼仪素养、体育素养、活动课素养、环境教育、安全教育、法制教育。

就社会各部门组织角色对于环境教育皆可扮演不同功能，而就其公益性与自愿性属性，分为第一至四部门（见图 10-3）。说明如下[①]：

① 知乎 https://www.zhihu.com/question/329229143.

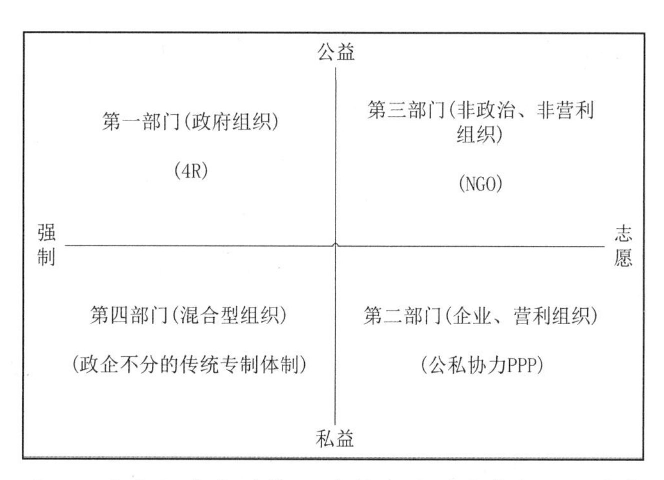

图10-3 各部门参与建构环境教育培训培育与认证方式

数据源：本研究绘制

（1）第一部门为（政府组织）（4R）：由政府而非私营企业或个人拥有和经营的经济部门。

（2）第二部门为（企业营利组织）（公私协力PPP）：指不直接由政府控制或运作的机构和组织的经济部分。

（3）第三部门（非政治、非营利组织）（NGO）：常见的如社会福利机构、非营利性组织、志愿者组织、慈善组织等。通常指以服务公众为宗旨，不以营利为目的的单位，其所得不为任何个人牟取私利而以公益利用为主，其自身具有合法的免税资格，能够提供捐赠人减免税的合法凭据的组织。

（4）第四部门（混合型组织）（政企不分的传统专制体制）：通常有社会企业、公益企业等形式出现同时具备营利和社会责任，不以股东利益最大化为核心，兼并更多的社会责任，在解决社会问题上，也不是一个人，而是借助各部门的优点。

三、多部门建制环境教育培训机制

（一）引入第三部门参与环境教育机制

环境教育为社会公共性需要大量人力及非营利性组织参与，适合第三部门组织投入，与政府部门共同协助环境教育的落实。世界各国在现代社会存在着大量的公共事务管理活动，政府虽是这些管理活动的核心主体，但全部的公共服务与产品众多，除政府之外必须有许多第三部门参与其中①。政府从来没有也不可能提供所有的服务。而第三部门是有别于政府组织（第一部门）、营利组织（第二部门），第三部门为各种非政府、非营利组织的总称，主要能强调个人奉献、成员互益等价值观念，具有非营利性、民间性、自治性、志愿性、非政治性、非宗教性等重要特征②。

（二）培训环境教育专业人员认证

在知识经济时代中，人才培训是提升学习素养的必要过程。环境教育人员必须由第一部门（政府单位）建构，以柯氏四级培训评估模式训练质量作为评量及管理工具建立培训机制，以确保环境教育训练流程的可靠性与正确性。其中本研究之环境教育需建立由“认证训练评估模式”及“认证训练培训方案评估指标”说明如下：

1. 环境教育之“认证训练评估模式”(4R)

“认证训练评估”乃是在认证训练过程或认证训练期满后，针对教学活动，按照一定标准作有系统的调查、分析及检讨，以效益的观点来研究并判定认证训练的价值与组织绩效衡量程序。通过训练质量系统引导环境教育机构建立标准化的训练系统平台，以促进环境素养培育人员训练计划的规划与执行，使教育单位及个人专业领域与环境政策发展目标紧密结合，提升环境教育培训整体效果。

威斯康辛大学前名誉教授Donald Kirkpatrick于1959年首次出版了模型(Model)。于1975年更新了该作品，1993年发表了最著名的作品《评估培训计划》。模型的每个连续级别都代表更精确地衡量培训计划的有效性③。可更详细地查看每个级别，并探索如何应用“认证训练评估面向”重点各有不同，兹列举最常采用之评估模式“柯氏评估模型”(Kirkpatrick Model)。其中的四层次模式评估，依序为“反

---

① MD Layton.Philanthropy and the Third Sector in Mexico The Enabling Environment and Its Limitations.*Norteamérica*，2009，4(1):87—112.

② Kendall J，Taylor M.On the Interdependence Between Politics and Policy in the Shaping of English Horizontal Third Sector Initiative.*Springer New York*，2010.

③ Kirkpatrick，J.D.，& *Kirkpatrick，W.K.Four levels of evaluation: an update.* Alexandria，VA: Association for Talent Development，2015.

应”(Reaction)、“学习”(Learning)、“行为”(Behavior)和“结果”(Result)[①]。

此四个层次的评量困难度、所需时间以及信息深度则是与评估层次成正比。其中“结果层次”为四层次中评估困难度最高；其由于影响组织效能因素非常多，无法明确地分辨出造成组织效能改善的因素，原因可能是训练的成效、其他因素造成，各种关系及交互影响的程度，难以明确分辨与厘清。

表10-1 柯氏评估模型中模式评估主要内容、功能及衡量方式

模式评估	主要内容	功能说明	衡量方式
反应评估(Reaction)	评估被培训者的满意程度	评估学员对训练方案的整体满意度时，可运用问卷调查和观察法等工具。在训练刚结束时进行初步评估，再于数周至数月后执行后续评估以检验长期效果。评估内容应涵盖课程内容、讲师表现、设施设备状况、教材质量、行政服务以及改进建议等方面。这样的评估有助于揭示训练的成效与不足，指导未来的改善工作。	问卷调查、观察法等方式评估，评估的时机可以在训练结束时、训练结束后数周至数个月后。
学习评估(Learning)	测定被培训者的学习获得程度	训练课程旨在转变学员态度、丰富知识和提升技能。学习层次的评估是衡量学员在训练后对于课程内容的理解程度、知识吸收及应用能力，同时也关注学员自信心的提升和工作态度的改善，以此检验训练成效。通过笔试、口试和课堂表现等多种方式，可以全面检视测量学员的学习效果。这些测量结果经分析后，有助于训练单位深入了解训练方案的优点和不足，为日后课程的修订和调整提供有力依据。	笔试、口试、课堂表现等方式来检视测量，测量的结果可以显现训练的效果，其结果经分析后将有助于训练单位了解训练方案的优缺点，以作为日后训练课程修订与调整的依据。
行为评估(Behavior)	考察被培训者的知识运用程度	评估受训者在接受训练之后，是否能将学习成果移转到工作上，而且训练对其行为产生改变，亦即对于受训者在训练后其工作态度、工作行为的改变的评估。由于影响工作行为的许多因素是藏在组织之中不易察觉。	在训练结束后的一段时间里，再进行成果检测是十分必要的。这给予受训者充分的时间，将训练中所学的新知识和技能应用到实际工作中。
结果评估(Result)	计算培训创出的经济效益	评估学员经过训练后对组织所能提供的具体贡献，借此探讨训练对组织绩效的影响效果。	评估方式可以由比较训练前后的相关资料。

数据源：本研究整理

① Kendall J, Taylor M. *On the Interdependence Between Politics and Policy in the Shaping of English Horizontal Third Sector Initiative*. Springer New York, 2010.

2. 认证训练培训方案评估指标

Kirkpatrick 指出一项认证训练方案要有所成效，必须在“规划与运行时间”方面，基本上是属于认证训练方案规划、执行与评估三个面向，同时可作为认证训练方案的评估指标。应注意以下 10 指标，包括：(1) 认证训练需求的决定；(2) 认证训练目标设定；(3) 研拟认证训练目标之具体面向；(4) 参训者之遴选；(5) 决定最好的课程期程；(6) 选择适当的学习设施及场地；(7) 遴选适当的讲师；(8) 选择与准备辅助教具；(9) 整合认证训练方案；(10) 评估方案。第 1 ～ 9 项指标主要是涉及执行过程评估面向，在了解认证训练方案在规划与运行时间是否具有成效，主要评估对象则是以认证训练方案的规划与执行机构及行政人员为主体。第 10 项指标则是在强调认证训练方案评估的重要性，评估的具体内容则涵盖了所有可能产生的影响。

第四节　结论与建议

全社会启动培育环境素养的德育教育基础，对时代及极端气候变迁的时代背景十分重要，借由多部门角色共同建构环境教育发展的多面向推动机制，实为推动上必须掌握的机遇与责任。具体建议的落实行动措施如下：

（1）调查及规划环境教育人才资源需求分析。

透过环境教育人才资源需求分析，了解目前国内实践环境教育的训练基地（如：教育机构、公营及私营的自然环境景区、历史人文环境设施）的环境教育需求人力。

（2）整合环境教育人才知能与教材教程设计

针对环境教育人才应具备的核心知能进行探讨统整，并分在学学生、教育产业在职人员、设施环境事业从业人员等所需课程进行设计。

（3）育成环境教育人才程度认证及实施单位。

鼓励公共或私人设施管理事业单位或是环境相关事业单位工作者，具备环境教育能力，于已鉴别认证机制。

（4）引入社会组织及社会资本参与 PPP 模式推动环境教育。

引入社会资本建构一个可持续发展的“环境教育”培育机制，结合可持续改善制度及多元社会资本参与将是一项落实的具体措施。公部门可借由非政府组织（NGO）参与绿色公私协力（PPP）模式，引导投入社会资本有助于建设环境教育培训基地及实施单位，对于所经营事业业务具环境教育之相关事业体，鼓励能共同参与①②。

（5）建构环境教育培育可持续性改善机制。

应对社会环境变迁需求，建构结合人才发展质量管理系统 Talent Quality Management System（TTQS）机制以持续性改善方式，规划环境教育人才培育需求的培育认证的可持续性机制。并以各部门角色共同协力，建构环境教育项目建设工程的人才培育目标，朝向环境可持续发展推进。

---

① 王名，贾西津．中国NGO的发展分析[J]．管理世界，2002，000(008)：30—43.

② Narasimhan R ,MD Aundhe. Explanation of Public Private Partnership (PPP) Outcomes in E-Government -- A Social Capital Perspective[C]//Proceedings of the 2014 47th Hawaii International Conference on System Sciences. IEEE，2014.

第十一章 PPP推动生态可持续在地化策略模式

第一节 生态社区理念

目前案例地区对城市与建筑层面之可持续性议题讨论较多，（黄伟晋，1999）[①]对于社区生态可持续之探讨将成为未来讨论趋势，加上1994年将县市乡镇及社区文化软硬件设施纳入十二项建设之“文化建设”，使得“社区总体营造”正式从理念阶段转化成为政策系统中之一环。

一、生态可持续理念

“可持续”之定义最早是联合国世界环境发展委员会（WECD，1987）在“我们共同的未来”（Our Common Future）报告中提及并定义：“能满足当代的需要而同时不损及后代满足其自身之需求，即为可持续发展。”“可持续发展”理念是在全球环境恶化的时空背景下所产生，逐渐成为环境研究的核心议题，“二十一世纪议程”(UNCED，1992)相关的环境理念即是其中的主轴。现在全世界几乎将可持续发展作为国家的最高发展目标。

二、生态中心伦理观

生态中心主义是以生态系统整体作为人与环境相关问题讨论的范围，并同时认为自然界有其运行的轨迹与自身价值，人类应以道德的观点加以尊重与考虑，现将

① 黄伟晋，“案例地区创造城乡新风貌行动方案执行过程评估研究”，中山大学公共事务研究所，1999：47—48.

生态观演进叙述如下[①]：

（1）以人为本：以人类主观价值作为判断之依据，应予以考虑自然界具备内在价值（intrinsic value），不容许轻易破坏。

（2）以生态为本：以整体生态系统作为考虑，并非对单一生物或物种。

（3）整体共生为本：重视价值信念的转移。

（4）生态中心伦理观认为当今相关环境问题的根源，皆来自现存的价值观与信念认知之偏差，要解决环境危机就必须彻底改变既有的价值思维系统与认知。

三、生态社区之定义与理念

若依社区环境可分为“自然环境”“人文环境”，整体可称为“广义之生态社区”[②]，若仅为“自然环境”将视为“狭义之生态社区”[③]，本研究针对之研究设定为“广义之生态社区”（Sim Van der Ryn，Peter Calthorpe，1986）[④]，（Robertson，Roland.，1992）[⑤]，（Marie D.Hoff，1998）[⑥]。而对于生态社区定义之文献，归纳如下：

---

① 杨冠政，“生态中心伦理”，环境教育季刊第三十期，1996年。

② 李永展、何纪芳，“社区环境规划新典范”，建筑学报第十二期，1995年4月。

③ 林宪德，“绿建筑社区的评估体系与指标之研究——生态社区的评估指标系统”，案例地区内政事务主管部门建筑研究所，1997年5月。

④ Sim Van der Ryn，Peter Calthorpe.*A New Design Synthesis for Cities，Suburbs，and Towns：Sustainable Community*.SAN FRANCISCO：Sierra Club Books，1986.

⑤ Robertson，Roland.*Globalization：Social Theory and Global Culture*.London：Stage，1992.

⑥ Marie D.Hoff.*Sustainable Community Development—Studies In Economic Environmental And cultural Revitalization*.Lewis Publishers，Boca Raton，Boston，London，New York，Washington D.C，1998.

表11-1 生态社区定义分类与包含项目差异说明表

定义分类		定义说明
李永展 1995[①]	广义生态社区定义—自然环境、人文环境	建立安全、健康、有地方特色的社区；透过民众参与，落实社区自治；与绿色消费之概念等皆可称之为生态社区。
林宪德 1997[②]	• 狭义生态社区定义 • —自然环境	“消耗最少的地球资源，制造最少废弃物的社区环境设计”之社区。而后将从消极定义转变成“生态、节能、减废、健康的建筑物”之积极定义。“符合生态环保设计”“符合地球环保设计”之社区，皆可称之为生态社区。

数据源：本研究整理

第二节　生态可持续理念层级研究

一、缘起与目的

案例地区受限于极高居住环境条件下，使得居住环境之生态可持续发展的努力倍感艰辛。为应对世界潮流通过“二十一世纪议程——案例地区可持续发展策略纲领”（个案地区行政管理机构，2000)；而环境“生态可持续”理念与落实的对象将以“乡村型社区”[③]较为符合环境生态之特性。检视个案地区“生态理念”于可持续发展下之环境脉络与执行策略，在“全球思维”下探讨“乡村型社区”环境生态可持续理念的落实。本文研究目的：

（1）借由个案地区社区[④]环境类型评估层面之项目，检讨个案地区推动生态社区策略与环境类型分类方式现况。

（2）运用国际较完整的生态执行架构，重新检讨“生态社区执行策略”与“环

① 李永展、何纪芳，“社区环境规划新典范”，建筑学报第十二期，1995年4月。

② 林宪德，“绿建筑社区的评估体系与指标之研究——生态社区的评估指标系统”，案例地区内政事务主管部门建筑研究所，1997年5月。

③ 乡村型社区(Rural community):着重在解决环境资源不足及产业转型，社区产业可持续发展之相关议题。

④ 社区(community):其定义相当繁多；综合各学者之相关定义，可知社区初步可归纳为两种特性：一，是地理上界线与其所具有物理环境特点；二，为对社会认同，具有自助及互助行为。本研究所称之社区属性，则较偏向依地理区域划分所指称之“社区”一词。

境类型分类方式”之混淆，形成认知差异的情形。

（3）建构“个案地区二十一世纪议程”生态可持续理念层级项目，进而探讨个案地区乡村型社区在推动生态社区之落实程度分析。比较检视现况落实生态可持续理念之情况。

二、研究范围与研究方法

研究范围以个案乡村地区列入整体“生态绿网”之十二个社区且，发展较为完整且具规模，为研究对象，包括：龙山社区、蚵寮社区、嘉田社区、长安社区、关山社区、知义社区、中沙社区、高原社区、笃农社区、第八社区、山上社区、牧场社区。

研究方法即利用“比较法”（Comparison Method）（王海山，1998）①进行分析，即认识对象之间相同与相异点的逻辑方法；可分为时间比较、空间比较、同类比较与不同类比较、定性比较与定量比较、析因比较、验证比较；可分为三大类型：“求同比较法”“求异比较法”与“同异共同比较法”，需具备四种法则：

（1）必须在同一关系下进行。

（2）必须有同一标准下衡量。

（3）必须由“现象比较”过渡到“本质比较”与“比较的最终结论”。

（4）必须经观察和实验加以验证。

三、研究流程

本研究以个案乡村地区环保局之“个案乡村地区推动生态社区环境总体改造成果专辑”作为地方性资料之调查来源，依据其“环境特性分类”“落实执行策略”与“生态社区类型”之相关资料为基础，进行比较研究，研究成果分述如下：

（一）生态可持续理念于社区环境落实程度之分析

根据落实“案例地区二十一世纪议程”生态可持续理念层级项目为依据，进一步评估个案乡村地区现今推行生态社区执行因子评估完整与否。层级以愿景、行动

① 王海山等，科学方法百科［M］．恩凯出版社出版，1998：17—18．

策略与执行因子为发展方向，其对应关系（表 11-2）所示，兹讨论如下：

（1）参考由“案例地区二十一世纪议程”发展下生态理念于社区之评估体系，可发现原本之评估体系散布于第二层级（行动策略）与第三层级（执行因子）。

（2）个案乡村地区生态社区落实程度分析中，在“行动策略”部分达一半（50 %），且多分布于“能源向度”。而在“执行因子”部分亦未达一半（42.86 %），且于生态向度与能源向度间呈现均布分散之状态（表 11-2）。

（3）依据结果显示由“生活环境改造计划”评估体系层级上之错置，亦反映出原有评估因子之不完整。

借由以“案例地区二十一世纪议程”所发展的生态社区评估体系，与案例地区个案乡村地区“生活环境改造计划”之社区环境评估体系之比对，可以了解两种体系发展下在评估体系与内容之差异，可藉此比较提供相互修正之机会，使对于环境理念能有更完整周全的认知。

表 11-2 “案例地区二十一世纪议程”生态可持续理念层级项目及个案乡村地区生态社区落实程度分析表

<table>
<tr><th rowspan="2">属性</th><th rowspan="2">环境面向</th><th rowspan="2">课题</th><th>愿景</th><th colspan="3">行动策略</th><th colspan="3">执行因子</th></tr>
<tr><th>第一层级</th><th>项次</th><th>第二层级</th><th>个案乡村地区纳入评估项目</th><th>项次</th><th>第三层级</th><th>个案乡村地区纳入评估项目</th></tr>
<tr><td rowspan="14">自然层面：狭义的生态社区</td><td rowspan="14">能源环境</td><td rowspan="14">消费形态改变，产生大量废弃物</td><td rowspan="14">●提倡节约
●减少浪费
○绿色消费</td><td rowspan="2">1</td><td rowspan="2">废弃物处理</td><td rowspan="2">●</td><td>1</td><td>垃圾分类系统</td><td></td></tr>
<tr><td>2</td><td>垃圾减量推广</td><td></td></tr>
<tr><td rowspan="2">2</td><td rowspan="2">资源回收</td><td rowspan="2">●</td><td>3</td><td>天然能源系统</td><td>●</td></tr>
<tr><td>4</td><td>资源再利用系统</td><td></td></tr>
<tr><td>3</td><td>使用无毒性能源</td><td>●</td><td>5</td><td>储余回收系统</td><td>●</td></tr>
<tr><td>4</td><td>生物分解之物质</td><td>●</td><td>6</td><td>有机物堆肥系统</td><td>●</td></tr>
<tr><td rowspan="2">5</td><td rowspan="2">减少空气污染</td><td rowspan="2">●</td><td>7</td><td>空气污染防治系统</td><td>●</td></tr>
<tr><td>8</td><td>气流循环系统</td><td></td></tr>
<tr><td rowspan="2">6</td><td rowspan="2">防制噪声污染</td><td rowspan="2">●</td><td>9</td><td>噪声管制区划设</td><td></td></tr>
<tr><td>10</td><td>固定噪声源管制</td><td>●</td></tr>
<tr><td rowspan="4">7</td><td rowspan="4">水资源</td><td rowspan="4"></td><td>11</td><td>给水系统</td><td></td></tr>
<tr><td>12</td><td>中水系统</td><td></td></tr>
<tr><td>13</td><td>污水系统</td><td></td></tr>
<tr><td>14</td><td>雨水再利用系统</td><td>●</td></tr>
</table>

续表

<table>
<tr><th rowspan="2">属性</th><th rowspan="2">环境面向</th><th rowspan="2">课题</th><th>愿景</th><th colspan="3">行动策略</th><th colspan="3">执行因子</th></tr>
<tr><th>第一层级</th><th>项次</th><th>第二层级</th><th>个案乡村地区纳入评估项目</th><th>项次</th><th>第三层级</th><th>个案乡村地区纳入评估项目</th></tr>
<tr><td rowspan="14">自然层面：狭义的生态社区</td><td rowspan="14">生态环境</td><td rowspan="14">环境敏感带遭受破坏，威胁自然环境之完整</td><td rowspan="14">●环境容受力
●全球思考
●草根行动</td><td>8</td><td>社区以生态价值为本之营建</td><td>●</td><td>15</td><td>基地保水系统</td><td>●</td></tr>
<tr><td rowspan="2">9</td><td rowspan="2">建立生态数据库</td><td rowspan="2"></td><td>16</td><td>植被调查</td><td></td></tr>
<tr><td>17</td><td>动物物种调查</td><td></td></tr>
<tr><td rowspan="2">10</td><td rowspan="2">生物多样性</td><td rowspan="2"></td><td>18</td><td>物种多样性</td><td></td></tr>
<tr><td>19</td><td>生态系多样性</td><td></td></tr>
<tr><td rowspan="2">11</td><td rowspan="2">区域间之生态保护行动</td><td rowspan="2"></td><td>20</td><td>生态观赏缓冲区</td><td>●</td></tr>
<tr><td>21</td><td>生物生存空间系统</td><td></td></tr>
<tr><td rowspan="3">12</td><td rowspan="3">水体保护</td><td rowspan="3"></td><td>22</td><td>气候调节池系统</td><td>●</td></tr>
<tr><td>23</td><td>生态净水池设置</td><td>●</td></tr>
<tr><td>24</td><td>水质涵养系统</td><td></td></tr>
<tr><td rowspan="2">13</td><td rowspan="2">生物绿网</td><td rowspan="2"></td><td>25</td><td>生态绿化系统</td><td>●</td></tr>
<tr><td>26</td><td>生态农耕系统</td><td></td></tr>
<tr><td rowspan="2">14</td><td rowspan="2">土壤保持</td><td rowspan="2"></td><td>27</td><td>土地保水系统</td><td></td></tr>
<tr><td>28</td><td>土地侵蚀与控制</td><td>●</td></tr>
<tr><td colspan="4">个案乡村地区生态社区落实行动策略与执行因子之执行程度</td><td colspan="2">小计（%）</td><td>7/14
50%</td><td colspan="2">小计（%）</td><td>12/28
42.86%</td></tr>
</table>

数据源：本研究整理①

标示说明：□案例地区相关生态研究项目

■案例地区 21 世纪议程之生态内容项目

●个案乡村地区纳入评估项目

（二）乡村型社区环境类型评估分类

环境结构分类之目的，即在使不同环境类型与属性可得到适切的认知，进而发展出各种环境类型之生态保育与发展方式，以使环境特性适得其所，依据现今案例

① 张珩，邢志航。生态社区理念于社区环境落实之研究——以 TNN 乡村社区为例 [J]. 建筑与规划学报，2004，5(1)：29—46。

地区之“评估层面”“分类模式”“执行策略”分别加以探讨。

1. **建构落实推动评估层面及项目之说明**

从现今乡村型社区环境类型之落实，为符合必较法必须先在同一关系下比较，则必须依据推动之评估层面及项目，可区分为“环境面向”“生态认知”“执行体系”三层面，而各层面有不同之评估项目（表 11-3）。

表11-3 推动评估层面及评估项目表

评估层面	评估项目	代号	出处与来源
环境面向层面	社会向度	A1	案例地区二十一世纪议程生态理念架构表（个案乡村地区政府环保局，1998）①
	文化向度	A2	
	能源向度	A3	
	生态向度	A4	
生态认知层面	以人为本	B1	生态中心伦理观（杨冠政，1996）②
	以生态为本	B2	
	整体共生为本	B3	
执行体系层面	区域环境价值	C1	执行策略之目标达成体系③（黄世孟，1995）④
	区域目标系统	C2	
	区域策略研拟	C3	
	行动方案落实	C4	
	实质环境验证	C5	

数据源：本研究整理

① 个案乡村地区环境保护管理单位，“创造城乡新风貌—个案乡村地区推动社区活动生活环境改造成果专辑”，个案乡村地区环境保护局，1998 年 6 月。

② 杨冠政，“生态中心伦理”，环境教育季刊第三十期，1996 年。

③ 目标达成体系：完整之目标体系应包含目标（Goals）、标的（Objective）与准则（Criteria）。目标陈述抽象价值观、标的对目标提出较清楚之解释，而准则是用来界定标的达成程度之评量单位。而本研究则将此一目标体系向上延伸出“环境价值”之层级，向下讨论“实质环境”层级之落实程度，以更清楚厘清其相互关系。

④ 黄世孟编，“基地规划导论”，案例地区建筑学会出版，1995 年 12 月。

2. 社区环境类型分类之方式

由个案乡村地区目前对于落实环境生态理念，需借由“评估分类”方式将社区环境类型分类，并针对其类别特性拟定执行策略，进而达到“改善环境及推动执行政策目标”。但由于对于环境生态理念认知之偏差及评估分类模式不同，而形成混淆，造成对环境生态理念认知的差异，针对其分类模式可分为二大类：

依“改善社区生态环境建设执行策略”采用之分类方式：

“改善社区生态环境建设执行策略”（以下简称“执行策略分类模式”）由案例地区营建署主导“创造城乡新风貌行动方案”“生活环境改造计划”所发展到案例地区地方性之个案乡村地区现况生态社区环境执行架构。

依“生态社区之生态环境评估项目”之分类方式：

“生态社区之生态环境评估项目”（以下简称“评估项目分类模式”）由“二十一世纪议程”“案例地区二十一世纪议程”到“生态社区”相关研究之论述，所组成较完整的国际上环境类型评估架构。

四、个案乡村地区社区环境类型分类之现况分析

本研究针对个案乡村地区之十二个乡村型社区之研究范围，以个案乡村地区环保局之判定结果为主，加以汇整分析作为拟定本土性“生态社区”之类型评估依据。分析步骤如下：

（一）分类模式对应分析

先将目前生态社区环境类型分类模式对应分析（表11-4）。

表11-4 个案乡村地区生态社区环境类型分类方式对应分析表

分类模式		类型代号	分类模式 分类类别 生态社区环境类型	评估项目分类模式																						个案乡村地区列入“整体生态绿网”之十二个社区
				环境设计								生态工法									资源利用					
				调节气候之温热	土壤侵蚀之控制	植栽及铺面保水性	噪声之防治	净化污染空气	风及气流之控制	太阳光日照之遮阳	环境美化	气候调节池	透水层设计	生态复育与保育	植栽绿化及配置	生态观赏缓冲区	低污染之材料应用	使用可回收之材料	使用当地废弃之材料	生态净水池	雨水再利用	太阳能	风力	废弃物再利用	闲置空间再利用	
执行策略分类模式	区域环境	a	海岸砂地及湿地	◎	◎			◎	◎	◎	◎	◎	◎	◎		◎			◎				◎	◎	◎	龙山社区、蚵寮社区
		b	河川湿地及水池	◎	◎	◎		◎	◎	◎	◎	◎	◎	◎	◎	◎			◎	◎	◎			◎	◎	嘉田社区、长安社区
		c	自然林地	◎	◎	◎		◎	◎	◎	◎		◎	◎	◎		◎	◎	◎							关山社区、知义社区
	绿化方法	d	空地及畸零地之绿化	◎	◎	◎	◎	◎	◎	◎	◎	◎	◎	◎	◎		◎	◎	◎		◎	◎		◎	◎	中沙社区
		e	道路绿美化	◎	◎	◎	◎	◎	◎	◎	◎	◎	◎	◎	◎		◎	◎	◎		◎	◎		◎	◎	高原社区、笃农社区、第八社区、山上社区
		f	人工地盘	◎	◎	◎	◎	◎	◎	◎	◎		◎	◎	◎		◎	◎	◎							—
		g	修景绿化	◎	◎	◎	◎	◎	◎	◎	◎		◎	◎	◎		◎	◎	◎		◎			◎	◎	—
	生态定义	h	小生态系	◎	◎	◎		◎	◎	◎	◎	◎	◎	◎	◎	◎	◎	◎	◎	◎	◎			◎		牧场社区

数据源：个案乡村地区环保局（1986）[①]；个案乡村地区环保局（2000）[②]

标示说明：◎表示该类实质环境特性

① 个案乡村地区环境保护局，“创造城乡新风貌—个案乡村地区推动社区活动生活环境改造成果专辑”，个案乡村地区环境保护局，1998年6月。

② 个案乡村地区环境保护局，“88年下半年及89年度创造城乡新风貌—个案乡村地区推动社区活动生活环境改造成果专辑”，个案乡村地区环境保护局，2000年12月。

（二）“评估项目分类模式”评估分析

将“生态社区之生态环境评估项目”分类模式与推动评估层面及项目特性。

表 11-5 “生态社区之生态环境评估项目”分类模式与“推动评估层面及项目”评估表

生态社区之生态环境评估项目 / 推动评估层面及评估项目			环境设计								生态工法									资源利用					小计
			调节气候之温热	土壤侵蚀之控制	植栽及铺面保水性	噪声之防治	净化污染空气	风及气流之控制	太阳光日照之遮阳	环境美化	气候调节池	透水层设计	生态复育与保育	植栽绿化及配置	生态观赏缓冲区	低污染之材料应用	使用可回收之材料	使用当地废弃之材料	生态净水池	雨水再利用	太阳能	风力	废弃物再利用	闲置空间再利用	
环境面向	A1	社会向度																						◎	1
	A2	文化向度								◎															1
	A3	能源向度				◎	◎									◎	◎	◎		◎	◎	◎	◎		9
	A4	生态向度	◎	◎	◎			◎	◎		◎	◎	◎	◎	◎				◎						11
生态认知	B1	以人为本										◎	◎		◎				◎						4
	B2	以生态为本	◎		◎	◎	◎	◎	◎	◎				◎		◎	◎	◎		◎	◎	◎	◎	◎	16
	B3	整体共生为本		◎							◎														2
执行体系	C1	区域环境价值											◎												1
	C2	区域目标系统								◎										◎	◎	◎	◎	◎	6
	C3	区域策略研拟	◎	◎	◎	◎	◎	◎	◎							◎	◎	◎							10
	C4	行动方案落实									◎	◎		◎	◎				◎						5
	C5	实质环境验证																							0

数据源：个案乡村地区环保管理单位（1998）

标示说明：◎表示评估体系

（三）“执行策略分类模式”评估分析

将“改善社区生态环境建设执行策略”分类模式与推动评估层面及项目特性。

表 11-6“改善社区生态环境建设执行策略”分类模式与“推动评估层面及项目”之评估表

生态社区环境类型分类类别			海岸砂地及湿地				河川湿地及水池					自然林地					空地及畸零地之绿化			道路绿美化		人工地盘				修景绿化						生态系	小计
改善社区生态环境建设执行策略 / 落实推动评估层面及项目			保育红树林自然生态	防治海岸沼泽地之污染	维护沼泽地生物多样性	开发可持续能源之风能利用	保育河川、水塘、湖泊的水资源	防制河川、水塘、湖泊的污染	利用天然洼地营造洪泛调节生态池	维护河川、水塘、湖泊生物多样性	健全地下水之保护	空地绿美化、脏乱点清理	营造小生态系统、物种复育	营造药草园、观赏用果菜园	垃圾分类、资源回收再利用	开发可持续之太阳能利用	道路绿美化、脏乱点清理	营造绿色隧道	开发可持续能源之太阳能利用	景观植物绿美化	爬藤植栽绿美化	脏乱点清理、步道绿美化	加强山坡地保护	原生树种生态复育	维护林地的生物多样性	保护自然森林与物种资源	加强山坡地保护	复育原生树种生态	维护林地的生物多样性	步道绿美化	管制人为污染与破坏	营造小生态系统、物种复育	
环境面向	A1	社会向度																					◎				◎				◎		3
	A2	文化向度																															0
	A3	能源向度		◎		◎	◎	◎				◎			◎	◎			◎														8
	A4	生态向度	◎		◎				◎	◎	◎		◎	◎			◎	◎		◎	◎	◎		◎	◎	◎		◎	◎	◎		◎	19
生态认知	B1	以人为本	◎		◎				◎	◎	◎		◎											◎	◎	◎		◎	◎			◎	12
	B2	以生态为本				◎						◎		◎	◎	◎	◎	◎	◎	◎	◎	◎								◎			12
	B3	整体共生为本		◎			◎	◎															◎				◎				◎		6
执行体系	C1	区域环境价值	◎				◎	◎			◎		◎										◎	◎		◎	◎					◎	10
	C2	区域目标系统			◎																				◎			◎	◎		◎		5
	C3	区域策略研拟		◎																													1
	C4	行动方案落实				◎			◎	◎					◎	◎			◎														6
	C5	实质环境验证										◎		◎			◎	◎		◎	◎	◎								◎			8

数据源：个案乡村地区环保管理单位（1998）

标示说明：◎表示评估体系

（四）分类模式比较分析

运用比较法之操作法则，进行分类模式间之比较，落实推动评估层面及评估项目之差异性（表 11-7）。

表11-7 分类模式与推动评估项目所占比例之比较表

评估层面	评估项目		执行策略分类模式		评估项目分类模式	
			项	%	项	%
环境面向 (100%)	A1	社会向度	3	10	1	4.5
	A2	文化向度	0	0	1	4.5
	A3	能源向度	8	26.7	9	41
	A4	生态向度	19	63.3	11	50
生态认知 (100%)	B1	以人为本	12	40	4	18.2
	B2	以生态为本	12	40	16	72.7
	B3	整体共生为本	6	20	2	9.1
执行体系 (100%)	C1	区域环境价值	10	33.3	1	4.5
	C2	区域目标系统	5	16.7	6	27.3
	C3	区域策略研拟	1	3.3	10	45.5
	C4	行动方案落实	6	20	5	22.7
	C5	实质环境验证	8	26.7	0	0

数据源：本研究整理

1. 环境面向层面

分类模式皆以“生态向度”与“能源向度”为主（90% 以上），“社会向度”与“文化向度”偏低（约 10%），其中“执行策略分类模式”中，文化向度为 0，完全未纳入考虑。

2. 生态认知层面

分类模式皆以“以人为本”与“以生态为本”为主；对于“以整体共生为本”偏低；“执行策略分类模式”评估考虑较为均值。

3. 执行体系层面

分类模式认知差异性颇大（表 11-7），“执行策略分类模式”重视程度依序为（c1，c5，c4，c2，c3）“区域环境价值、实质环境验证、行动方案落实、区域目标系统、区域策略研拟”；“评估项目分类体系”重视程度为（c3，c2，c4，c1，c5）“区域策略研拟、实质环境验证、行动方案落实、区域环境价值、区域目标系统”；其中“实质环境验证”几乎完全未纳入考虑。

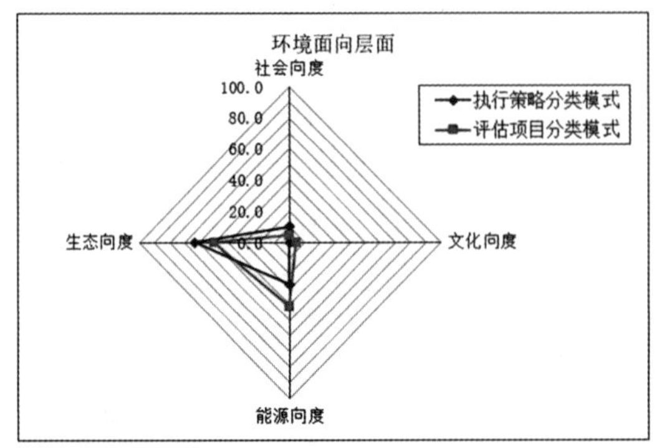

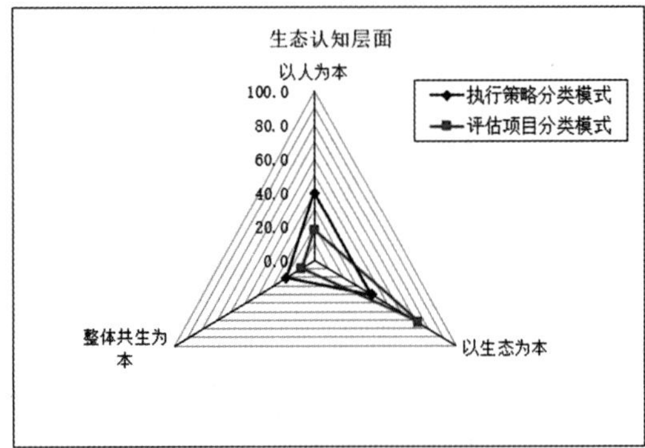

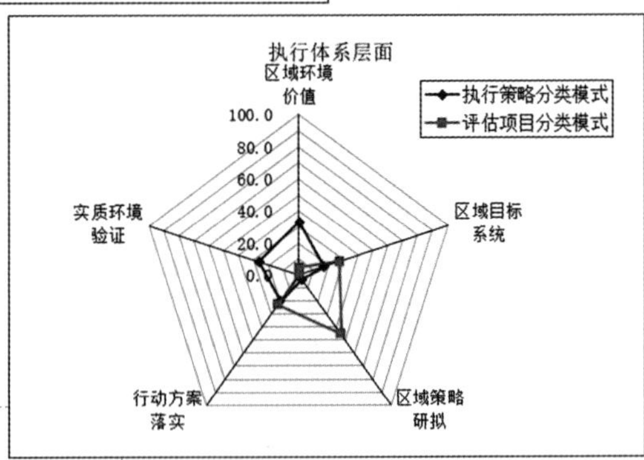

图11-1 分类模式与推动评估项目所占比例之比较图

数据源：本研究整理

综合以上之“环境面向”“生态认知”“执行体系”等皆出现混淆情形，更遑论由其延伸关于实质社区环境中落实生态可持续理念之成效。

（五）个案乡村地区目前环境类型分类模式异同比较

1. 环境向度层面

二者皆偏向狭义生态定义，导致“社会向度”与“文化向度”缺乏，认知系统缺乏应有之共识。

2. 生态认知层面

皆着重“以生态为本”缺乏应拓展至“整体共生为本”之认知。

3. 执行体系层面

（1）“执行策略分类模式”对于“区域策略研拟”较为忽视，形成执行体系不均衡之现象，行动方案与实质环境易产生操作困难之窘境。

（2）“评估项目分类模式”对于“区域环境价值”与“实质环境验证”较为忽视，形成执行体系不重视“在地性”环境价值与实质环境“可行性”现象，着重于操作技术也喜欢面，易产生在地落实困难之情形。发现其二者恰为互补之分类模式。

由以上分析显示目前案例地区推动生态可持续理念落实与可行性，推动初始对于执行策略与评估项目在观念上的混淆与错置；同时可发现公部门对于生态策略于执行体系上之偏好，偏向于生态与能源环境。

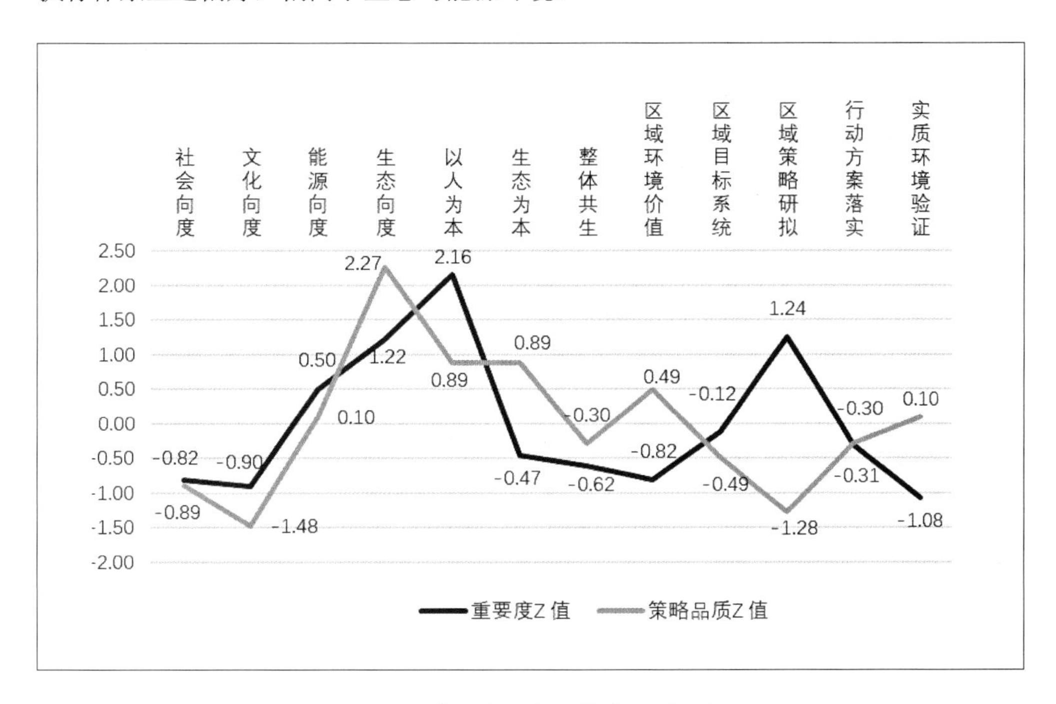

图11-2 重要度z值及策略品质z值

数据源：本研究整理

第三节　结论与建议

在本研究中借由个案乡村地区十二处乡村型社区之生态环境调查资料中，发现目前执行现状中“乡村型社区环境类型评估分类”与“生态可持续理念于社区环境落实程度”，仍有许多课题必须加以重视。

（1）各环境类型社区（A-H 型）制定“改善社区生态环境建设执行策略分类模式”，对于策略之拟定过于粗糙，缺乏对于环境向度兼备、生态认知厘清与执行体系界定。

（2）推动生态社区即采用“生态社区之生态环境评估项目分类模式”制订，缺乏与国际生态理念接轨，由（表 11-2）中显示“行动策略”落实程度 50 %，在“执行因子”落实程度 42.86 %，依据本研究判定结果，评估项目着重在“生态向度”与“能源向度”，未能考虑广义之生态环境。

为求确实于推动机制中落实，应以“环境向度、生态认知、执行体系”为推动之评估层面，对评估项目逐一判别；设定具有在地性与可行性的目标，建构“均衡”且具“广义生态定义”之评估体系，若能加以管控将更加落实推动策略之均衡性，才能真正落实生态可持续的理念。

第十二章 PPP打造健康社区在地化发展

第一节 健康社区平衡计分概念

一、健康城市理念及沿革

世界卫生组织（WHO）健康城市理念受1978年Alma Ata健康（Health for All）宣言，1986 年渥太华宪章的影响全民健康原则，为了采取有效措施解决城市居民健康问题，整合各部门的必要力量。这些部门不仅包括卫生部门和政府其他行政部门，还包括非政府组织、私营企业和社区[①]。强调健康的公平性（Equity in Health)、社区参与、健康促进、跨部门合作、基层保健与国际合作。

在1986年的里斯本会议，与会者提出了对健康的新理解：健康超越了单纯的医疗问题是社会性问题，涉及多方面因素。城市的各个部门都应该共同承担起促进健康的责任。健康受到包括自然科学、社会学、美学和环境科学等多个学科的综合影响。健康也是社区居民与公共及私人部门互动的结果，需要大家的共同努力（胡淑贞、蔡诗蕙，2003)。

① 案例地区健康社区六星计划对“社区”所下的定义是：(1) 以部落、村里、社区等地方性组织为核心。(2) 不排除因特定公共议题（如老街保存)，并依一定程序确认，经由居民共识所认定之空间及社群范围。(3) 社区工作除以在地居民为主体外，鼓励结合区域性及专业性团体之共同参与及投入，强化社区工作质量与可持续推动目标。

二、研究社区界定

TNN 市有丰富的历史背景与文化资源，在公部门及民众努力与优渥条件下，是案例地区内首个加入 WHO 健康城市组织的城市，成为案例地区推动健康城市环境的指标城市，健康环境的改善，需以社区作为最基层单位，营造出最合适人居住的社区，再以点、线、面串联整个城市，达到最终目的。

TNN 市推动健康城市，于第一届杰出社区选拔中，借由推荐选拔之方式选出具有示范意义的杰出社区，成为社区营造典范。且进一步透过观摩会和出版刊物，营销 TNN 市社区营造成果，同时获选成为“推动健康城市之种子社区”①，辅导该社区参与健康城市之示范，其中得奖社区为“钻石奖”：金华里；“金质奖”：文南里、长荣里；“银质奖”：胜安里、崇德里，共计五个“行政里”为种子社区。

三、平衡计分卡理论

平衡计分卡观念（Balanced Scorecard）系 Robbert S Kaplan 与 David P Norton 的研究成果。主要的动机是研究传统的财务绩效衡量，其设计当初系为提供绩效衡量问题的解决方案。（罗煜翔，2003）平衡计分卡之操作与运用（如图 12-1），利用平衡计分卡管理流程中以四个构面②进行绩效衡量，且四个构面环环相扣互相影响，其最终目标是改善绩效建构策略地图。

---

① 健康城市网站 http://www.bhp.doh.gov.tw/bhpnet/portal/Default.

② 财务构面：显示策略如何促使企业成长、提高获利、控制风险而创造股东报酬的价值。顾客构面：从顾客角度思考，企业应为目标顾客提供什么样的价值，亦即，企业对顾客而言，其“价值主张”（value proposition）为何。内部程序构面：辨认并衡量企业价值主张的关键流程，使其能达成财务、顾客构面之期望。学习与成长构面：显示企业如何提升员工能力、信息科技、组织气候，使组织能不断地创新与成长（廖冠力，2002）（李兴桢，2003）。

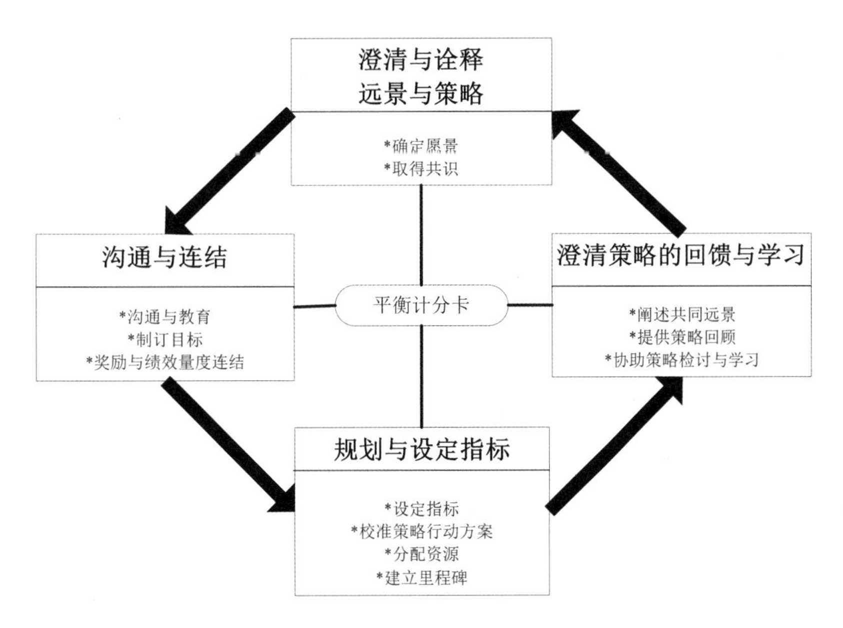

图12-1 平衡计分卡管理流程图

数据源：Kaplan与Norton（1996）

第二节　社区健康环境在地性指标调查

一、分析方法

（一）因素分析

依据科学方法建构无法直接观察的抽象的心理特质，从众多的观察变项中，以测量指出明确的指标，抽取其共同的因素具有相当程度的一致性，不同构面的指标则具有相当的区别性，因此因素分析则是最普遍用来估计构面的统计方法。在保存大部分的信息原则下，以较少的因素成分来代表原先所有的资料结构，使其复杂的成分状况转化为简单的代表因素构面。

（二）平衡计分卡

以平衡计分卡为工具，依据定义将居民、内部流程、学习成长、财务等四构面为健康城市指标，归纳社区推动健康城市环境应考虑的指标，以达到建构出策略地图之目标，提供未来健康社区环境策略之建议。

二、调查对象

本研究问卷调查访问的对象为金华里、文南里、崇德里、长荣里、胜安里之居民，于1998年8月份，以社区家户数分层随机抽样调查，实地访问调查收集问卷。

三、问卷构面设计

本问卷以平衡计分卡四个构面为基础，筛选每个健康城市指标，删除无效的社区指标，最后将具有代表性与可行性之衡量指标分别分类至平衡计分卡的四个构面中分别为："居民构面""内部流程构面""学习成长构面""财务构面"，筛选原则如下表12-1、指标分类原则表所示。

表12-1 社区推动健康环境指标分类原则表

社区推动健康环境指标	构面	指标分类原则
	居民构面	社区所服务的对象是民众，必须致力达成民众的期望。也就是居住在此社区所享受到的福祉，内容如：社区保健、城市绿美化、人行道空间与畅通度、弱势族群照顾、地方文化发展等等。
	内部流程构面	为达到健康城市建构最适合居住环境为目标，社区必须在强化内部与发展计划等，且不断改进。相关流程计划如：社区防疫网、社区保健站。城市绿美化及健康学区大步走、生态化工业区、社区安全维护等。
	学习成长构面	社区居民与相关自治干部对于健康环境与生活的自我学习与要求等，是建构最适合居住社区的基础架构。其内容如：体适能提升、无烟城市、里与社区之组织学习等。
	财务构面	社区的经费来自政府补助与社区的共同基金，为了持续投入健康城市计划，公部门应重视并尽全力辅助居民，创造利益。而社区组织目前的经济来源：地方文化发展、政府协助、社区基金等。

数据源：本研究整理

第三节　社区健康环境在地性指标

一、遴选指标效度及信度

问卷前测采用便利抽样，抽样对象为金华里居民，共 25 份问卷，有效回收率为 100%。经由因素分析与信度分析之结果，所有因素之因素负荷量均大于 0.01 以上，并且 α 值达 0.8 以上，表示遴选之指标具有相当良好的代表性与内部一致性，故将所设计之指标题项保留于正式访测问卷中。

二、信度与效度分析

本问卷整体问项与构面具有高可信度。而“居民构面”的 Cronbach's 值为 0.818；“内部流程构面”的 Cronbach's 值为 0.77；“学习成长构面”的 Cronbach's 值为 0.755；“财务构面”的 Cronbach's 值为 0.762。可得知，所有构面之因素均具有高信度。

本研究问卷主要探讨之绩效指标为 TNN 市健康城市白皮书内所制定，系由相当多的学者专家与研究单位，汇集具有实际效度的指标编撰而成，本研究系透过平衡计分卡构面程序进行分类而得问项内容，所以在正式量测时应具有相当高的效度。

三、样本结构分析

基本资料与社区居民对健康城市之衡量指标制度的策略认知与了解程度，其分析与叙述如下：

（1）样本社区比例：27.7% 的受试者为金华社区居民，24.1% 受试者为文南社区居民，28.1% 受试者为崇德社区居民，13.8% 受试者为自长荣社区居民，6.3% 受试者为胜安社区居民。

（2）性别：61.6% 的受试者为男性居民；38.4% 的受试者为女性居民，主要以男性居多。

（3）年龄结构：9% 的受试者为 30 岁以下居民；4.9% 的受试者为 31-40 岁的居民；28.1% 的受试者为 41-50 岁的居民；46.9% 的受试者为 51-60 岁的居民；19.2% 的受试者为 60 岁以上居民。以 41-60 岁的中、长青年龄层为最多。

（4）教育程度：17.9% 的受试者为高中职以下的教育程度；66.5% 的受试者系高中职毕业；15.6% 的受试者为大学毕业的居民；只有 4% 的受试者为硕士毕业。分布于中等教育水平即高中职毕业居多。

（5）职业：2.2% 的受试者职业为农林渔牧；10.7% 的受试者系公教军警；12.5% 的受试者为商；12.5% 的受试者为工。21.9% 为服务业；25.9% 为家管；13.8% 为以退休人员：仅有 0.4% 系为学生。大部分为较可以调整空闲时间的职业别即服务业与家管。

（6）居住年数方面：仅有 0.4% 的受试者为居住不满一年的居民；6.3% 的受试者的居住年数为 1-3 年；56.7% 的受试者则为 4-6 年；有 4% 的受试者系为居住 7 年以上的居民。大多为 4 年以上的居民最多。

（7）参加社区活动频率：23.2% 的受试者每个礼拜皆会参加社区活动；33.5% 的受试者则为每个月；2.7% 的受试者为每季参与；0.4% 的受试者则是每半年参与活动；40.2% 的受试者为不定期参与社区活动。以不定期参与社区活动为最多。

（8）曾任社区自治干部或决策干部：25.4% 的受试者曾经担任社区自治干部或决策人员；74.6% 的受试者则否。受访者大多未担任过社区干部。

（9）曾任参加社区团体与组织：60.7% 的受试者曾经参与社区团体或组织；39.3% 的受试者则否。大部分皆参加过社区团体。

（10）对社区之认同感：19.6% 的受试者对自己的社区认同感为十分认同；33.5% 的受试者系认同；45.1% 的受试者的认同感为普通；只有 1.8% 的受试者不认同自己所居住的社区。认同感为普通占最高比例。

四、社区推动健康城市成效之健康衡量指标重要性

依平均数大小排序，选出各构面前五项居民健康衡量认知重要性较高之指标，如下表 12-2。

表12-2 社区推动健康城市衡量指标重要性排序表

绩效衡量构面	重要性	衡量指标排序
居民构面	1	老迈、疾病的长期照护
	2	独居老人照顾率
	3	弱势儿童照顾率
	4	社会福利支出比例
	5	运动休闲设施
内部流程构面	1	绿覆率
	2	重要疾病筛选率
	3	绿地之可及性
	4	主要疾病盛行率
	5	空地规划与使用状况
学习成长构面	1	居民规律运动人口比例
	2	居民自觉健康比例
	3	每人每日垃圾量
	4	资源回收率
	5	参与社区营造
财务构面	1	政府辅助金之应用
	2	共同基金之应用
	3	每年至社区观摩人数
	4	场地出租率
	5	开班之营收

五、以因素分析筛选衡量指标

（一）因素分析之设定

（1）萃取共同之因素：根据所有变项与指标的相互关系与状况，抽取共同因素之统计方法有许多，本研究以主成分法（principal components）萃取因素，原则为特征值大于一之因素。

（2）因素之转轴方法：本研究采用直接斜交法，以因素间具有相关性假设下，进行转轴求取因素负荷量与解释变异量。

（3）计算因素负荷量：为了了解因素与各变量间之关系，计算各因素负荷量，因素分析之结果、当特征值大于一，每个选项因素负荷量大于0.3，并且能够解释40%以上的变异程度，此因素分析便具有一定的成效，所以本研究以此为标准作为萃取之标的。

（4）因素分析的适切性：Bartlett球形检定（Bartlett’s test of

Sphericity）检验 KMO 表示相关系数是否显著足以作为因素分析抽取因素之用，KMO 值逾 0.70 以上便具有良好的因素分析适切性，本研究以此数据为判别标准。

（5）解释与分析结果报表：对于进行因素分析后的报表结果其代表之意义，分别进行分析与释义。

（二）因素分析之适用性

经因素分析借由萃取特征值大于 1，且以直接斜交法求取每个问项之因素负荷量，因素分析结果整体指标因素负荷量均大于 0.4。下表 12-3 中各构面的累积解释变异量均大于 57.3% 优于因素负荷量达 0.30，且解释变异量大于 40% 的标准值。

再者，经分析结果如下表 12-3，原始资料经 KMO 与 Bartlett 检定后发现，此处的KMO值为0.724，Bartlett球型检验值为5663.35，自由度210，显著水平为0.001以下，代表适合进行因素分析。

表12-3 社区推动健康构面指标因素表

居民构面指标因素			
重组因素	特征值	解释变异量	累积解释变异量
因素一：弱势照顾	4.602	23.011	23.011
因素二：工作环境	2.213	11.066	34.077
因素三：推动艺文	2.143	10.716	44.793
因素四：社区安全	1.529	7.645	52.438
因素五：硬件设施	1.252	6.262	58.700
内部流程构面指标因素			
重组因素	特征值	解释变异量	累积解释变异量
因素一：环境规划	3.953	20.806	20.806
因素二：建物空间	1.973	10.383	31.189
因素三：健康统计	1.625	8.551	39.739
因素四：商街规划	1.202	6.328	46.068
因素五：家庭所得	1.113	5.856	51.924
因素六：疾病筛选	1.022	5.379	57.303
学习成长构面指标因素			
重组因素	特征值	解释变异量	累积解释变异量
因素一：教育与学习	3.424	24.455	24.455
因素二：健康体能	1.487	10.619	35.074
因素三：服务与能力	1.266	9.044	44.117
因素四：可持续建筑	1.144	8.168	52.286
因素五：推行脚踏车	1.042	7.441	59.727
财务构面指标因素			
重组因素	特征值	解释变异量	累积解释变异量
因素一：内部自筹	3.087	44.094	44.094
因素二：外部支持	1.33	19.000	63.093
KMO 与 Bartlett 检定	0.724　5663.35		
自由度	210		
显著性＜ 0.001	0.000 ＜ 0.001		

（三）各构面之因素分析结果

1. 居民构面

就“居民构面”而言，将构面内的原始变量（二十个指标）进行因素分析后，筛选归纳为“弱势照顾”“工作环境”“推动艺文”“社区安全”及“社区硬件”等五个成分类别。从表 12-1 中可以观察出居民构面各因素之内容、包含特征值、解释变异量、共通性等，兹详述如下：

（1）弱势照顾：在因素一中，共有七个指标，其衡量指标包括“长期照护”“儿童预防接种比例”“空气污染”“忧郁症照顾”“独居老人照顾率”“老人安养”“弱势儿童照顾率”，这些指标皆与弱势团体的照顾与居民享有的健康照顾有相关联性，故将此类指标命名为“弱势照顾”。

（2）工作环境：在因素二中，共有三个指标，其衡量指标包括“失业率”“身心障碍者受雇比例”“职场合理化”，这些指标与居民工作环境与合理性相关，故将此类指标命名为“工作环境”。

（3）推动艺文：在因素三中，共有两个指标，其衡量指标包括“艺文活动表演场次”“艺文活动空间”，这些指标与社区内举办艺文活动相关，故将此类指标命名为“推动艺文”。

（4）社区安全：在因素四中，共有三个指标，其衡量指标包括“运动休闲设施”“犯罪破获率”“守望相助队数”，这些指标与社区环境的安全性与守望相助有相关，故将此类指标命名为“社区相关”。

（5）硬件设施：在因素五中，共有两个指标，其衡量指标包括“运动休闲设施”“脚踏车专用道”，这些指标皆与居民享有的健康硬件设施相关，故将此类指标命名为“社区硬件”。

2. 内部流程构面

就“内部流程构面”而言，将构面内的原始变量（十九个指标）进行因素分析后，筛选归纳为“环境规划”“建物空间”“健康统计”“商街规划”及“家庭所得”“疾病筛选”等六个成分类别。从表 12-1 中可以观察出内部流程构面各因素之内容、包含特征值、解释变异量、共通性等，兹详述如下：

（1）环境规划：在因素一中，共有四个指标，其衡量指标包括“停车空间”“绿覆率”“流浪狗比例”“绿地之可及性”，这些指标皆与社区的空间规划及可持续环境发展有相关联性，故将此类指标命名为“环境规划”。

（2）建物空间：在因素二中，包含两个指标，其衡量指标包括“古迹与历史建筑物数量”“闲置之工业用”，这些指标与古迹建筑物及闲置空间的运用有相关联性，故将此类指标命名为“建物空间”。

（3）健康统计：在因素三中，共有三个指标，其衡量指标包括“低出生体重比率”“死因统计”“主要疾病盛行率”，这些指标与新生儿健康状况及流行病、死因的统计相关，故将此类指标命名为“健康统计”。

（4）商街规划：在因素四中，共有两个指标，其衡量指标包括“营养标示商家比率”“骑楼通畅”，这两个指标系与社区的商店认证及街通畅度有相关联，故将此类指标命名为“商街规划”。

（5）家庭所得：在因素五中，仅有一个指标，其衡量指标为“低所得占平均的比例”，此指标与居民的所得与居民平均所得比相关，故将此类指标命名为“家庭所得”。

（6）疾病筛选：在因素六中，仅有一个指标，其衡量指标为“重要疾病筛选率”，此指标与社区居民的疾病筛检与预防相关，故将此类指标命名为“疾病筛选”。

3. 学习成长构面

就“学习成长构面”而言，将构面内的原始变量（十四个指标）进行因素分析后，筛选归纳为“教育学习”“健康体能”“服务能力”“可持续建筑”及“推行脚踏车”等五个成分类别。从表 12-1 中可以观察出学习成长构面各因素之内容、包含特征值、解释变异量、共通性等，兹详述如下：

（1）教育学习：在因素一中，共有六个指标，其衡量指标包括“社区营造”“优质劳动力”“资源回收率”“防灾教育”“参与终身学习”“每人每日垃圾量”，这些指标皆与社区教育与居民个人的学习有相关联性，故将此类指标命名为“教育学习”。

（2）健康体能：在因素二中，共有三个指标，其衡量指标包括“自觉健康比例”“规律运动人口比例”“健康体能”，这些指标与居民维持健康与自我认知有相关联性，故将此类指标命名为“健康体能”。

（3）服务能力：在因素三中，共有两个指标，其衡量指标包括“居民会

CPR”“担任志工比例”，这些指标与社区居民学习急救与担任志工相关，故将此类指标命名为“服务能力”。

（4）可持续建筑：在因素四中，有一个指标，其衡量指标为“绿建筑成长率”，此指标代表社区推行可持续与节能的绿建筑物成长数、有相关性，故将此类指标命名为“可持续建筑”。

（5）推行骑脚踏车：在因素五中，仅有一个指标，其衡量指标为“脚踏车持有率”，这指标与推行脚踏车以达可持续与健康有相关联性，故将此类指标命名为“推行骑脚踏车”。

4. 财务构面

就“财务构面”而言，将构面内的原始变量（七个指标）进行因素分析后，筛选归纳为“内部自筹”“外部支持”，二个成分类别。从表 12-1 中可以观察出财务构面各因素之内容、包含特征值、解释变异量、共通性等，兹详述如下：

内部自筹：在因素一中，共有五个指标，其衡量指标包括“民间团体捐助”“个人捐助”“开班（例如、妈妈教室等）之营收”“场地（例如、活动中心）出租率”“社区之共同基金之应用”，这些指标皆系社区内部相关的资金筹措与营收等，较具有相关联性，故将此类指标命名为“内部自筹”。

外部支持：在因素二中，有两个指标，其指标系为“每年至本社区观摩人数”“政府辅助金之应用”，这两个指标系参观社区的收益与政府补助金为相关，故将此类指标命名为“外部支持”。

（四）小结

综合以上，本研究由文献收集之 60 个健康城市指标经过因素分析筛选后，筛选出 50 个与在地性相关的社区健康指标，也就是社区居民所认知之社区健康环境指标，上述之各类指标将对于社区推行健康环境政策时，具有在地性指标建构之参考价值。

六、策略地图

本研究依循平衡计分卡原则，以其四大构面为研究构面，进行研究调查与归纳整合，将相关的社区推动健康城市指标策略编入其中，为其绘测一策略性之健康城市指标图表、其策略地图如下图12-2所示。

政府推动健康社区政策时可将本研究所建立之策略地图实际运用之建议，说明如下：

（1）整体在地性指标系“策略一、健康照顾”；“策略二、环境规划”；“策略三、社会改善”内所包含，但在推动时必须同时进行且相互支持。

（2）以平衡计分卡的四大构面可以很明显区别出各别的策略与指标，确定社区的远景与策略、进行沟通与连结、规划出属于自己社区特质的在地性指标，最后实地推行并学习，依此作为一循环以推动健康城市为最终目标，便是本策略地图最大功用。

（3）财务构面为独立，且必须是有效资源投入与运用的特殊构面，本研究经分析后将具“内部自筹”及“外部支持”两部分。

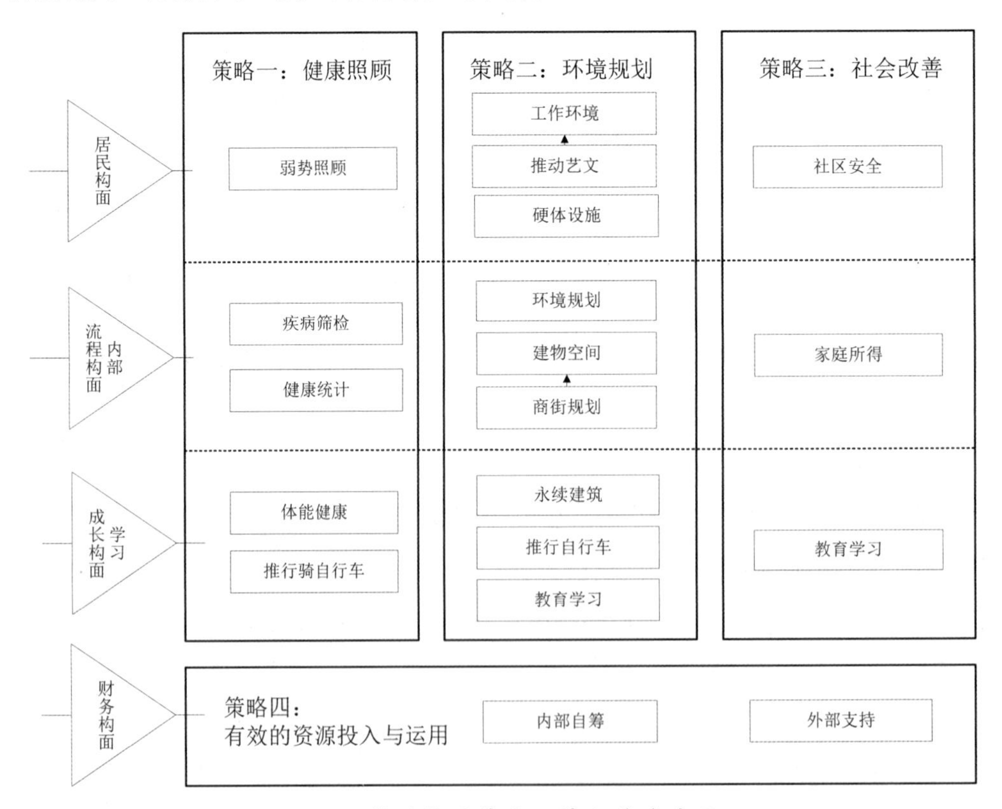

图12-2 推动社区健康环境之策略地图

数据源：本研究绘制

第四节　PPP 打造社区健康环境在地化策略

如何运用 PPP 模式、平衡计分卡和策略地图来构建社区健康环境的在地化发展策略的具体步骤：

1. 确定社区健康需求

在开始制定策略之前，需要对社区的健康状况进行全面分析，这可能包括进行居民健康调查、研究疾病发病率统计和环境因素对健康的影响等。了解社区居民的健康需求是设定目标与指标的基础。

2. 绘制策略地图

根据社区健康需求分析的结果，利用策略地图描绘出实现社区健康目标的大方向和关键策略路径。策略地图将清晰地展示如何从现状达到预期的健康改善目标。

3. 运用平衡计分卡细化战略

使用平衡计分卡的四个维度来细化每项策略：

（1）财务维度：识别必要的资金并计划如何筹集这些资金，例如通过税收、政府补贴、慈善基金或公私合作模式。

（2）顾客维度：确保项目成果符合社区成员的期望和提升其生活质量。

（3）内部流程维度：优化项目管理流程，以提高效率和效果。

（4）学习与成长维度：促进知识共享，提供培训和教育机会，鼓励创新。

4. 设计 PPP 模式结构

确定合适的私营伙伴，他们可以提供技术、资金和管理经验。明确各方在项目中的角色、如何配合工作，以及风险和利益的分配。

5. 发展在地化策略

结合社区的文化、经济和社会特点，制定适合本社区的健康策略。考虑地方传统、习俗和实践，确保策略能够得到居民的认可并实际执行。

6. 建立参与与沟通机制

创建让社区居民参与决策的渠道，比如公开会议、民意调查和工作组。保持透明的沟通流程，让所有利益相关者都能了解项目进展和贡献意见。

7. 实施与监督

按照规划开始实施项目，同时设立监督机制如定期检查、审计和评估等。确保所有活动都在既定的框架和标准下运行。

8. 持续改进

基于监督和评价结果，调整策略和实施计划以应对挑战和不断变化的环境。采取灵活的方法，以适应社区发展和新兴的健康趋势。

9. 确保可持续发展

寻找长期资金来源和维持项目可持续性的方法。考虑环境影响并确保不会牺牲未来的健康为了短期的成果。

综上所述，运用 PPP 模式、平衡计分卡和策略地图可以帮助政府和社区构建一个有针对性、高效、透明且可持续的社区健康环境在地化发展策略。这种综合性策略能够充分利用公共和私营部门的优势，激发社区参与，进而提高居民健康水平和生活品质。

本研究主要系以推行健康城市的绩优社区为研究样本，在未来推动健康城市时，公部门必须考虑社区特质与居民习性等在地性特质，再设定因地制宜的推动策略地图，才能制定推动健康社区的最佳政策。

推行健康城市理念需建立具体之指标体系，应不单仅由各国指标与策略中筛选，且不能仅参考国外成功案例之指标加以归纳筛选，如此，将会失去本土发展的目标与远景，所以推行健康环境指标须注重“在地性”，方能让广大民众积极参与与协助，推行健康城市便能事半功倍。

第十三章 PPP 推动社区防灾意识在地化发展

第一节 城市社区防灾的意涵

天然灾害的发生并非人为所能掌控，若要达到灾害预防必须在平时就做好防灾工作，且须做好防灾规划与准备，方能达到有效减低灾害造成的伤害与损失。又因政府单位在执行防灾工作及落实期望目标，与社区背景特性及居民需求实有落差，多以城市整体需求进行防灾工作，并未考虑各社区地理位置及分布区域，如河堤、港口、山坡地、地势低洼之社区，将社区因素优先落实防灾工作，或依地理位置调整防灾工作之细项。郭瑶琪（2004）提到防灾必须从营造与自然和谐共存的生活环境思考，加强民众对自然环境的关怀意识，并且重视天然灾害之预防及救灾工作，得知社区对于防灾工作之认知程度，对于防灾工作各阶段之推动成效影响实为重要。

案例地区行政管理机构于 2005 年提出“案例地区健康社区六星计划”[①] 系以产业发展、社福医疗、社区治安、人为教育、环境景观、环保生态等六大项作为社区发展的目标，并提出“落实社区防灾系统”，其中“灾害防救基本计划”（2007）指出防灾救灾对策之编修步骤，依序为：（1）灾害预防亦即减灾与整备；（2）灾害紧急应变；（3）灾后复原重建。

由于行政机关单位多以城市层级推动落实防灾工作，但实际上各社区地理位置及分布区域之不同，如邻近河堤、港口、山坡、地势低洼，灾害来临时受灾概率将高于其他社区，由此可知分布于此区域之社区，推行防灾工作时应考虑社区居民心理需求及邻近地理位置，将防灾工作推行之重点应考虑社区层级，借由符合社区居民需求才能达到“落实社区防灾系统”之成效。

---

① 案例地区健康社区六星计划网站，http: //sixstar.cca.gov.tw.

因此，公部门在推动防灾工作时须深入探讨各社区之需求，借由收集社区对于防灾认知之程度，以作为本研究认知体系建构之研究。

第二节　城市防灾定义及理论

一、城市防灾定义

（一）从狭义观点而言

城市与建筑防灾应包括在城市计划区内之有关城市空间、城市设施、公用设备及建筑物等，对震灾、水灾、火灾、危险物灾害等所发生一切灾害之预防、灾害抢救及重建之工作（萧江碧、黄定国，1995）。

（二）从广义观点而言

广义的城市防灾其层面应扩及至国土保全，依自然灾害频发地区日本的建设行政规划，主要涵盖包括：(1) 城市行政；(2) 河川行政（河川整备、砂防、山坡地崩塌、海岸等灾害防治及复旧 ）；(3) 道路行政（各种层级道路规划、道路设施及防震灾之整备）等三大项，这三大项之防灾规划理应涵盖在总体防灾规划架构内（萧江碧、黄定国，1995）。

（三）城市防灾的重要性

城市是政治、经济中心，一旦遭受地震袭击，对整体社会、经济发展影响深重。观之日本阪神大地震死伤惨重，建设、交通破坏殆尽，整个城市机能瘫痪，一个城市竟然不敌天然灾害而毁于一旦，足见城市防灾的重要性（张益三，1999）。

二、防灾四大阶段

案例地区内政事务主管部门建筑研究所（1999）将防灾四大阶段分为减灾、整备、应变与重建（图 13-1），针对四大阶段将情形说明如下：

（1）减灾阶段：减灾工作是对未来可能发生之灾难进行预防的工作，即是透过各种可能的应对措施来防止灾害之发生或降低灾害之影响。此等工作为灾害防治根本之道，若能扎实地做好这些工作，将可大幅减少灾害事件所造成之生命与财产的损失。

（2）整备阶段：整备阶段是指地区面临灾害来临时，公部门能有足够的能力充分地熟悉运作程序，以减少灾害产生时不必要的损失。事先做好这些整备工作，将有助于降低灾害事件发生时之混乱情况，提高公部门与民间之应变能力，有效防止灾情之扩大。

（3）应变阶段：由于灾害的突然来临，无论公部门与民众、日常的运作秩序势必被迫中断，混乱、惊慌及恐慌接踵而来。如能事先妥为规划建置此等体系与措施，则可于灾害事件发生时，迅速适切应对，减少灾害造成之损失。

（4）重建阶段：灾害复建工作系为促使个人、公部门、产业等于灾后尽速恢复正常作业之各项措施。若等到灾害事件发生后才商议有关应对方案，将缓不济急，导致社会严重失序，衍生出许多难以处理的后遗症。

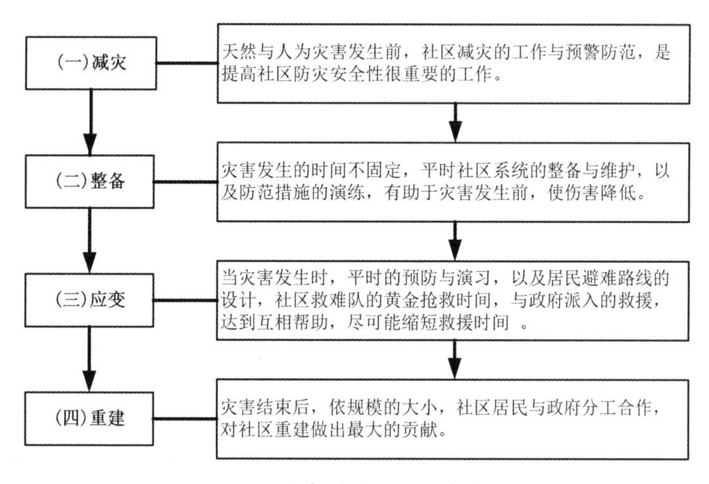

图13-1防灾流程四大阶段图

数据源：本研究整理

由图 13-1 可以得知在灾害发生之前，社区减灾的工作与预警防范，是可以有提高社区防灾之安全性，但因灾害发生的时间不确定，平时相关设备的整修与维护以及防范措施的演练，有助于灾害发生前将伤害降低，然而当灾害发生时，平时的预防与演习有助于黄金抢救时间，尽可能缩短救援时间，最后当灾害结束时，依其受灾规模大小，社区居民与公部门分工合作会对社区重建做出最大的贡献。

三、案例地区相关城市防灾系统规划地区研究成果

本研究针对社区防灾意识在地化发展，以收集城市型社区防灾为研究背景并汇整相关文献，了解案例地区城市防灾推动示范地区研究成果，故以此引用案例地区内政事务主管部门建筑研究所（2005）收集防灾计划示范地区所做相关研究成果，引用内容为城市防灾推动成功地区之案例。其中得知案例地区于 1997-2004 年间有十一个地区“推动示范计划”。

依据案例地区内政事务主管部门建筑研究所（2005）将上述案例地区城市防灾示范地区研究成果统整，简述如表 13-1；主要显示出“推动示范计划”以受灾严重及断层带城市为优先规划与建构重点；其次，以县市主要人口密集地区为规划重点，研究重点为建置防灾空间系统规划、划设避难圈及并建置防救灾数据库，时程上以中长期计划为实施及推动规划。

表13-1 案例地区城市防灾示范地区研究成果

示范地区	地区特性	研究内容与研究成果	年份
1.TPE 市	为案例地区城市化程度最高者	撷取日本防灾规划经验，拟订 TPE CITY 防灾系统，将紧急避难场所划分为 96 个直接避难圈及 66 个紧急避难圈。	李威仪、钱学陶 1997
2.CYI 市	地震发生频率极高之地区	整合 CYI 市软、硬件防灾资源，城市防救灾体系，建构防救灾信息网数据库。	萧江碧、张益三 2000
3.NTC 市	为 921 地震受创最严重地区，土石流灾害危险地区	针对危险度较高的地区，进一步进行个别防灾评估，以反映整体城市防灾系统。	萧江碧、李永龙 2002
4.YUN 县	为 YUN 县人口密集地区	将斗六市依不同属性划设三种层级避难圈：邻里避难生活圈、地区避难生活圈及特殊避难生活圈，提出斗六全市防灾公园构想。	陈建忠、文一智 2002
5.NTC 市大里市	境内有断层带通过	防灾空间系统规划后，拟定短中长期执行计划，作为部门施政依据，依据中长期收容据点，以期为核心划设出 14 个防灾避难生活圈。	陈建忠、彭光辉 2002
6.TXG 市	区域内有断层带通过	防灾分区及区域中心概念之建立，提供作为非城市计划地区防灾规划之参考。	何明锦、李威仪 2002
7.ZMI 县	邻近北、东、南有断层	拟定城市防灾空间系统规划，建构城市防灾空间资料，和中长期实施事业	萧江碧、黄健二 2003
8.ILA 县礁溪乡	位于环太平洋地震带，地震频繁	城市空间防灾应变情况之调查，城市防灾体系之建立防灾空间应变系统与架构之确立。	陈建忠、张隆盛 2003

续表

示范地区	地区特性	研究内容与研究成果	年份
9.CYI 县太保市及朴子市	县治所在地	防灾空间架构建立，防灾计划纳入城市计划建议中，完成城市空间防灾规划，如下列：(1) 防救灾动线系统划设；(2) 防救灾据点指定；(3) 评估与检讨工作，确定据点与动线之安全性；(4) 实施防灾设施建设之优先级。	陈建忠、张隆盛 2004
10.TNN 市	案例地区人口较多的省辖市	与 TNN 市配合协助建立工作联系窗口，全力进行防灾计划之研究，以利落实教育训练及技术转移，评估危险据点及灾害潜势对避难据点影响之规划，建置 TNN 市城市避难空间数据库。	何明锦、张益三 2004
11.KHH 市凤山市	全市拥有 5 条断层	拟定防灾空间系统规划，建构城市防灾空间资源资料和中长期的实施事业。	陈建忠、黄健二 2004

数据源：案例地区内政事务主管部门建筑研究所 (2005)

四、世界各地防灾社区推动相关管理模式

世界各地防灾相关研究与文献甚多，本研究以美国、日本与案例地区，以社区防灾探讨相关管理模式，分别说明如下：

（一）美国“防灾社区”之相关管理模式

美国联邦紧急灾变管理署为了有效推广“防灾社区”观念，成立机制为以下两项：

1. 建立社区合作伙伴关系：此概念非常简单，即大家努力团结完成许多工作。

2. 找出会影响社区的灾害并评估社区易致灾的因素：一个社区如果要降低它暴露在自然灾害下的损失，以及确保当暴露在这些威胁时，能够不会持续恶化，有以下步骤：

（1）确认天灾威胁：了解自然灾害威胁社区的程度，并确认社区易罹灾之地点及环境。

（2）易致灾性分析：社区中对于灾害承受度较低的区域以及建筑物，了解哪些地方容易遭受灾害自然的威胁。

（3）确认社区减灾行动：一个有效且积极的防灾社区规划委员会，都会决定要针对社区所会遭受的灾害及哪些设施是最脆弱，必须优先进行减灾措施（何谨余，2004）。

（二）日本“防灾社区”之相关管理模式

日本由于是一个复合型灾难经常发生的地区，用更严谨规范态度，对于防灾社区非单一社区防灾为规划，而是以日常生活圈为规划设计单位，因此将其防灾社区定名为“防灾生活圈”。

（三）案例地区“防灾社区”之相关管理模式

林振春（1999）所提融合社区教育及社区组织发展步骤观念建构出社区教育的途径，作为案例地区社区防灾推动步骤的参考。包括如下：

1. 知识及资料的传播：推行新政策制度，将理念宣传广为让大众所知，而社区防灾工作在案例地区防灾政策上属于新的推行制度。

2. 领袖人才的培训：培育优秀的领导人才，有助于社区防灾工作的推动。

3. 社区群众的动员：“自己的环境自己保护”是社区防灾工作的基本精神。

4. 社区居民关系的建立：社区防救灾组织致力于建立起人与社区、人与环境的互动关系，进而产生居民对所在环境的认同与归属感。

5. 社区互助活动的促成：主要可筹组自助性小团体，让团体中的成员学习如何去为居民解决所遭遇的问题。

进一步比较近年来美、日、中国案例地区所推动之社区防灾，发现美国的社区防灾着重于“减灾”，日本则注重“整备”与“应变”，而中国案例地区则与日本较类似（表 13-2）。

美国、日本与中国案例地区因地理区域的不同，天然灾害发生情况以及灾害类型也并不相同，因此美国在灾害预防上着重于减灾工作阶段，以此便可减低灾害造成的伤亡程度，而日本与案例地区因处于环太平洋地震带上，地震发生突然而不可预测，因此案例地区与日本将灾害预防着重于应变阶段。

表13-2 美国、日本、案例地区防灾推动比较表

	美国	日本	中国案例地区
防灾着重阶段	减灾	整备、应变	整备、应变
国家地区灾害	飓风、森林大火、淹水	地震、台风、土石流、淹水	地震、台风、土石流、淹水

资料参考来源：Wu et al.(2004)

第三节 社区防灾意识案例调研

一、研究方法

（一）文献整理法

透过与研究主题相关资料进行搜集，文献回顾之内容为：城市防灾之重要性定义、案例地区相关城市防灾示范计划研究成果、世界各地防灾社区推动之相关模式，收集相关研究论文及研究期刊，并搜集相关研讨会会议资料，以及案例地区行政管理机构灾害防救基本计划（2007）、灾害防救法（2007）、防救灾信息系统计划书（2002）、王荣文（2001）之相关文献汇整与收集，并运用其内容与研究指标，引用为研拟本研究问卷之参考依据。

（二）问卷调查法

本研究以李克特量表问卷调查 TNN 市 233 位里长进行防灾认知之情形，依其相关专业经验与丰富资历，对本研究结果具有代表性之价值。主要因里长为公部门与居民沟通之基层行政单位，以里长对社区背景了解及推动防灾相关工作之经验，借由以里长对于该里防灾认知，评选公部门防灾工作优先执行之顺序，作为 TNN 市“行政里”推动社区防灾主要需求之因素。

（三）统计多变量分析法

以叙述性统计、次数分配表运用量表分析信度、效度，并运用“因素分析”的基本概念，用较少维度来表现原始资料结构，而又能保存原始资料结构所提供的大部分信息，希望能够借此降低变量的数目，并于一群具有相关性的资料中，转换为新的独立不相关因素，因素分析除了可以简化资料外，还可以探讨变量间基本结构。以描述性统计量、因素萃取、因素分析进行，最后以 KMO 及 Bartlett’s 球形检验结果、特征值与累积解释变异量筛选显著之因子。

二、研究范围界定说明

（一）研究范围

由于TNN市为海陆并进且拥有港口之重要城市，而历史古迹也坐落在各区“行政里”之中，因地理位置与所在区域之不同，研究范围上应加以区分，将TNN市分为六区，分别为东区47个里、北区43个里、南区39个里、安南区51个里、安平区15个里、中西区38个里，以这233个“行政里”为研究范围。

（二）研究对象

依据刘怡君、陈海立（2007）提到促成防灾社区之形成，须结合四大面向加以推动，包括：1. 推动小组之促成；2. 相关单位之资源支援；3. 地方团体之参与；4. 专家学者之知识力量（图13-2）。本研究主要探讨由“地方团体”中之“社区组织”，即是以社区领导人—里长为研究调查对象，TNN市里长人数总共233位。依各里所在的地理区域不同，研究调查顺序以邻近天然环境之“行政里”为优先调查对象。

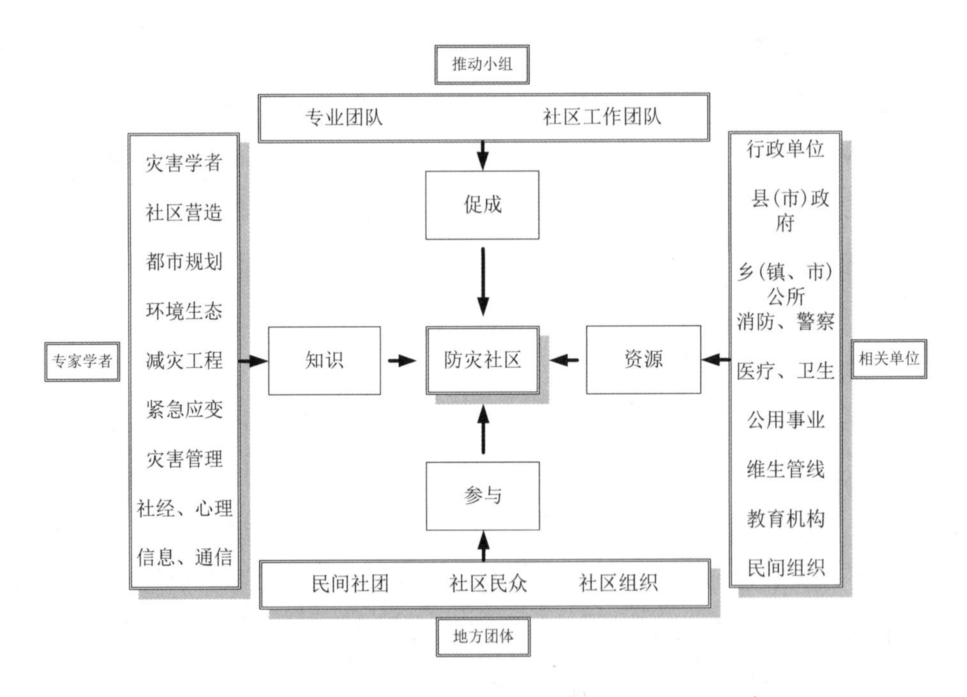

图13-2 案例地区社区推动相关单位所扮演的角色

数据源：刘怡君、陈海立(2007)

三、调查样本选定

本研究调查以优先抽样行政区域面积较大之“行政里”，及河堤港口边之“行政里”，因此地理区域再遇灾害来临时，因行政面积广大及面临港口与河堤周边，遭遇灾害危险概率高于其他行政地区，灾害造成范围与受灾程度高于其他“行政里”，因此以上述“行政里”为优先抽样对象。

四、初调抽样

初调抽样依序为1. 安南区（公塭里）；2. 安南区（佃西里）；3. 安南区（渊西里）；4. 安南区（溪心里）；5. 安南区（海西里）；6. 中西区（药王里）；7. 安平区（国平里）；8. 南区（金华里）；9. 东区（东门里）；10. 东区（路东里）。

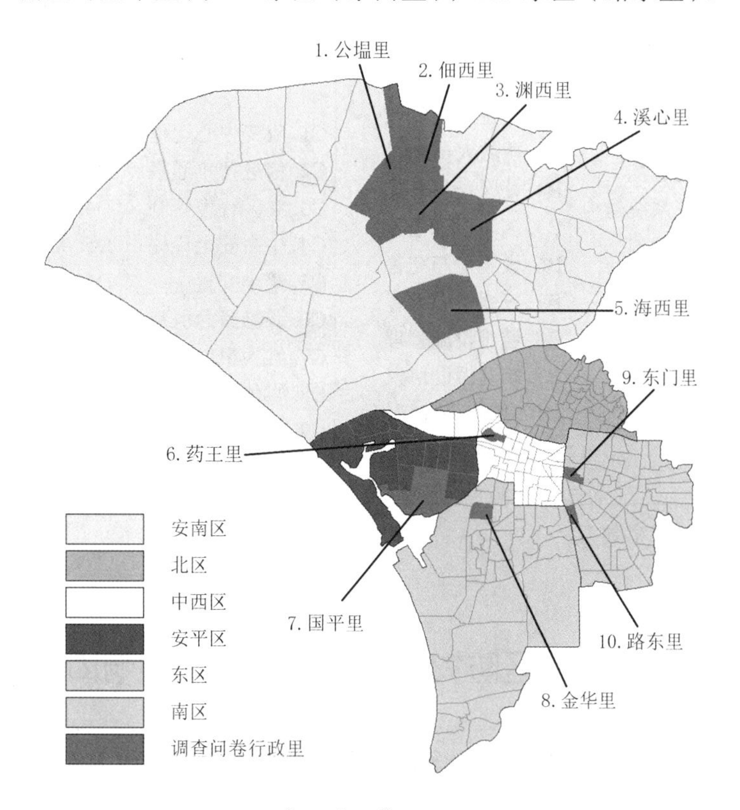

图13-3 TNN市“行政里”区位初调抽样分布图

数据源：本研究绘制

五、社区防灾意识在地化发展问卷设计与架构

研究问卷分为三部分，分别为“受访者基本资料”“社区防灾背景”“防灾四大步骤”。

（1）受访者基本资料：分为五项：年龄、性别、教育程度、从事职业、居住本社区年数。

（2）社区防灾背景：分为五项：建物平均年龄、是否有救难团队、是否定期举办防灾活动、防灾推动情形、社区经常发生的灾害种类。

（3）防灾四大步骤：详细问卷内容说明如（表 13-3），依据其受访者认知之影响重要程度进行评分，分数越高认为该项越重要。

表13-3 社区防灾四大步骤工作项目

架构	（一）减灾	（二）整备	（三）应变	（四）重建
项目	A1. 灾害规模设定标准 A2. 防救系统建构 A3. 监测预警系统建构 A4. 土地减灾管理 A5. 社区防灾规划 A6. 减灾补强 A7. 防止二次灾害 A8. 法令研修 A9. 防灾教育	B1. 应变程序之研订 B2. 整备应变资源 B3. 防救人员编组 B4. 社区企业整合强化 B5. 演习训练倡导 B6. 设施检修完善 B7. 应变中心设置 B8. 避难设施管理 B9. 相互援助协议 B10. 避难路径规划 B11. 救灾路径设定 B12. 紧急医疗整备	C1. 应变中心运作 C2. 信息搜集通报 C3. 灾区管理管制 C4. 生命安全优先 C5. 避难安置 C6. 避难紧急医疗 C7. 维生机能应对 C8. 媒体发布灾情 C9. 罹难者后续处置	D1. 灾情勘查处理 D2. 复建金融措施 D3. 灾民慰助措施 D4. 灾民生活安置 D5. 灾后环境复原 D6. 基础公共建设复建 D7. 振兴产业复原 D8. 灾民心理复建 D9. 公部门经费投入多寡 D10. 重建比照灾前样貌 D11. 满足居民需求

数据源：本研究整理

第四节　社区防灾意识在地化发展影响因素

本研究调查样本抽样共发出 233 份，共回收 182 份，其中分布于 TNN 市、北、中西、东、南、安平、安南区等各区（图 13-4），回收率达 78%；以下将回收 182 份问卷调查结果进行验证分析。

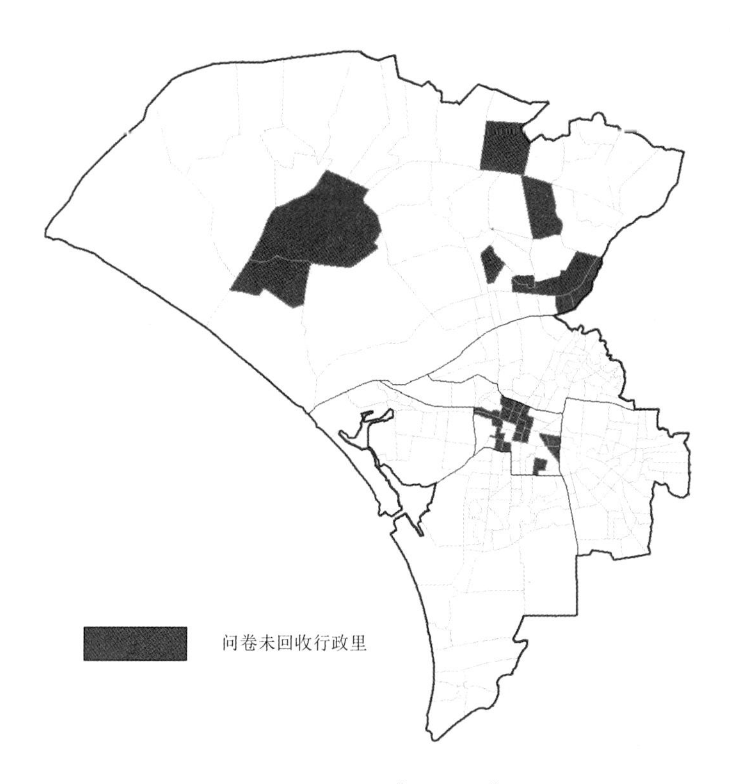

图13-4 研究调查TNN市“行政里”区位分布图

数据源：本研究绘制

一、问卷前测

本研究设定初调20份问卷，借由因素分析及信度分析其结果所有因素负荷量皆大于0，其α值达0.947＞0.9显示题项具有相当良好之内部一致性，因此保留所有题项于正式问卷中。

二、问项信度及效度检定

本研究各面向之Cronbach α系数达0.98＞0.9代表十分可信，显示题项具有相当良好之内部一致性，因此本研究问卷之信度值应可被接受。问卷题目经由问卷前测检验且经修正检验后，得知本问卷应为具有可接受的内容效度。

三、样本结构分析

1. 受访者基本资料。

本研究调查发放共233份问卷，回收182份，回收率为78.11%，所得样本之结构分析结果如下：

（1）受访者之年龄分布中，30岁以下（1.6%）、31～40岁（7.1%）、41～50岁（29.7%）、51～60岁（45.6%）、60岁以上（15.4%），受访者分布在41～60岁之间且（80.8%）为男性。

（2）教育程度以高中程度（38.5%）为最高、高中以下（29.7%）为次之、大专程度（28.6%），主要教育程度分布于高中。

（3）依从事之职业分布，服务业（28.6%）为最高、商业（22.5%）为次之、自由业（18.7%）为第三、公教军警（12.1）排于第四。

（4）居住年数分布，以二十年以上（64.3%）为最高、十年至二十年（25.8%）为次之，由此可见受访之里长对社区背景应具相当了解程度。

2. 受访对象之社区背景。

（1）社区建物年龄以二十年以上（50%）、十年至二十年（43.4%），可得知平均建物年龄超过二十年以上。

（2）社区无救难团队（80.8%）。

（3）社区无定期举办防灾活动（68.1%）。

（4）社区干部推动计划与居民参与（42.9%），显示推行防灾相关工作以“社区组织”推行引导居民参与为有效之推行方法。

（5）受访者普遍认为灾害为“大雨排水不良的淹水”（48.4%）。

四、因素分析

本研究资料分析方法，主要是运用“探索性因素分析法”，经由文献回顾建构本研究四大步骤问卷共有41个原始变量，经过因素分析结果，KMO及Bartlett’s检验后得知，KMO值为0.962 Bartlett’s球形检验值为6962.353，自由度为820显著水平为0.001以下，代表极适合进行因素分析。经由因素分析结果，原拟之效标为41项，删除因素负荷量不足0.3之效标4项，分别为“应变中心运作”“媒体发布灾情”“灾民慰助措施”“振兴产业复原”，仍保留37项具显著性，经因素分析筛选，从原先的四个构面，重新命名为五类因素取特征值大于1，总累积解释变异量为70.51%，详细说明请见表13-4：

表13-4 因素分析结果命名

因素命名	特征值	解释变异量（%）	累积解释变异量（%）
因素一：防灾资源建构	23.070	56.268	56.268
因素二：防灾环境规划	2.387	5.821	62.809
因素三：居民心理需求	1.315	3.208	65.298
因素四：整备防灾措施	1.103	2.690	67.987
因素五：灾后生活复苏	1.034	2.522	70.510

数据源：本研究整理

五、分析结果

因素分析结果，将防灾四大步骤重新排列与筛选，删除四项工作项目，依序为“应变中心运作”“媒体发布灾情”“灾民慰助措施”“振兴产业复原”，将文献收集之防灾41项工作项目筛选成为37项工作项目（图13-5），并依五类因素说明如下：

（一）因素一：防灾资源建构

因素一中组成变量说明分为“软件”“硬件”两类，“软件”为人为因素组成与人为执行；“硬件”为实地建筑物及土地。路径规划、程序订定、系统建构、法令研修、援助协议此类为“软件资源”；土地、建筑物减灾补强、设施维护与检修为“硬件资源”，因此命名为“防灾资源建构”。共有18个组成变量依序为，“灾害规模设定标准”“防救系统建构”“监测预警系统建构”“土地减灾管理”“社区防灾规划”“减灾补强”“防止二次灾害”“法令研修”“防灾教育”“应变程序之研订”“整备应变资源”“社区企业整合强化”“设施检修完善”“应变中心设置”“避难设施管理”“相互援助协议”“避难路径规划”“重建比照灾前样貌”。

（二）因素二：防灾环境规划

因素二中组成变量为与环境有相当关联性，避难空间的运用，环境基础建设的复苏，灾区环境的配置与规划，因此命名为“防灾环境规划”。共有6个组成变量依序为，“灾区管理管制”“避难安置”“灾情勘查处理”“复建金融措施”“灾后环境复原”“基础公共建设复建”。

（三）因素三：居民心理需求

因素三中组成变量为心理层面的满足，通报了解前线灾情，把握救灾时间与家人是否安全，为居民心中的安全感，更期望得到公部门照顾，故将此命名为“居民心理需求”。共有3个组成变量分别为“信息搜集通报”“公部门经费投入多寡”“满足居民需求”。

（四）因素四：整备防灾措施

因素四中组成变量为整备阶段应准备之工作项目，灾民心理复建即是重建之后所需关心的议题，如何规划与整备相关防灾工作，将可使灾害发生时始伤害降至最低，因此命名为“整备防灾措施”。共有5个组成变量依序为，“防救人员编组”“演习训练倡导”“救灾路径设定”“紧急医疗整备”“灾民心理复建”。

（五）因素五：灾后生活复苏

因素五中组成变量为与灾后生活机能、后续处理与后续相关安置作业有相当关联性，因此命名为“灾后生活复苏”。共有五个组成变量依序为，“生命安全优先”“避难紧急医疗”“维生机能应对”“罹难者后续处置”“灾民生活安置”。

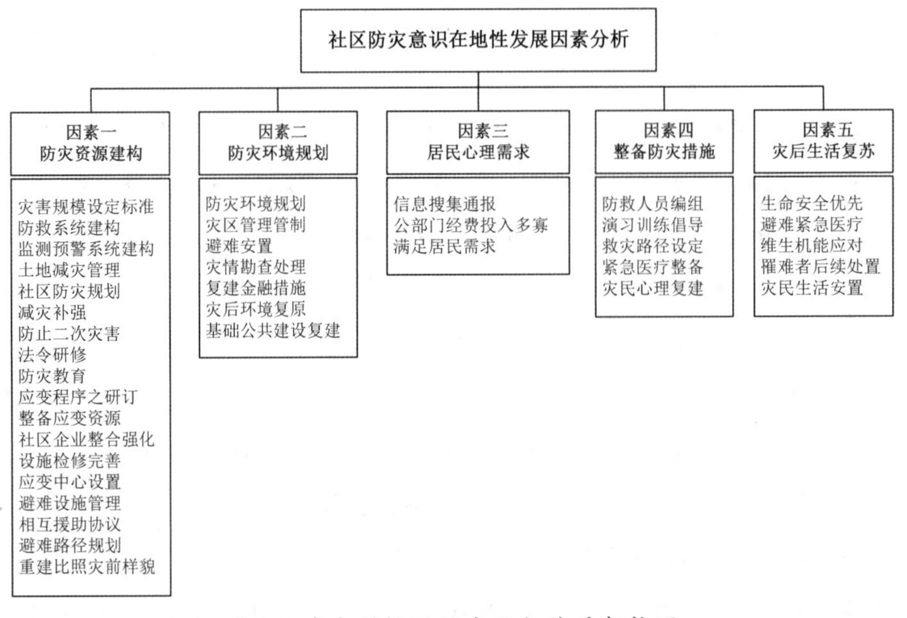

图13-5 城市型社区防灾认知体系架构图

数据源：本研究绘制

第五节　PPP 推动社区防灾意识共识策略

本研究城市型社区以 TNN 市为在地性之代表，经调查分析及因素分析筛选出防灾工作项目，经由前述可得知“减灾工作”项目与“整备工作”项目几乎保留原有变项，充分显示 TNN 市民众普遍认知防灾工作应着重于“减灾阶段”与“整备阶段”。

对于本研究调查所得到的影响因素，结果如何运用 PPP 模式推动建立民众社区防灾意识。为了利用 PPP 模式导入研究调查所得的影响因素，并建立民众社区防灾意识，可以采取以下具体的措施与步骤，利用 PPP 模式导入研究调查所得的影响因素，并建立民众社区防灾意识，可以采取以下具体的措施与步骤：

一、汇集影响因素的整合与分析

（1）整合影响因素：将研究调查所得的影响因素（如防灾资源建构、防灾环境规划、居民心理需求、整备防灾措施、灾后生活复苏等）进行整合，形成一份详细的影响因素清单。

（2）分析影响程度：对各个影响因素的影响程度进行分析，确定哪些因素对社区防灾意识的建立具有显著影响。

二、制定PPP模式导入策略

（1）明确公私合作目标：根据影响因素的分析结果，明确公私合作的目标，如提高社区防灾意识、优化防灾资源配置、改善防灾环境等。

（2）设计合作模式：制定具体的公私合作模式，如合作框架协议、项目运营模式、风险管理机制等。

三、实施PPP模式导入

（1）社会资本选择：通过公开招标、竞争性谈判等方式选择具有相应资质和能力的社会资本方。

（2）签订合作协议：与政府或相关部门签订合作协议，明确双方的权利和义务。

四、建立民众社区防灾意识

（1）宣传教育：利用社会资本方的资源，开展社区防灾知识的宣传教育活动，如举办讲座、展览、演练等。

（2）培训与演练：组织社区居民参与防灾培训和演练活动，提高他们的防灾意识和自救互救能力。

（3）建立信息平台：建立社区防灾信息平台，及时发布防灾信息、预警通知等，提高居民对防灾工作的关注度和参与度。

五、持续监督与评估

（1）设立监督机构：设立专门的监督机构或委托第三方机构对PPP项目的实施情况进行监督。

（2）定期评估：定期对PPP项目的实施效果进行评估，包括民众社区防灾意识的提升程度、防灾工作的改进情况等。

（3）调整优化：根据评估结果及时调整优化PPP项目的实施策略和内容，确保项目目标的顺利实现。

通过以上措施与步骤，可以有效地将PPP模式导入社区防灾工作中，并利用研究调查所得的影响因素建立民众社区防灾意识。这将有助于提高社区的整体防灾能力，降低灾害风险，保障居民的生命财产安全。

第四篇：

技术与管理——提高工程项目可持续性的创新方法

第十四章 BIM助力特色小镇PPP项目应用与投资

随着城市化进程的进行，特色小镇建设成为城市化发展的重要方向。特色小镇不仅可以促进农村经济的发展，还可以提升当地的文化和环境品质。但是，特色小镇建设面临的问题也比较严峻①，如资金紧张、建设质量参差不齐等。为了促进特色小镇的健康发展，借鉴PPP模式（Public-Private Partnership）及BIM（建筑信息模型）技术叠加的优势，PPP和BIM技术增加特色小镇的投资效益和建设质量已成为当前亟待解决的问题②。特色小镇的类型有很多种类型及基础工程，以下是一些常见的类型及产业主题：

表14-1 特色小镇类型及主题特色类型表

类型	主题特色产业主题
(1) 文化小镇	以传统文化、历史文化、艺术文化等为主题
(2) 生态小镇	以生态环境保护、生态旅游、生态农业等为主题
(3) 休闲小镇	以休闲度假、娱乐消费、健康养生等为主题
(4) 创意小镇	以创意产业、设计艺术、科技创新等为主题
(5) 在地特色小镇	以地域特色、民俗文化、特色产业等为主题
(6) 旅游小镇	以旅游资源、旅游服务、旅游产品等为主题
(7) 历史小镇	以历史文化、古迹遗址、传统建筑等为主题
(8) 农业小镇	以农业生产、农村旅游、农产品加工等为主题

数据源：本研究整理

---

① 林贵贞．民间参与公共建设案件营运绩效评估机制之建置委托专业服务案——初步建议报告(计划编号：PG9507-0238)．财团法人中华顾问工程司．TP：案例地区案例地区行政管理机构公共工程事务主管部门，2006.

② 陈晓辉，张洪毅，郑海飞．基于BIM的PPP项目管理模式探讨[J]．建筑技术，2018，49(9)：876—879.

PPP 模式下，对项目进行财务规划和预测，通过 BIM 技术实现对项目的全过程管理，保证项目的投资和回报都达到最优平衡点。例如在 PPP 模式下的道路建设项目中，可以通过 BIM 技术进行设计和施工方案的优化，提高道路的设计质量和施工效率，从而降低项目的成本和风险①②。

运用 BIM 技术，对 PPP 项目进行全面预算和成本控制，确保项目的财务效益。例如，在 PPP 模式下的水利工程项目中，可以通过 BIM 技术对工程的设计和施工进行全方位的预算和成本控制，有效降低项目的成本，并最终实现项目的财务效益。

在 PPP 模式下，BIM 技术可以实现对项目的全生命周期管理，包括设计、施工、运营等环节。例如，在 PPP 模式下的地铁建设项目中，可以通过 BIM 技术在设计环节对项目进行优化，提高项目的设计质量和施工效率，在施工和运营环节对项目进行监测和管理，保证项目实现最佳的财务效益和社会效益③。

第一节　PPP+BIM 模式在特色小镇建设上的优势与开发效益

一、PPP+BIM模式引用项目的优势

PPP 模式指公部门和社会资本合作，由公部门和私人企业共同参与特色小镇建设，并按照约定共同分享收益 [10]。BIM 则是建筑信息模型，它可以在建筑设计和施工过程中实现信息共享和协作。将 PPP 和 BIM 模式相结合可以使特色小镇建设更加高效和透明。因此，PPP+BIM 模式在特色小镇建设中应用价值巨大，可以实现特色小镇建设效益的最大化，提升特色小镇的竞争力和可持续发展能力。

PPP（公部门和私营部门合作）和 BIM（建筑信息模型）技术结合运用在特色小

---

① Kooiman J. 现代治理：新政府．伦敦：塞奇出版公司；1993.（Kooiman J.*Modern Governance: New Government*.London：Sage Publication，1993.）

② 王俊，张文艺．特色小镇 PPP 模式风险识别及应对策略研究 [J]．建设科技，2019，47(24)：235—237.

③ 王加林，刘雨博．基于 PPP 模式的特色小镇建设财务风险研究 [J]．金融会计，2019，38(7)：47—49.

镇建设中，具有以下优势[①②③]：

（1）提高项目质量。BIM 技术可以在设计和施工阶段进行全过程的协同管理，减少设计和施工中的错误和漏洞，提高项目的质量。

（2）降低项目成本。PPP 模式可以将公部门和企业的资源优势充分整合，降低项目的投资成本。同时，BIM 技术可以在设计和施工阶段进行全过程的协同管理，减少重复设计和施工，降低项目的成本[④]。

（3）提高项目效率。BIM 技术可以在设计和施工阶段进行全过程的协同管理，提高项目的效率。同时，PPP 模式可以将公部门和企业的资源优势充分整合，提高项目的效率。

（4）促进可持续发展。PPP 模式可以将公部门和企业的资源优势充分整合，促进特色小镇的可持续发展。同时，BIM 技术可以在设计和施工阶段进行全过程的协同管理，减少对环境的影响，促进特色小镇的可持续发展。

二、PPP+BIM模式的开发建设效益

（1）促进资金的合理使用。

PPP 模式可以使得公部门和企业共享建设成本和收益，从而使得资金的使用更加合理和透明。PPP 模式可以将公部门和企业的优势互补，共同承担风险，共享收益。

（2）提高建设效益。

BIM 技术可以实现建筑设计和施工过程的信息共享和协作，从而提高建设质量、降低建设成本、减少建设周期。通过 BIM 技术，可以在建筑设计的早期阶段发现问

---

① Savas ES.Competition and Choice in New York City.Social Services.*Public Administration Review*.2002：62(1):82—91.

② 李小雷 .BIM 技术在特色小镇建设中的应用等问题研究 [D]. 锦州：辽宁工业大学，2018.

③ 陈晓辉，张洪毅，郑海飞 . 基于 BIM 的 PPP 项目管理模式探讨 [J]. 建筑技术，2018，49(9)：876—879.

④ Park CS，Morales Peake E，Company' s R. 当代工程经济学 . 米沙沃卡：Better World Books；1997.（Park CS，Morales Peake E，Company' s R.Contemporary engineering economics.Mishawaka：Better World Books，1997.）

题并进行修正，从而避免拖延建设时间和增加成本。

（3）实现管理的科学化。

PPP+BIM 模式可以使得特色小镇的管理更加科学化和标准化，从而提升管理效益和提高特色小镇的发展品质。通过 PPP 模式的合作，特色小镇的运营和管理工作可以更加专业化，实现管理的科学化和规范化。

（4）促进社会参与。

PPP+BIM 模式可以促进各方面的参与和协作，从而提高特色小镇建设的社会参与度和积极性。通过 PPP 和 BIM 的模式，特色小镇建设可以更加透明，使得公众可以更加方便地了解特色小镇的发展状况和未来规划[①]。

第二节　BIM 对 PPP 项目成本控制影响与财务协商机制调整

一、PPP+ BIM技术模式之影响财务指标

PPP+BIM 技术模式可以通过导入提高特色小镇的财务效益，具体指标如下：

（1）建设成本：BIM 技术可以优化特色小镇的建筑设计和施工，并且可以帮助规划出更加环保、节能和可持续的建筑方案，从而降低建设成本。

（2）运营收入：BIM 技术可以帮助特色小镇进行精细化运营管理，提高效率和服务质量，从而吸引更多的商户和游客，增加销售收入和运营收入。同时，PPP 模式可以通过公部门和企业的合作来共同发掘和开发项目收益，进一步提高运营收入[②]。

---

① Raffel JA,Auger DA,Denhardt KG,Barbour C. 竞争和私有化选项：提高州政府的效率和效力．纽约：公共行政学院，城市事务与公共政策研究生院，特拉华大学；1997.（Raffel JA, Auger DA, Denhardt KG, Barbour C.Competition and Privatization Options: Enhancing Efficiency and Effectiveness in State Government.New York: Institute for Public Administration, Graduate College of Urban Affairs and Public Policy, University of Delaware, 1997.）

② Kooiman J. 现代治理：新政府．伦敦：塞奇出版公司；1993.（Kooiman J.Modern Governance: New Government.London: Sage Publication, 1993.）

（3）运营成本：BIM 技术可以对特色小镇的各项设施和设备进行实时监测，并且可以更加精准地进行维修和保养，降低运营成本。此外，PPP 模式可以通过民营企业的优势来共享资源，降低运营成本。

（4）投资回报率：PPP+ BIM 技术模式可以通过优化特色小镇设计和管理，减少建设和运营成本，最终提高项目的投资回报率[①]。

（5）投资回收期：BIM 技术可以提高特色小镇的施工效率和质量，从而缩短项目的建设周期，降低项目的运营成本，从而缩短投资回收期。

（6）利润率：通过 PPP+BIM 技术模式，可以优化特色小镇设计和管理，增强特色小镇的市场竞争力，从而提高利润率和项目的经济效益。此外，PPP 模式可以共同分担项目风险，降低特色小镇的经营风险和不确定性。

二、BIM技术助力基础建设PPP项目成本控制优化

基础设施行业越来越多企业正在推进数字化转型进程，推进信息化（IT）迈入数字化（DT）[②]。为实现此目标需要从政策、理念、技术、管理、标准等方面克服传统业务惯性，积极创新才能最终实现。显然，目前在各个层面都面临着诸多挑战[③]。PPP 项目从立项到交付，建设各方利益共享、风险共担，这种利益共同体模式导致管理更加复杂，如何借助 BIM 技术升级管理手段、提升管理效率，降本增效一直是业内不断争论与实践的话题[④]。

以 PPP 项目成本管理为例，在业务体系中既要兼顾业主计量需求，又要控制施工成本创造最大效益；因此，做好计量与成本综合管理是项目成败的关键因素之一。基础设施全生命周期是一个既复杂，又庞大的体系；其大致经过决策阶段、实施阶段、

---

① 王俊，张文艺．特色小镇 PPP 模式风险识别及应对策略研究 [J]. 建设科技，2019，47（24）：235—237.

② DeHoog RH. Competition, negotiation, or cooperation: Three models for service contracting. *Administration & society*. 1990; 22（3）：317—340.

③ 李小雷．BIM 技术在特色小镇建设中的应用等问题研究 [D]. 辽宁工业大学，2018.

④ 王俊，张文艺．特色小镇 PPP 模式风险识别及应对策略研究 [J]. 建设科技，2019，47（24）：235—237.

运维阶段①。

工程量数据来源于模型和二维图纸，在完成总包合同清单、图纸工程量、模型工程量三量对比后，成果数据可传递给计量和产值管理业务（BIM载体），其工程数量成果及模型数据通过企业级成本管控体系用于成本管理，其清单核算成果传递给计量业务，通过数据有效流转提高BIM数据的利用率及价值，从而实现投资与成本协同管理。

（1）开发项目在生命周期中各阶段的投资成本可控制性变化（图14-1），显示每个阶段管理特点、业务流、输出成果、风险域既相对独立又有所关联。随着生命周期的发展，造价资源投入与人力资源投入增加，呈现成本资源配置不合理的现象。

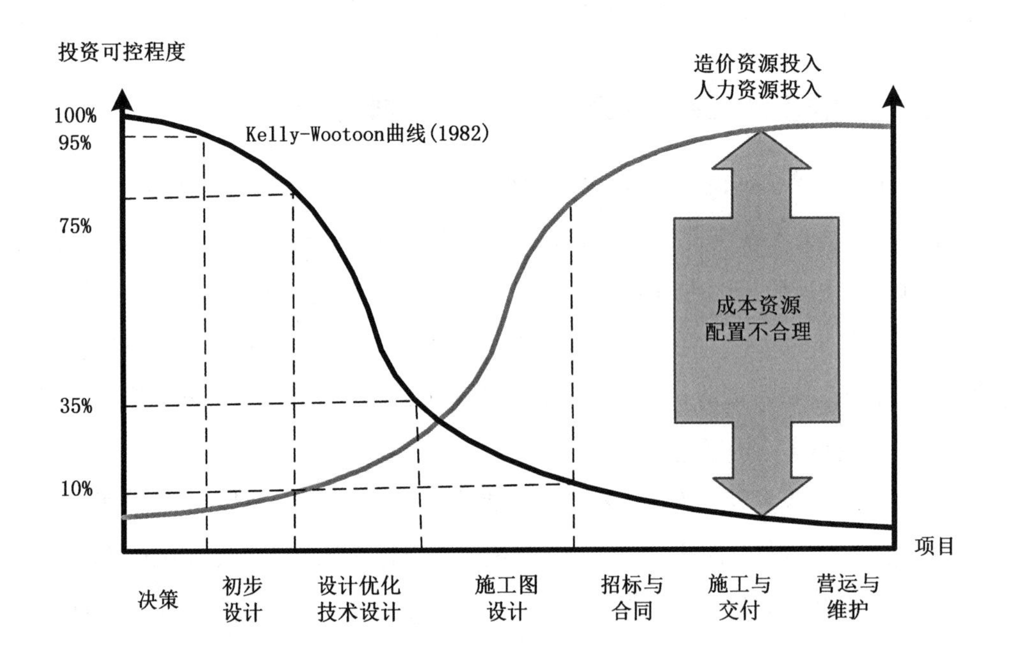

图14-1 开发项目在生命周期中各阶段的投资成本可控制性变化

数据源：BIM中国网（2018）②

① 王加林，刘雨博．基于PPP模式的特色小镇建设财务风险研究［J］．金融会计，2019，38(7)：47—49.

② PPP+BIM，工程造价咨询机构机遇与挑战，2018，https://www.sohu.com/a/249679882_99919399。

(2) 引入PPP+BIM技术模式开发项目各阶段在投资成本可控制性变化，可以综合在成本可控程度上面的支出波动，减少增加成本资源暴增的现象，将有助于项目的执行与减少资源不足的风险（图14-2）。项目成本有效管理是项目成功的必要条件，但不是唯一衡量标准，通过采用BIM技术可以推动成本控制更加科学，成本数据更加可靠，收益与成本关系更加清晰可控，最终实现项目盈利。

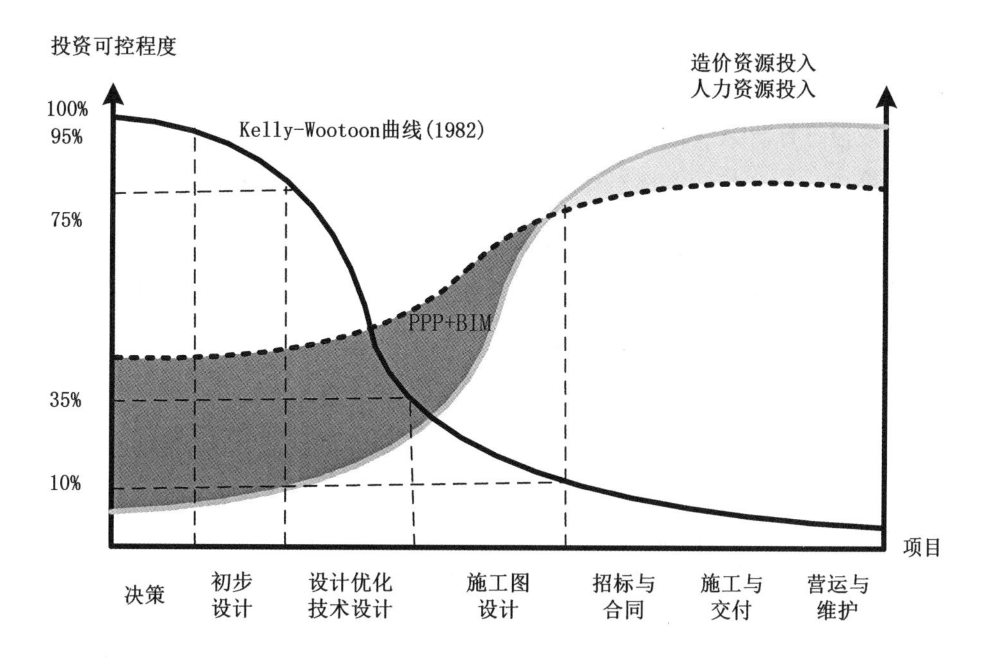

图14-2 PPP+ BIM技术模式引入开发项目各阶段的投资成本可控制性变化

数据源：BIM中国网（2018）

近期建造大师（简称CSC）以BIM+GIS+BI+AI核心技术为支撑，以工程建设项目全生命周期管理为主线，以质量、安全、进度、投资、合同、人员、材料、机械设备和智慧工地等为抓手，构建了多终端（网页端、桌面端、移动端），高效协同，支持高并发、高可用、高安全的数字化管理云平台[①]。

综上所述，研究与趋势显示PPP+BIM技术模式可以通过财务协商机制方面的优

① 陈晓辉，张洪毅，郑海飞．基于BIM的PPP项目管理模式探讨[J]．建筑技术，2018，49(9)：876—879.

化，提高特色小镇的财务效益指标，从而实现特色小镇的可持续发展。

三、PPP+ BIM技术模式调整协商机制

针对特色小镇基础建设 PPP 项目而言，结合 BIM 技术进行设计和施工管理效率提升。若以分包方式招商就必须考虑财务整体开发、分期开发、分区开发层面，公私部门协商机制说明如下①②③：

（1）公部门须先对规划方案之规划因素与财务因素整体考虑，再依财务不同层面与经济效益进行研拟招商条件④⑤。

（2）私部门将依据招商条件中之各项影响因子进行开发财务试算与评估效益，再依序针对“协商条件因子”“固定假设因子”“规划因素”，寻求财务最大报酬，此项目招商条件皆需经调整后合乎社会经济效益，将可依此签订特许合约，给予特许权（图 14-3）⑥。

---

① Raffel JA,Auger DA,Denhardt KG,Barbour C. 竞争和私有化选项：提高州政府的效率和效力．纽约：公共行政学院，城市事务与公共政策研究生院，特拉华大学；1997.（Raffel JA, Auger DA, Denhardt KG, Barbour C.Competition and Privatization Options: Enhancing Efficiency and Effectiveness in State Government.New York: Institute for Public Administration, Graduate College of Urban Affairs and Public Policy, University of Delaware; 1997.）

② Reed BJ, Swain JW. 公共财政管理．新泽西州：世哲出版公司；1996.（Reed BJ, Swain JW.Public finance administration.New Jersey: Sage Publications; 1996.）

③ 王俊，张文艺．特色小镇 PPP 模式风险识别及应对策略研究 [J]. 建设科技,2019,47(24): 235—237.

④ D.F.Kettl & H.B.Milward.The State of Public Management.*Baltimore Johns Hopkins University Press*.1996: 92—117.

⑤ Duffield C.PPPs in Australia.Public private *partnerships.Opportunities and challenges*.2005(22):5-14.

⑥ Park CS, Morales Peake E, Company’ s R. 当代工程经济学．米沙沃卡：Better World Books; 1997.（Park CS, Morales Peake E, Company’ s R.Contemporary engineering economics.Mishawaka: Better World Books; 1997.）

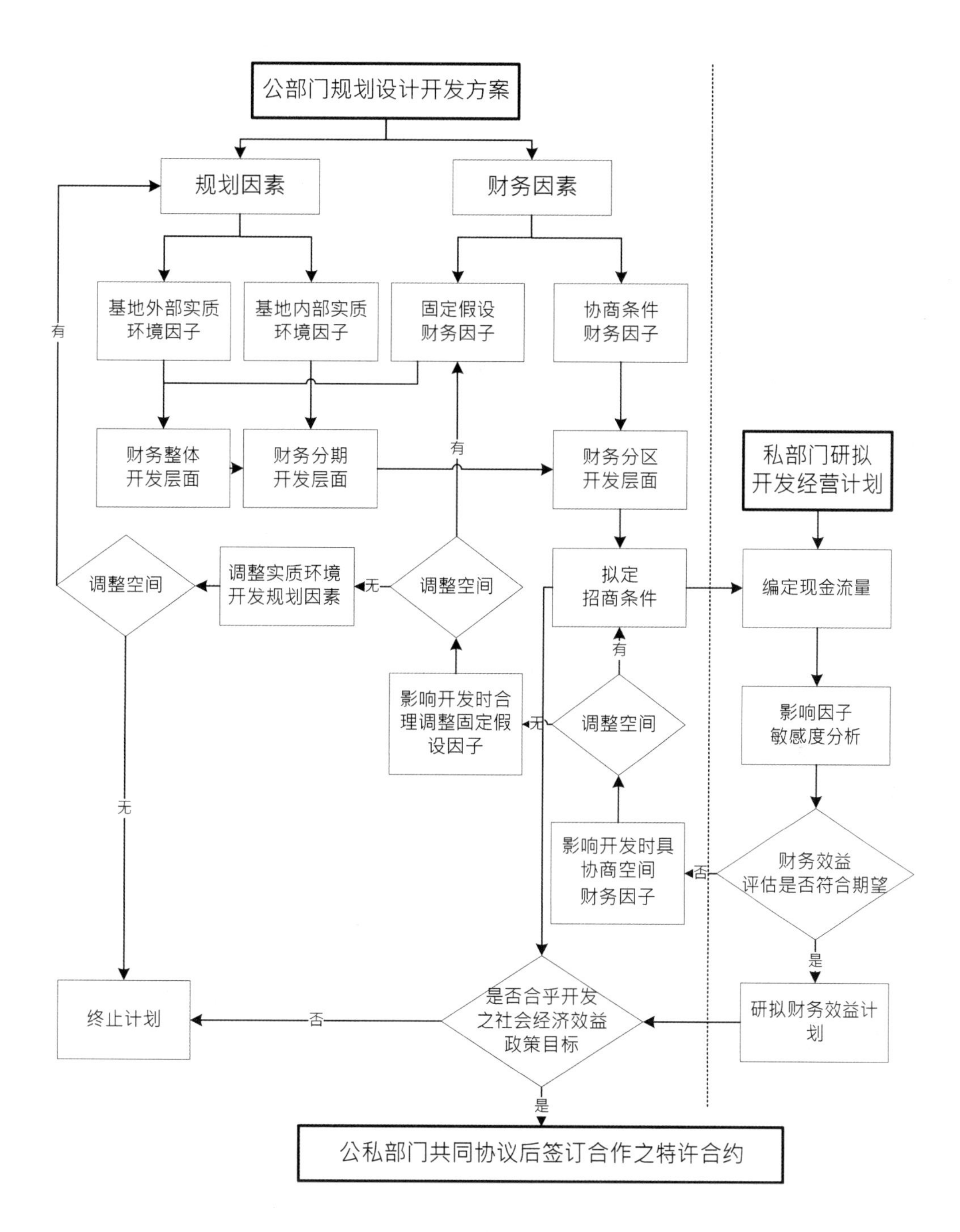

图14-3 特色小镇引入PPP+ BIM技术模式调整协商机制

数据源：本研究绘制

影响财务评估计划，同时也会影响参与投资的结果之相关因子，区分为二类（表14-2）。

表14-2 PPP+BIM技术项目之协商财务影响因子指标及订定

影响因子	固定假设财务因子	协商条件财务因子
财务影响指标	（1）评估期 （2）折现率 （3）物价上涨率 （4）利率 （5）汇率 （6）税率	（1）奖励性项目中具协商弹性之财务因子 （2）贷款年期、比例 （3）收入（消费基本金额） （4）公共建设与公用设备兴建工程负担比例 （5）回馈方式与防污经费分摊比例
订定来源	公部门订定	由公私双方协商后订定

数据源：本研究整理

在计划运行时间，财务规划是投资者相当重要的工作了解投资报酬率之多寡。因此，当估算之报酬率较低时，公部门应研拟奖励策略、提供奖励性法令环境创造奖励机制，以吸引民间投资。私部门应就财务性因子分析对财务效益及投资报酬率之影响，加以研究；然而，其中部分因子与实质规划内容有相当直接关系之影响，因此，就财务因子外必须对实质规划之影响做进一步了解，PPP+BIM 技术可以更直观、精确地提供决策单位、民间投资业者及金融机构参考。

第三节 相关案例研究及经验借鉴

以中国近年特色小镇建设为例，基于 PPP+BIM 模式，对其进行了探讨和实践。首先，公部门和私人企业共同参与该特色小镇的建设，并按照约定共同分享收益。其次，采用 BIM 技术，促进建筑设计和施工过程的信息共享和协作。最后，PPP+BIM 模式的应用，实现了该特色小镇建设效益的最大化，促进了其经济和文化的可持续发展。

PPP+BIM 技术在特色小镇建设中的应用已经取得了一些成功案例，这些项目的成功应用表明 PPP 和 BIM 技术在特色小镇建设中具有重要的作用，可以提高项目的基础设施建设质量和财务效益的效率，促进特色小镇的可持续发展。

一、丽水市的莲都区特色小镇PPP项目

本项目采用PPP模式，由公部门和企业合作建设，利用BIM技术进行设计和施工管理。项目包括商业街、文化广场、民俗村、休闲公园等，总投资约为10亿元人民币。

莲都古堰画乡在丽水莲都区碧湖镇和大港头镇境内，距离丽水市区24公里，该小镇总面积约15.53平方公里，核心区面积为3.91平方公里。该小镇是丽水巴比松画派的起源地、号称为人类农耕水利文明活化石，世界灌溉工程遗产之一的通济堰。凭借优越的文化及生态资源，古堰画乡2015年入选浙江省首批特色小镇创建名单，2016年其核心区所在的大港头镇被列入国家级特色小镇，获得“最美乡愁艺术小镇”“首批中国乡村旅游创客示范基地”“国家AAAA级景区”等称号[①]。

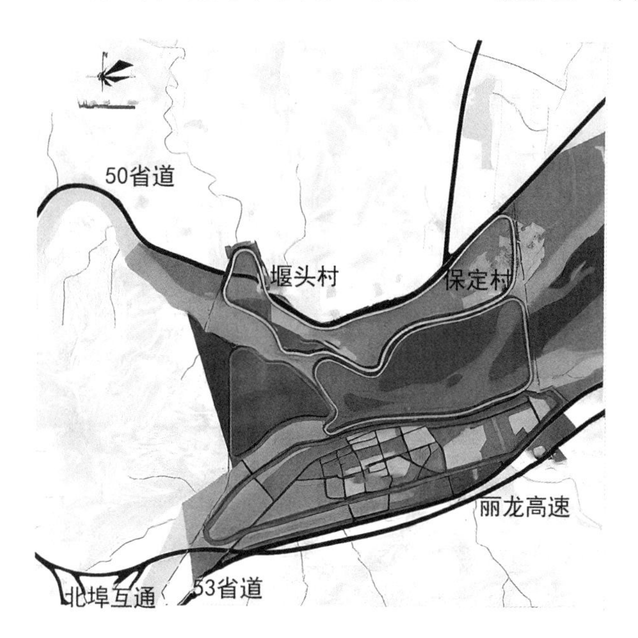

图14-4 莲都古堰画乡总体规划设计

数据源：搜狐网

① 搜狐网，优秀特色小镇案例：莲都古堰画乡，2018，https://www.sohu.com/a/243039888_100203917。

二、江苏省扬州市的广陵区特色小镇PPP项目

扬州湾头玉器特色小镇 PPP 项目，位于扬州市广陵区湾头镇，核心区规划面积约 1.8 平方公里，由中国铁建为牵头方的社会资本联合体共同投资建设，总投资额 57.73 亿元。项目采用“公部门引导、企业主导、市场化运作”的 PPP 模式，合作期限 33 年，其中建设期 3 年，运营期 30 年[①]。

2017 年 12 月 16 日，总投资 57.73 亿元“湾头玉器特色小镇 PPP 项目”举行开工仪式，标志湾头玉器特色小镇建设已正式启动。该项目也被列入 2017 年省重大项目库、省第一批PPP 示范项目库。“湾头玉器特色小镇项目总规划面积 3 平方公里，其中核心区规划面积 1.8 平方公里，将围绕创建文化部首批文旅特色小镇、财政部第四批 PPP 示范项目建设目标，重点打造‘一核、两翼、三带、五片区’的新型产业布局，推动‘镇区、园区、景区’三区融合和生产、生活、生态有机融合。”[②]

图14-5 扬州湾头玉器特色小镇总体规划设计鸟瞰图

数据源：江苏经济报

---

① 中国铁建投资集团有限公司，扬州湾头玉器特色小镇 PPP 项目，2022，http://crci.crcc.cn/art/2022/7/20/art_6178_3843360.html。

② 江苏经济报，扬州市广陵区湾头镇：特色小镇探索新路径，2018，https://k.sina.com.cn/article_3233134660_c0b5b844020004vz7.html。

三、广东省深圳市甘坑新镇特色小镇PPP项目

“甘坑新镇”是深圳龙岗区政府与华侨城集团2020年开始合作的一个城镇化项目，甘坑新镇的项目是通过政府与社会资本以PPP模式合作开发，大力发展新型文化创意产业，尤其是导入和培育具有高科技含量和高艺术水准的原创文化内容产业，形成高端文化创意产业园区，闲置的工业厂房摇身一变为IP文创产业、VR内容等科技产业以及创客的进驻地，带动“文化+”相关的科技、旅游、商业、生态、农业、教育、家居等现代新型城镇化产业的转型升级和快速发展①。

图14-6 甘坑新镇客家建筑群

数据源：前瞻研究院

① 特色小镇规划，特色小镇PPP模式实践案例及现状分析，2020，https://f.qianzhan.com/tesexiaozhen/detail/200319-76eae5ce.html。

第十五章 BIM+IPD 模式改进 PPP 项目协同管理

特色小镇是一种新型聚落单位，将产业、社区和文化旅游整合融入于一体，也是个以特色产业项目为载体、产业为核心、生活生产生态相融合的特定区域。要想发展得健全，关键是要拥有稳定持续的资金来源，有效多方协同管理机制，足见特色小镇必须有适合地方的协商管理模式[①]。

许多地方建设都运用 PPP 模式推动特色小镇建设，主要是政府和社会资本合作集中在公共服务和基础设施建设领域。如何在整个特色小镇 PPP 项目的施工期间都可以提供数字化管理，提供便利的信息交流平台，并且实现对项目进行实时的监督与管理，方可大大地提高了建设的掌控性。

本研究利用 BIM 技术 +IPD 模式结合，对特色小镇 PPP 项目投资管控模式寻求创新方式，解决目前所面临的资讯落差不对等所形成的决策错误或失去监督的问题。其中 IPD 模式能将项目执行的各阶段，以及各参与方都能非常科学有效地结合起来，满足现建设项目协同管理的需求。BIM 技术就是一种以现代三维建筑信息技术平台为技术基础而构建起来的信息模式与工具技术。将 IPD 模式和 BIM 技术结合，可以让特色小镇建设项目的各参与方根据需要，在平台上发布信息及必要有效的决策，可为特色产业建设项目管理带来新的突破，解决传统管理模式的缺陷，有效改善当前行政效率低、缺乏管理绩效的情况[②]。

---

① 周全兵．PPP 项目法律风险分析及应对 [J]．法制与社会：旬刊，2020（10）：2．DOI：10．19387/j．cnki．1009-0592．2020．04．032．

② 侯小霞．基于 BIM 的 IPD 模式下装配式建筑协同造价管理 [J]．城市建筑，2021．DOI：10．19892/j．cnki．csjz．2021．03．57．

第一节　BIM与IPD模式概述

一、BIM技术

BIM（Building Information Modeling）[①]是功能特性与物理特性的数字表达，可共享资源、分享项目需求信息的载体。BIM技术可以为项目创造具有可视性信息以及动态性的建筑模型，主要能够让各参与方提供各自进行阶段中的所需信息，将工程期间内的工程安全、质量、进度和成本进行集成化管理。[②]在项目进行期间提供些许可靠依据，对项目的决策有重要作用。项目各参与方都能在BIM中，及时进行更新修改信息或反映各自职能的协同作业需求[③]。

二、IPD模式

随着建设项目的专业化及集成化发展，综合式项目绩效管理与交付（IPD）项目管理模式（Integrated Project Delivery，简称IPD）[④]是把整个项目绩效管理的各个阶段参与者、各个阶段和所有的资源都整合在了同一个综合项目绩效管理的平台，每个项目参与者之间的绩效信息都是可以彼此交换共享使用的，实现综合项目绩效

---

① BIM的定义较为完整定义是美国国家标准（National Building Information Modeling Standard，NBIMS）。中国也逐步重视并且带动产业界的创新。

② 郭玉莹.IPD模式下基于BIM-5D的火电项目成本协同管理研究[J].价值工程，2019，038(020)：9—12.DOI:CNKI:SUN:JZGC.0.2019-20-003.

③ 黄聪聪，姚传勤.基于BIM和IPD协同管理模式的浅析[J].四川建筑，2017，37(6)：3.DOI:CNKI:SUN:SCJI.0.2017-06-090.

④ IPD由美国建筑师学会（AIA）对项目集成交付（IPD）其的定义为一种项目交付的方法，将参与人员系统以及各方业界汇集到一个流程当中经由流程能够将人力才智发挥到最大，以提高效率，这样就能达到优化项目的管理绩效，并且增加项目效率与价值。

管理和约定项目绩效交付是项目所有阶段参与者共同的目标[①]。

IPD 交付模式在极大的程度意义上也改善弥补了传统交付方式存在的诸多缺陷（图 15-1）（图 15-2），大大地提高改善了交付参与各方间整体的沟通协作能力水平以及与信息的共享，并且降低了资源浪费。

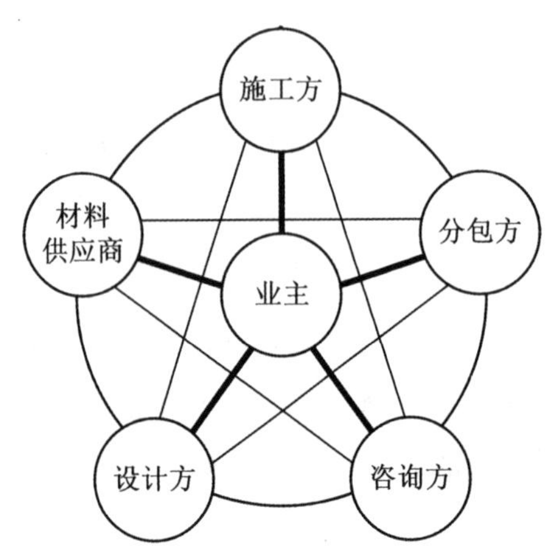

图15-1 传统组织管理模式的多方参与者沟通方式

数据源：本研究整理

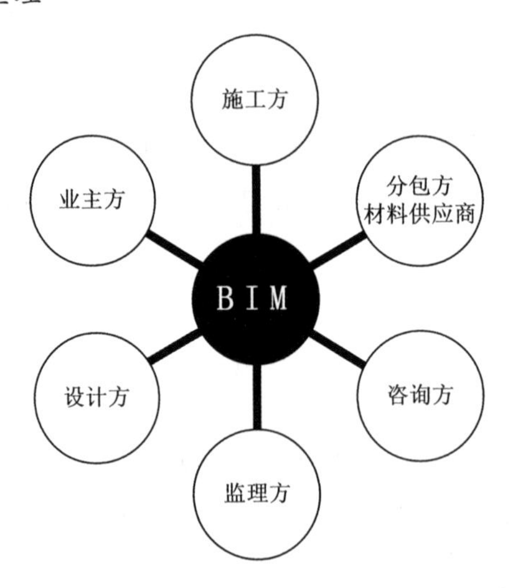

图15-2 基于BIM模型的组织间沟通方式

数据源：本研究整理

① 郭玉莹．IPD 模式下基于 BIM-5D 的火电项目成本协同管理研究 [J]. 价值工程，2019，038(020)：9—12. DOI：CNKI：SUN：JZGC. 0. 2019-20-003.

三、引入BIM和IPD的关系的概念

BIM 为 IPD 模式提供了技术支撑，IPD 模式为 BIM 提供了更广阔的发展空间。二者的结合，是纵观全局、着眼未来的最佳方式[①]。形成概念原因有四：

（1）BIM 技术为 IPD 模式提供了非常强悍的技术支撑，并作为 IPD 模式的技术平台。基于 BIM 与 IPD 团队在项目进行时通过高效的信息交流智能管理，为工程质量和效率提供有力保障。

（2）IPD 模式以 BIM 为核心技术支撑，在项目中整合各方面的资源，通过有效协同将各方的力量最大化，达到最优绩效，实现控制造价。

（3）IPD 模式中项目各参与方目标一致，通过 BIM 技术搭建信息共享平台，真正打破了传统项目管理模式中各参与方结构分散，信息不对称的局面。

（4）利用基于 BIM 技术的建筑信息完整性、信息相关性、可重复出的图性信息等信息特征，业主、设计方之间以及项目各相关参与者之间均将可以通过标记信息方便快捷地建立起统一的建筑数字化设计模式，实现建筑可视化和模拟、建筑物整体的结构性能综合分析评估和建筑绿色环保节能，实现建筑项目设计全生命周期过程中的优化，使项目的总体成本最低。

第二节　BIM+IPD 模式在中国 PPP 项目中的现状与发展

一、BIM+IPD模式引入协同管理现状

在中国目前执行建设 BIM+PPP 项目协同管理，仍存在的集成交付发展问题[②]：

（1）现阶段仍以传统的项目交付模式（设计—投标—建造）(DBB) 管理，普遍存在着不良信息沟通陋习。

---

① 郭玉莹．IPD 模式下基于 BIM-5D 的火电项目成本协同管理研究 [J]．价值工程，2019，038(020)：9—12．DOI：CNKI：SUN：JZGC．0．2019-20-003．

② 萧俊杰，曹健．基于 IPD 模式下 BIM 技术的应用探究 [J]．砖瓦，2021(7)：3．DOI：10．3969/j．issn．1001—6945．2021．07．035．

（2）BIM 技术在国内建筑行业的应用还有很大的空间。其主要应用范围还都局限于大型的设计企业和标志性的建筑等。直到近几年，随着应用 BIM 技术的成功案例不断增加，发展前景看好[①]。

（3）政府通过政策引导 BIM 技术不断发展，但由于其在国内发展时间仍太短，在建筑行业内其应用还有各种问题待解决。

（4）国内尚未形成完整的指导行业数据标准协议，对于未来数字化建设时代来临，无法预备实现资源和信息共享。

二、BIM+IPD模式可解决的问题

BIM+IPD 模式中，运用项目集成交付（IPD）模式的出现正好完美解决了上述出现的问题，IPD 模式在成本控制、进度保障、协同合作方面都有着显著的优势，可以使项目中各参与方掌握的各种资源和信息集成在同一平台（BIM）中，达到资源共享、信息交互权责分明的目的[②]。在 BIM 技术的运行流程中，包含：策划阶段、设计阶段、施工阶段和运维阶段。服务对象包括：业主单位、设计单位、施工单位、咨询单位和监理单位。

BIM+IPD 项目本身就是由项目咨询、设计、施工、运营协调、项目信息为基础，所构建成的集成流程（图 15-3）。BIM+IPD 模式引入 PPP 模式具有下列优势[③]：

---

① 侯小霞．基于BIM的IPD模式下装配式建筑协同造价管理 [J]. 城市建筑，2021. DOI:10.19892/j.cnki.csjz.2021.03.57.

② 萧俊杰，曹健．基于 IPD 模式下 BIM 技术的应用探究 [J]. 砖瓦，2021(7):3.DOI:10.3969/j.issn.1001—6945.2021.07.035.

③ 萧俊杰，曹健．基于 IPD 模式下 BIM 技术的应用探究 [J]. 砖瓦，2021(7):3.DOI:10.3969/j.issn.1001—6945.2021.07.035.

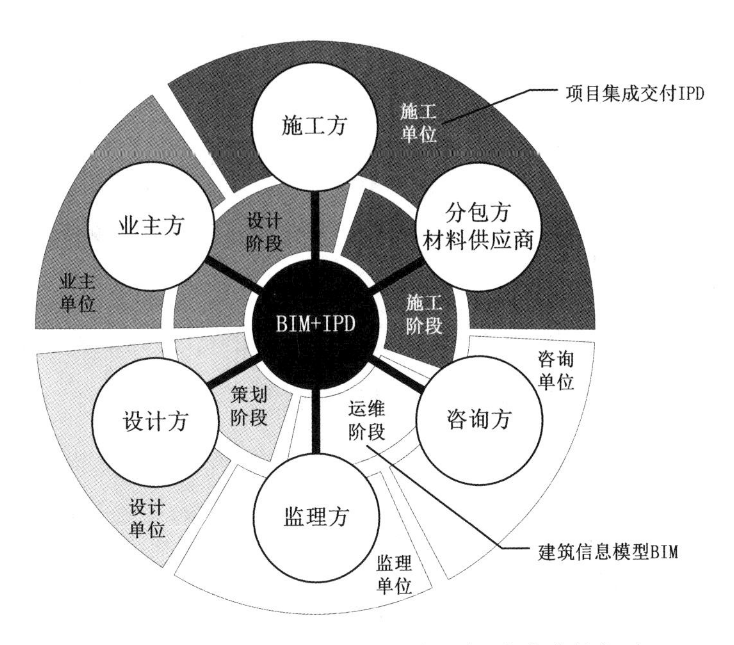

图15-3 IPD+BIM模式协同管理机制的建构概念

数据源：本研究整理

（1）IPD 模式与 BIM 技术相同具有集成性。

（2）IPD 模式可以最大化 BIM 的价值。

（3）BIM 技术为 IPD 项目管理模式提供技术上的支持，使 IPD 项目管理模式实现价值最大化。

（4）IPD 模式使 BIM 的应用不再局限于工程建设的局部环节，促进 BIM 技术的多元应用①。

① 王禹杰，侯亚玮 .BIM 在建设项目 IPD 管理模式中的应用研究 [J]. 建筑经济，2015(9)：4. DOI：10.14181/j.cnki.1002—851x.201509052.

表15-1 BIM+IPD模式协同管理中的优缺点比较表①②③

	角色	说明
优点	甲方	• 能够做出更完善的决策，实现企业目标，确保项目的顺利实现。 • 各方相互合作、信息共享、相互信任，确保项目全周期的信息透明，减少项目实施过程中的设计变更。 • 在 IPD 模式下的各参与方的定期交流可以保证其信息保持有效性和互操作性① • 方便每个参加者间的数据整合与信息交流，提高项目的开发效率。 • 在项目前期提出风险控制点和风险应对措施
	乙方	• 各方参与者可利用 BIM 平台实现初步建模和碰撞检测，缩短各方之间文件的传递时限。 • 降低成本，压缩工期，减少返工并保证进度②
	双方	• 每个参与者形成充分发挥自身的知识和经验，进行协同管理。 • 能够广泛应用于工程决策、设计、实施和验收过程，以便最大限度的实现协同模式的使用效益。 • 使风险管理符合每个参加者的共同利益。形成了一个利益共同体③
缺点	甲方	• 与乙方彼此竞争，形成信任障碍
	乙方	• 若划分不明确，推诿责任承担障碍
	双方	• 风险分担和收益分配障碍，如对项目管理过程中所形成的无形资产或意外收入，将存在分配争

数据来源：郭玉莹（2019）④

第三节　BIM+IPD模式对PPP项目协同管理的架构设计与功能实现

IPD与传统交付模式是有差异性，传统的交付模式存在这信息孤岛的现象，通过 IPD 协同工作模型可以防止这一现象的出现，使各参与方形成在工作上互相渗透的关系，以达到相互制约、降低风险的目的⑤。

在 IPD 模式下，各参与方能够在建设项目的每个阶段都形成密切合作的模式，

① 萧俊杰，曹健．基于 IPD 模式下 BIM 技术的应用探究 [J]．砖瓦，2021(7)：3. DOI：10.3969/j.issn.1001—6945.2021.07.035.

② 萧俊杰，曹健．基于 IPD 模式下 BIM 技术的应用探究 [J]．砖瓦，2021(7)：3. DOI：10.3969/j.issn.1001—6945.2021.07.035.

③ 萧俊杰，曹健．基于 IPD 模式下 BIM 技术的应用探究 [J]．砖瓦，2021(7)：3. DOI：10.3969/j.issn.1001—6945.2021.07.035.

④ 郭玉莹．IPD 模式下基于 BIM-5D 的火电项目成本协同管理研究 [J]．价值工程，2019，038(020)：9—12. DOI：CNKI：SUN：JZGC.0.2019-20-003.

⑤ 吴皓玄．基于 IPD 模式下的 BIM 技术应用 [J]．城市建筑，2013. DOI：CNKI：SUN：JZCS.0.2013-08-173.

高效增加项目的收益，使其达到利益最大化。

IPD 模式则很好地解决这一问题，基于 BIM 的 IPD 模式管理可以做到风险共享，加强各参与方的协同与交流，从而降低后期施工阶段产生问题的发生概率。由此可见，BIM 是 IPD 模式协调管理框架的重要构建基础，两者缺一不可。

一、BIM+IPD模式协同管理模型

IPD 的协同工作模型基于 IPD 的项目团队组织、项目参与角色／责任／服务范围的定义、项目的产出及评价标准定义，将建设项目 IPD 划分为七个全生命周期的阶段（项目全生命周期），包括：（1）项目概念阶段；（2）勘查测绘阶段；（3）项目设计阶段；（4）招标投标阶段；（5）施工建设阶段；（6）项目运行阶段；（7）项目维护阶段；（8）项目更新阶段；（9）项目拆除阶段（图 15-4）。

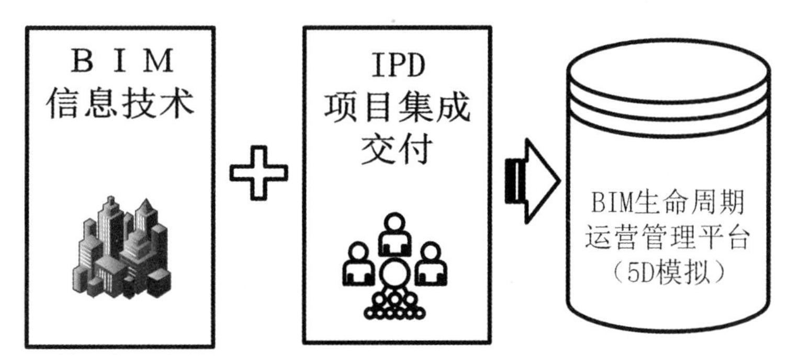

图15-4 BIM+IPD构建项目全生命周期营运管理平台(5D模拟)

数据源：本研究整理

综合考虑全过程风险管理，服务于 IPD 的协同技术，通过 BIM 建筑信息模型，来确保项目进度和规定各项指标任务得以实现的具体执行过程（图 15-5）。

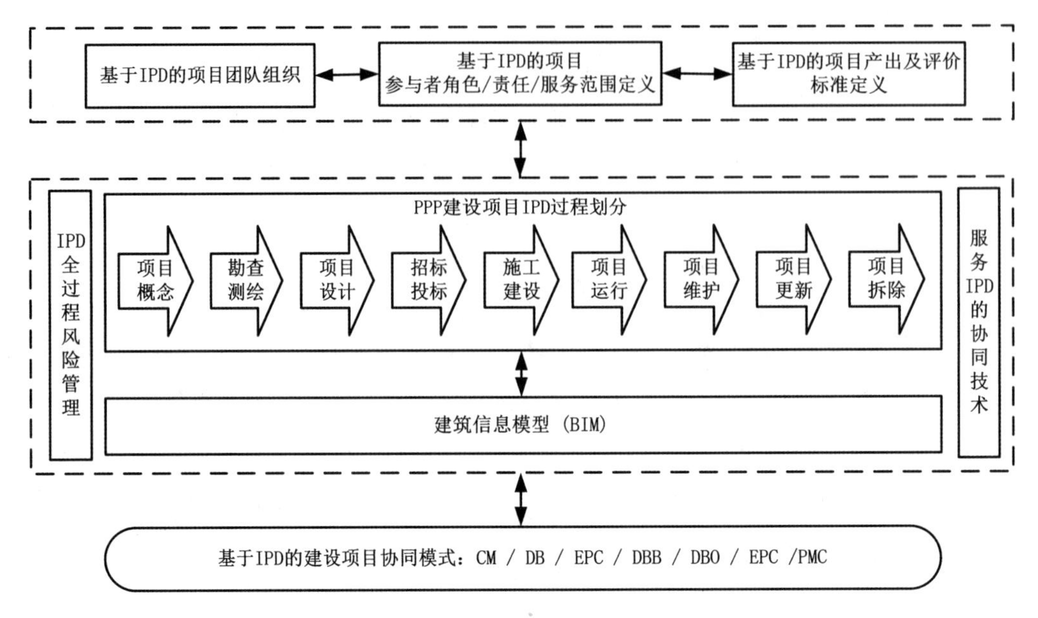

图15-5 PPP建设项目中BIM+IPD模式协同管理机制

数据源：本研究整理

特色小镇PPP项目的特许公司，运用BIM+IPD由各参与方共同制定目标，在一致的目标指导下，签订多方关系型合同，通过严谨的合同编制来控制和管理各参与方的协同工作，降低施工过程中出现问题的风险概率，来保证建设项目的顺利施工(图15-6)。各参与方要遵循风险共担、收益共享、多层协同、信息公开、民主平等的团队关系原则，基于网络交流平台、数据中心，利用BIM的数据交换，保证加强建造管理，实现利益最大化。

PPP建设项目中BIM+IPD模式协同管理机制架构：

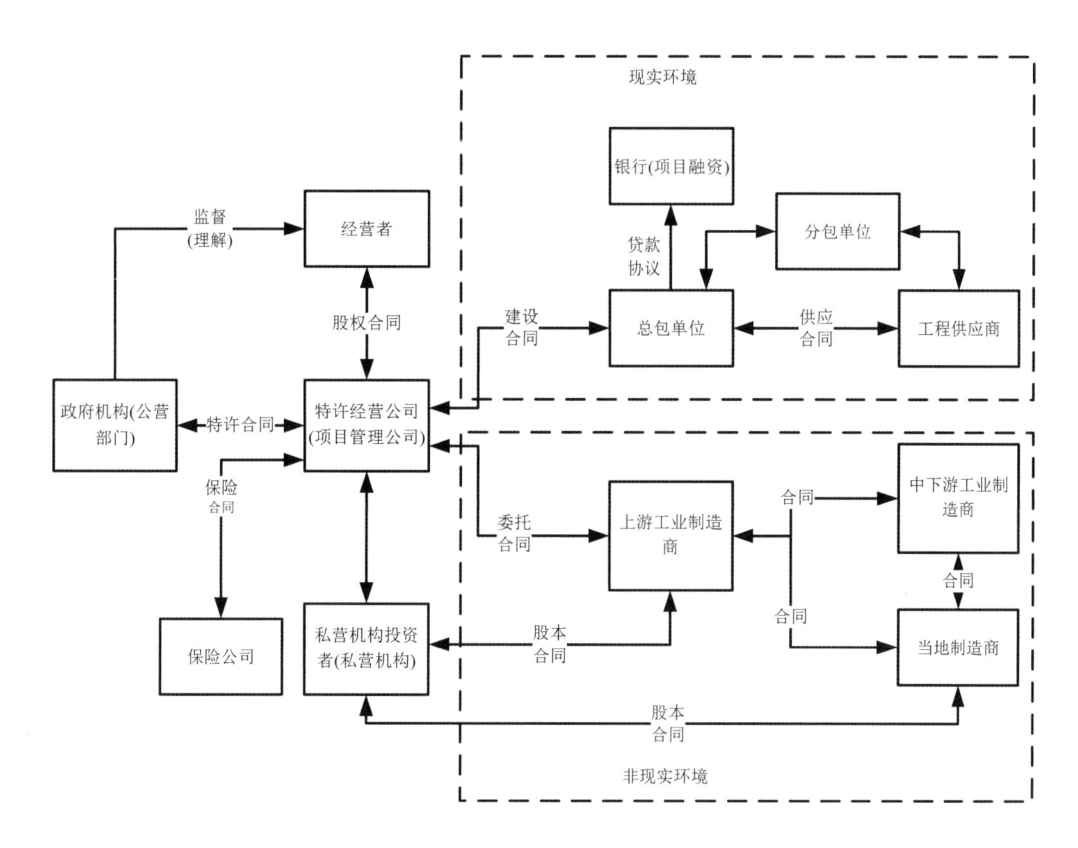

图15-6 特色小镇PPP项目参与单位组织架构

数据源：本研究整理

二、在PPP项目全生命周期阶段各面向的功能

（1）组织结构方面。

此模式下的组织成员由业主和承包商安排设计对项目下达主要的指令以及控制项目的全生命周期，而各参与方都围绕共同目标进行导向性决策，信息资源的自由流动使得各参与方能够无障碍的交流沟通。

（2）合同协议方面。

在 IPD 模式下，各参与方在一致的目标指导下，共同签订多方合同，使各参与方对项目的工期、成本等承担共同责任，做到风险共担、收益共享的，能够有效避免各参与方因信息接受的不及时、不明确，因自身利益而忽视整体的共同收益，在前期阶段制定好相关的合同指导，能降低各参与方之间产生分歧的概率。

（3）实施过程方面。

IPD模式与传统的项目交付模式在实施过程中，显著的差异就是提早了承包商、主要分包商、供应商的介入时间，各参与方密切协同、信息透明、共同决策，虽在设计阶段耗时较多，但有效避免了在后期施工阶段出现问题聚集又要返工修改的情况，大大降低了审核和施工阶段的时长花费，整体上缩短了项目周期。

（4）技术支撑方面。

IPD项目的信息资源的集成基于各类信息技术的支撑，其中BIM模型为实现全生命周期内各参与方工作的集成提供了优秀的平台。利用BIM模型可视化、协调性的特点，可以有效降低建设项目在规划、施工、运营阶段产生问题。通过BIM模型，提前预估未来产生的风险，并对其进行模拟、分析、解决，来达到降低意外产生的目的。

第四节　特色小镇PPP项目引入BIM+IPD协同管理的阶段分析

特色小镇PPP模式建设项目，在各项特色产业中会有建设工程施工、运营、维护、管理。

一、各方参与者协同参与，项目信息交互畅通

特色小镇PPP项目不同于传统项目管理模式背景下，项目各单位在信息传递时，若受制于体制与管理模式等的种种现实原因，沟通信息路径较为闭塞，效率低下[①]。而在IPD框架环境下，参建单位可以基于BIM做到有效开展协同项，推进各项工作，避免了项目信息碎片化，使参与各方的信息交流及互动更加有效及便捷。

---

① 寇邦宁．IPD模式集成BIM技术在隧道全生命周期中的应用研究［J］．西部交通科技，2020．DOI：10．13282/j．cnki．wccst．2020．10．035．

二、概念方案设计阶段，可直观与多维规划同步

通过建立出一个三维 3D 概念体量，设计师可以在这一个三维环境模型的支持下更直接深入地进行整个隧道线路方案的整体设计，直观且清楚地看到整个项目实质与非实质环境条件。

三、工程项目设计阶段，依地方需求模拟有助于决策

利用 BIM 进行可视化设计和计算机虚拟化设计模拟系统，能够客观真实直观地分析现场，还可以利用 BIM 技术来进行测量参数分析计算与系统能耗计算分析，实现动态模拟各种特殊状态环境下，系统节能的综合设计实施模拟效果①。

四、项目工程施工阶段，运用互联网+技术有效监督

基于 BIM 协同服务平台，为了实现施工多方数据同步交互交流，可使业主、监理、施工方能同时有效掌握项目现场工程信息，将工程现场所有设备与信息平台相连，以互联网 + 技术能实时监控项目及环境情况，达到项目协同有效管理及文明施工②。

五、项目运维阶段，整合单位信息运维管理

在 IPD 模式支撑下，BIM 施工信息协同综合服务系统平台已经完成管理到施工图设计执行过程等几乎所有的施工阶段数据信息，极大方便在运维与执行施工阶段数据资源的协同管理，整合责任管理单位和实施单位人员的资源信息，便于运维管理。

---

① 寇邦宁．IPD模式集成BIM技术在隧道全生命周期中的应用研究［J］．西部交通科技，2020．DOI：10．13282/j．cnki．wccst．2020．10．035．

② 寇邦宁．IPD模式集成BIM技术在隧道全生命周期中的应用研究［J］．西部交通科技，2020．DOI：10．13282/j．cnki．wccst．2020．10．035．

第十六章 PSC+VFM模式优化PPP项目评估决策

公私协力模式在基础建设领域的应用越来越广泛，但同时也面临着许多挑战，如合作伙伴关系的不稳定性、风险分担的不公平性、项目收益的不确定性等。这些挑战使得PPP项目的可行性评估变得更加复杂和困难。然而，近年来PPP（Public-Private Partnership，PPP）基础建设项目受到了许多质疑。这主要源于一些PPP项目在实际运作中出现了一些问题，如：

（1）风险分担不合理，导致私营企业在项目实施过程中面临巨大的风险和损失。

（2）监管不到位无法确保项目的顺利进行和公共利益得到保障。

（3）合同条款不清晰无法规定各方的权责利，导致项目无法得到有效的执行和管理。

（4）PPP项目需要大量资金没有得到有效的解决，导致项目进展缓慢或者失败。

因此，如何选择一个适合的评估PPP模式的方法将是非常重要而且须持续探索的。PPP项目的可行性在评估过程中需要考虑的因素包括资金的时间价值、项目的特殊性、不同模式的效益和成本的波动性、风险等因素都会影响项目进行，如何设计出可监控PPP项目可持续性发展推进就至为关键。通过这种思路方法，可以更全面地监控PPP项目的可行性，提高PPP项目的绩效和效率，提高公共部门的管理效率及防范失控。

第一节 VFM与PSC概述

物有所值（Value for Money，简称VFM）和公部门基准比较法（Public Sector Comparator ，简称PSC）的整合是评估PPP（Public-Private Partnership）项目效率的一个重要环节。同时运用VFM与PSC，在世界各国发展的历史可以追溯到20

世纪80年代，当时英国在私有化进程中探索出PFI模式，并率先在PFI中引进VFM评价方法。随后，其他国家如加拿大、澳大利亚、新西兰等也引入了类似VFM+PSC的评价方法，以更全面地评估公共项目和PPP项目的可行性和效率。

近年探讨了使用PSC评估方法来评估公共私营合作伙伴关系的VFM值。其中，Li等人（2016）研究了基于PSC评估方法的PPP项目的价值评估模型①。Zhang和Cheng（2017）则研究了基于PSC评估方法的公私合作伙伴关系的VFM评价指标体系②。而Liu和Yang（2015）也进行了类似的研究，探讨了基于PSC评估方法的公私合作伙伴关系的VFM评价指标体系③。

VFM+PSC模式能够在一定程度上解决PPP可行性评估的缺点。通过VFM+PSC的整合应用，可以全面评估PPP项目的投资回报率、成本效益比较以及项目实施的风险等因素，从而更好地了解项目的可行性和效率。此外，VFM+PSC的整合模式还可以为PPP项目的设计、建设和运营提供指导和建议，从而提高项目管理的效率和效果。同时，这种模式也可以促进政府和企业之间的合作和沟通，提高双方之间的信任度和合作水平。因此，VFM+PSC模式有助于解决PPP可行性评估的缺点，提高PPP项目的实际效果和社会效益。相关研究如下：

（1）Björkman and Winands（2007）探讨公私协力模式对交通基础设施项目的影响。通过对瑞典和荷兰的交通PPP项目进行案例研究，发现这些项目的成功与否往往受到合作双方关系质量的影响④。

---

① Akintoye, A., & Adewole, A.Public-private partnerships in infrastructure development: The Nigerian experience.*Journal of Infrastructure and Development*, 2013, 5(2): 1—18.

② Arsanjani,M.,& Razmi,S.Public-private partnerships in the provision of public goods: A comparative study of Iran and Malaysia.*International Journal of Economics and Management Sciences*, 2014, 4(3): 19—36.

③ Björkman, I., & Winands, M.Public-private partnerships in transport infrastructure: An exploratory study of their impact on project performance.*Transport Policy*, 2007, 14(5): 439—453.

④ Björkman, I., & Winands, M.Public-private partnerships in transport infrastructure: An exploratory study of their impact on project performance.*Transport Policy*, 2007, 14(5): 439—453.

（2）El-Hinnawi and Larrinaga（2016）回顾了公私协力模式在发展中国家的应用情况。文章指出，尽管公私协力模式具有许多优势，但在发展中国家应用时仍面临许多挑战，如：法律制度不完善、缺乏专业知识和经验等①。

（3）Arsanjani and Razmi（2014）对伊朗和马来西亚的公私协力模式在提供公共品方面的应用进行了比较研究。发现虽然伊朗和马来西亚的 PPP 项目在目标和实施方式上存在差异，但它们都取得了积极成果，表明 PPP 可以有效地提供公共品②。

（4）Chan and Wong（2008）对香港机场快线这一公私合作项目的价值进行了评估。评估结果显示，该项目在经济效益、服务质量和社会效益方面均取得了成功③。

（5）European Commission（2019）对欧盟内的公私合作项目的价值和风险进行了评估。研究发现尽管这些项目带来了许多益处，但也需要解决一些风险和挑战，如：项目延误、成本超支等④。

（6）Hodge，Harrison，and Murdoch（2006）探讨了英国地方政府面临的公私合作问题。指出尽管公私协力模式能够提高效率和服务质量，但也可能带来一些问题，如合同管理困难、利益冲突等⑤。

（7）Lee and Lim（2017）对韩国一条高速公路项目的公私协力模式进行了价值评估。评估结果显示，尽管该项目取得了一些经济成果，但在环保和社会影响方面

---

① El-Hinnawi，S.M.，& Larrinaga，M.Applying public-private partnerships in developing countries: A review of the literature.Journal of Management and Governance，2016，20(1)：17—38.

② Arsanjani,M.,& Razmi,S.Public-private partnerships in the provision of public goods: A comparative study of Iran and Malaysia.International *Journal of Economics and Management Sciences*，2014，4(3)：19—36.

③ Chan，K.W.，& Wong，J.C.P.Value for money assessment of public-private partnership projects: A case study of Hong Kong' s Airport Express.*International Journal of Project Management*，2008，26(6)：628—640.

④ European Commission.(2019).Public-private partnerships in the EU Assessing the value for money and risks involved.Report No 7756/19.

⑤ Hodge，G.，Harrison，R.，& Murdoch，D.Public-private partnerships: The real issues facing local government in the UK.*Local Government Studies*，2006，32(6)：837—854.

存在问题[①]。

（8）Akintoye，A.& Adewole，A.(2013) 是关于PPP在尼日利亚基础设施发展中的应用。通过分析PPP在尼日利亚的具体案例，探讨了这种合作模式对基础设施发展的影响。指出尽管PPP在尼日利亚取得了一些成功，但也面临着一些挑战，如政府监管不足、合作方之间的利益冲突等[②]。

（9）Makaya，M.E.(2016) 讨论了公私合作在肯尼亚基础设施发展中的价值。作者强调了价值对决策过程的重要性，特别是在PPP项目中。通过对肯尼亚的PPP项目进行案例研究，作者发现价值评估对于项目的成功至关重要。它可以帮助决策者确定项目的经济可行性，并选择最佳的PPP模式[③]。

（10）Mohanty，S.K.(2018) 对印度和中国两国的PPP在医疗领域中的应用进行了系统性的回顾和分析。指出尽管PPP在两国医疗领域中取得了一些成功，但仍存在一些问题，如资金不足、管理不善等。提出一些政策建议，以改进PPP在医疗领域中的应用，如加强政府监管、提高资金投入等[④]。

以下三篇文献涉及基于PSC（公共部门准则）评价方法的公私合作（PPP）项目价值评估模型的研究。文献的具体内容概述：

（1）Li，X.& Wang，Y.(2016). 主题是基于PSC评价方法的公私合作（PPP）项目价值评估模型的研究。文章提出了一种新的价值评估模型，旨在解决PPP

---

① Lee，J.Y.，& Lim，T.Y.Value for money assessment of public-private partnership projects：A case study of a highway project in South Korea.*International Journal of Project Management*，2017，35(3)：189—202.

② Akintoye，A.，& Adewole，A.Public-private partnerships in infrastructure development：The Nigerian experience.*Journal of Infrastructure and Development*，2013，5(2)：1—18.

③ Makaya,M.E.Public-private partnerships in infrastructure development：The role of value for money assessment in decision making process in Kenya.*International Journal of Infrastructure and Development*，2016，5(1)：1—15.

④ Mohanty，S.K.Public-private partnerships in healthcare：A systematic review of value for money studies from India and China.*Health Policy and Planning*，2018，33(4)：489—503.

项目中的资金价值问题。该模型基于 PSC 评价方法，通过建立数学模型来评估 PPP 项目的资金价值。文章还提供了实证研究的例子，证明了该模型的可行性和有效性[①]。

（2）Zhang 和 Cheng （2017）基于 PSC 评价方法的公私合作（PPP）项目 VFM（物有所值）评估指数系统。文章提出了一种新的 VFM 评估指数系统，旨在评估 PPP 项目的资金价值。该系统基于 PSC 评价方法，通过建立数学模型来评估 PPP 项目的 VFM。文章还提供了实证研究的例子，证明了该系统的可行性和有效性[②]。

（3）Liu 和 Yang （2015）基于 PSC 评价方法的公私合作（PPP）项目 VFM（物有所值）评估指数系统。文章提出了一种新的 VFM 评估指数系统，旨在评估 PPP 项目的资金价值。该系统基于 PSC 评价方法，通过建立数学模型来评估 PPP 项目的 VFM。文章还提供了实证研究的例子，证明了该系统的可行性和有效性[③]。

总的来说，上述文献强调了 PPP 在基础设施和公共服务领域中的重要性，同时也指出了其存在的挑战和问题。对于政策制定者和实践者来说，了解并解决这些问题对于实现 PPP 项目的成功至关重要。

第二节　VFM 与 PSC 方法对比与整合

VFM 与 PSC 在基本运用上，理论基础及应用步骤有显著的不同。随着数据和模型的不断完善，VFM+PSC 整合应用也将更加精确和广泛。理论基础及应用步骤差异

---

① Li，X.，& Wang，Y.Research on the Value for Money Assessment Model of Public Private Partnership Projects Based on PSC Evaluation Method.*Procedia Engineering*，2016（147）：803—808.

② Zhang，D.，& Cheng，J.Research on VFM Evaluation Index System of Public Private Partnership Based on PSC Evaluation Method.*IOP Conference Series: Earth and Environmental Science*，2017，222(1)，012039.

③ Liu，H.，& Yang，S.Research on VFM Evaluation Index System of Public Private Partnership Based on PSC Evaluation Method.*Sustainability*，2015：7(9)：10796—10814.

性比较如（表 16-1）、评估应用的优缺点（表 16-2）。VFM 与 PSC 差异说明下：

（1）VFM 主要采用定量分析方法，通过建立数学模型来模拟 PPP 项目的经济效益和风险分配情况。VFM 能够更加准确地评估 PPP 项目的经济效益和风险分配情况，因此在预防风险方面具有更高的效率和效果。

（2）PSC 则更依赖于定性分析方法，通过对 PPP 项目的风险、技术、经济等因素进行综合评估来确定其经济效益。PSC 则更注重对 PPP 项目的综合评估，包括经济效益、社会效益、技术可行性等多个方面。

表16-1 VFM与PSC理论基础及应用步骤差异性比较

	VFM 方法	PSC 方法
理论基础	VFM 方法的理论基础包括资源优化和效率提高的概念，以及追求政府和私营部门之间的共同利益最大化。	PSC 方法的理论基础包括公共物品理论、交易成本理论和制度经济学。
应用步骤	• 定义项目目标和范围：明确项目的目标、实施范围、时间表和预算。 • 分析风险和不确定性：识别项目中的风险和不确定性因素，并评估其对项目的影响。 • 制定初步的 PPP 方案：根据项目目标和范围，制定初步的 PPP 方案，包括合作模式、股权结构、收益分配等。 • 进行财务评估：对 PPP 方案进行财务评估，包括投资回报率、内部收益率、净现值等指标的分析。 • 进行效率评估：对 PPP 方案的效率进行评估，包括服务质量、运营效率、技术创新等方面。 • 制定综合评估报告：根据财务评估和效率评估的结果，制定综合评估报告，提出项目是否可行的建议。	• 项目确定：确定项目的目标和范围，进行技术经济评估，确定可行性。 • 合作伙伴选择：选择合适的私营部门作为合作伙伴，共同实施项目。 • 合同签订：确定合作的具体内容和条款，并签订合同。 • 项目实施：按照合同约定，进行项目的具体实施。 • 项目评估和监控：评估和监控项目，以确保项目按计划进行。

数据源：本研究整理

表16-2 VFM与PSC在评估应用的优缺点比较

	VFM 方法	PSC 方法
优点	• 注重资源配置和效率提升：VFM 方法通过优化资源配置和效率提升，实现政府和私营部门共同利益的最大化，有助于提高项目可行性和降低政府财政负担。 • 可操作性强：VFM 方法具有明确的应用步骤和评估指标，可操作性强，能够为实际操作提供指导。 • 经验丰富：VFM 方法在国内外 PPP 项目中得到广泛应用，具有丰富的实践经验和案例支撑。	• 提高效率：PSC 模式可以引入私营部门的效率和创新优势，提高项目的实施效率。 • 降低成本：PSC 模式可以通过竞争和合作降低项目的建设和运营成本。 • 灵活性：PSC 模式可以根据项目的实际情况进行调整和优化，具有较大的灵活性。
缺点	• 依赖于主观判断：VFM 方法的评估结果往往依赖于主观判断和分析，可能导致结果的客观性和准确性受到影响。 • 对数据要求高：VFM 方法需要收集和分析大量的数据和信息，对数据要求较高，可能导致实施成本较高。 • 难以完全量化评估：VFM 方法的量化评估存在一定的难度，对于一些难以量化的因素可能无法进行。	• 风险分配不均：在 PSC 模式中，私营部门承担了更多的风险和责任，而公共部门则主要负责监督和管理。这种风险分配方式可能会影响项目的实施效果和质量。 • 合作难度大：PSC 模式的实施需要公共部门和私营部门之间的密切合作。然而，由于双方的目标和利益不同合作难。

数据源：本研究整理

第三节　VFM+PSC 整合在 PPP 项目评估实践中的应用

一、VFM+PSC整合应用的功能

在 PPP 项目中 VFM+PSC 虽然各有侧重，本质上都是为了提高项目的效率和效果。VFM+PSC 整合应用可以充分发挥两者的优势，提高 PPP 项目可行性评估的准确性和全面性。将 VFM+PSC 进行整合，可以在项目初期就对项目的预期效果有一个明确的评估，同时在项目执行过程中，也可以根据实际情况对评估结果进行持续修正，以确保项目的最终效果符合预期。

（1）在评估 PPP 项目的可行性时，VFM+PSC 分别提供了重要的评估角度。若能使用公共资源是否实现了最大化的价值，这为 PPP 项目提供了衡量绩效和效率的标准。

（2）VFM+PSC 的整合应用，可以有效地权衡 PPP 项目的绩效和公共部门的比较优势，从而为项目的可行性提供更全面的评估。

二、对项目可行性评估具体提升效益

VFM+PSC 整合应用对 PPP 项目可行性评估具有重要影响，可以提高评估的准确性和客观性、降低项目风险、促进政府和企业之间的合作、为项目的实施提供更有力的支持、推动 PPP 模式的发展以及提高公共资源的利用效率。具体的提升效益如下：

（1）提高评估的准确性和客观性：更全面地考虑项目的投资回报率、成本效益比较以及项目实施的风险等因素，从而得出更准确、客观的评估结果。

（2）降低项目风险：了解项目的整体风险和不确定性，从而更好地制定风险管理和应对措施，降低项目风险。

（3）促进政府和企业之间的合作：可以加强政府和企业之间的信息交流和沟通，促进双方的合作和信任。

（4）为项目的实施提供更有力的支持：可以更好地了解项目的可行性和效率，帮助政府和企业更好地了解项目的实施情况和问题，及时采取措施解决问题，确保项目的顺利实施。

（5）推动 PPP 模式的发展：更好地了解 PPP 模式的优势和风险，可以为 PPP 模式的设计、实施和管理提供指导和建议，推动 PPP 模式在更多领域的应用和发展。

（6）提高公共资源的利用效率：可以更好地选择合适的项目和合作伙伴，更好地利用公共资源实现项目的目标。为公共资源的配置和调度提供指导和建议，避免资源的浪费和重复投入。

第四节　VFM+PSC 整合评估案例分析

一、VFM+PSC整合应用形式和实施步骤

（一）VFM+PSC 整合应用阶段形式

VFM+PSC 的整合应用可以通过以下阶段实践：在项目初期，同时进行 VFM+PSC 评估，以确保项目的效果和效率。在项目执行过程中，根据 PSC 的监测结果，对 VFM 的评估结果进行持续修正。在项目结束后，对 VFM+PSC 的评估结果进行综合分析，以总结经验教训。

（二）VFM+PSC 整合应用具体实施步骤

（1）需要计算 PSC 值和 PPP 值。其中，PSC 值是在项目全生命周期内，政府采用传统模式提供公共产品和服务的全部成本的现值，而 PPP 值则是对私营企业提供的公共服务的成本和效益的量化评价。

（2）计算出两者的值之后，将 PSC 值减去 PPP 值得到的结果就是 VFM 值，也就是物有所值量值。VFM 值能够反映出 PPP 模式相对于传统政府采购模式的效率优势，从而为决策者提供一个定量的评价结果，以判断是否应该采用 PPP 模式来代替政府的传统投资运营方式。

（3）计算 VFM 值时，PSC 值和 PPP 值均需要采用净现值（NPV）进行计量。这是因为只有考虑到资金的时间价值，才能更准确地反映出项目的经济效益。此外，由于每个 PPP 项目都有其特殊性，因此在实际操作中还需要根据项目的具体情况进行灵活调整和优化。

二、VFM+PSC整合应用案例

以一个基础设施 PPP 项目，政府传统模式下提供公共产品的成本为 1 亿元，而私营企业的 PPP 模式下提供的公共服务的成本为 8000 万元。是否适合以 PPP 模式

进行投资运营的方式，用 VFM+PSC 整合应用的评估，步骤如下。

（1）计算 PSC 值。

PSC 值是政府采用传统模式提供公共产品和服务的全部成本的现值。为了简化计算，假设政府的成本在项目开始时一次性投入，而私营企业的成本在项目期间逐年投入。政府传统模式的成本为 1 亿元，假设折现率为 5%，PSC 值的计算公式为：

PSC=1亿/(1+0.05)=0.9524亿……（1）

（2）计算 PPP 值。

PPP 值是对私营企业提供的公共服务的成本和效益的量化评价。私营企业的成本为 8000 万元，假设其效益为 1.2 亿，折现率为 5%，PPP 值的计算公式为：

PPP=1.2亿/(1+0.05)-8000万=0.7692亿……（2）

（3）计算 VFM 值。

VFM 值是 PSC 值减去 PPP 值的结果，即：

VFM=0.9524亿－0.7692亿=0.1832亿……（3）

（4）得到结果及判断。

此 PPP 项目的 VFM 值为 0.1832 亿，表示相对于政府传统模式，PPP 模式能够节省大约 0.1832 亿元的成本。可以用于实际计算 PPP 项目的效率优势，以及判断是否应该采用 PPP 模式来代替政府的传统投资运营方式。

总之在实际操作中需要考虑的因素会更加复杂和多样化，例如不同模式的效益和成本的波动性、风险等因素。因此，进行实际计算时需要更加详细的研究和分析。

第十七章 PPP 模式工程合同风险识别与可持续性应对

公私协力（public-private partnership，PPP）模式是指政府与私人部门合作，共同参与公共设施的建设和管理，强调伙伴关系、资源共享、互利共赢和风险管理。工程招投标合同是 PPP 模式下非常重要的法律文件，它规定了政府与私人部门之间的权利和义务，明确了项目的建设范围、质量标准、价格、工期等关键要素。工程招投标合同的重要性体现在以下方面：工程招投标合同明确了政府与私人部门的权利义务，规范项目管理，降低风险，保障公平公正。合同中约定了项目的建设范围、质量标准、价格、工期等关键要素，为项目管理提供了依据和规范。同时，合同中通常会约定风险分担条款，政府与私人部门按照约定承担各自的风险，有效降低项目的风险。此外，合同中的条款应当公平公正，充分考虑政府与私人部门的利益，避免出现不公平现象。

由于 PPP 模式下工程招投标合同涉及的风险因素较多，如政治风险、经济风险、技术风险等，这些风险因素可能会导致项目无法按期完成、质量不达标等问题，给政府和私部门带来损失。因此，对工程招投标合同的风险进行识别和防控是非常必要的。通过对风险的识别和分析，可以采取相应的措施进行防范和控制，降低风险发生的概率和影响程度，保障项目的顺利实施。

第一节 PPP 项目合同风险识别理论与实践

一、PPP项目合同风险识别和管理

Smith 和 Lee（2018）探讨了在公私合作项目中如何识别和管理合同风险。分析

了各种可能的风险因素，并提出了一套有效的风险识别和管理策略[①]。Wang，Li 和 Chen（2020）对公私合作项目的合同风险评估和缓解进行了深入的审查。对现有的研究进行了分类和总结，并提出了研究建议[②]。Johnson 和 Turner（2017）讨论了如何有效地管理公私合作项目中的合同风险。提供了一种综合的方法，包括风险识别、评估和缓解[③]。Mahdi 和 Rezgui（2019）对公私合作项目的风险识别和评估进行了深入的研究。比较了不同方法的优缺点，并提出了一些新的研究视角[④]。Huang,Liu 和 Zhang（2021）提出了一套针对公私合作项目合同风险的预防措施和缓解策略。为公私合作项目管理者提供了实用的指导[⑤]。

二、PPP项目中合同风险管理问题

Zhou 和 Wang（2019）介绍一个 PPP 项目中合同风险管理的重要性。强调了有效的合同管理对于降低项目面临的各种风险，包括政治风险、经济风险、技术风险等，是至关重要的。通过一个具体的案例研究，展示了如何运用风险矩阵等方法进行有效的合同风险管理[⑥]。Wang 和 Chen（2020）提出了一种 PPP 项目中合同风险识

---

① Smith, J., & Lee, M. Contracting in Public-Private Partnerships: Risk Identification and Management. *Journal of Construction Engineering and Management*, 2018, 144(6), 04018039.

② Wang, Y., Li, X., & Chen, Y. Contractual Risk Assessment and Mitigation in Public-Private Partnership Projects: A Review. *Journal of Infrastructure Systems*, 2020, 26(2), 04019020.

③ Johnson, P., & Turner, M. Managing Contractual Risk in Public-Private Partnership Projects. *International Journal of Project Management*, 2017, 35(3), 361—373.

④ Mahdi, A., & Rezgui, Y. Risk Identification and Assessment in Public-Private Partnership Projects: A Comparative Study. *Journal of Construction Engineering and Management*, 2019, 145(4), 04018086.

⑤ Huang, M., Liu, L., & Zhang, H. Preventive Measures and Mitigation Strategies for Contractual Risks in Public-Private Partnership Projects. *International Journal of Project Management*, 2021, 39(2): 307—320.

⑥ Zhou, J., & Wang, P. Contractual Risk Management in Public-Private Partnership Projects: A Case Study. *Journal of Construction Engineering and Management*, 2019, 145(5), 04018069.

别和评估的框架。强调了PPP项目合同风险识别和评估的重要性，介绍了现有的风险识别和评估方法，包括定性分析、定量分析、风险矩阵等。提出了一种基于流程图和风险矩阵的合同风险识别和评估方法，旨在提高风险识别的准确性和效率[①]。Li和Wang（2019）探讨PPP项目中合同风险的预防措施和缓解策略。强调了采取有效的预防措施和缓解策略是降低项目面临的各种风险的关键。介绍了现有的预防措施和缓解策略，如风险规避、风险转移、风险减轻等，并指出这些措施的优缺点和适用范围。提出了一种基于风险矩阵的PPP项目合同风险预防措施和缓解策略选择方法[②]。Yang和Zhang（2021）文献对PPP项目中合同风险管理进行了比较研究。指出不同国家和地区的PPP项目在合同风险管理方面面临着不同的风险因素和挑战。通过比较不同国家和地区的实践经验和案例分析，提出了一种基于比较研究的PPP项目合同风险管理框架和方法[③]。Guo和Xu（2020）提出了一种PPP项目中合同风险识别和评估的应用框架。探讨如何运用该框架进行合同风险的识别和评估，并通过一个具体的案例研究展示了其应用效果。提出了一种基于风险矩阵的合同风险识别和评估方法，旨在提高风险识别的准确性和效率[④]。

三、PPP项目中合同风险识别、评估和管理

Li和Zhang（2021）关于PPP项目合同风险管理的系统评价。回顾了现有的关

---

① Wang, Q., & Chen, Y. A Framework for Contractual Risk Identification and Assessment in Public-Private Partnership Projects. *Journal of Infrastructure Systems*, 2020, 26(1), 04018004.

② Li, M., & Wang, L. Preventive Measures and Mitigation Strategies for Contractual Risks in Public-Private Partnership Projects: A Review. *Journal of Construction Engineering and Management*, 2019, 145(6), 04018078.

③ Yang, Z., & Zhang, X. Contractual Risk Management in Public-Private Partnership Projects: A Comparative Study. *Journal of Infrastructure Systems*, 2021, 27(1), 04020002.

④ Guo, J., & Xu, Y. Framework for Contractual Risk Identification and Assessment in Public-Private Partnership Projects: Application and Case Study. *Journal of Construction Engineering and Management*, 2020, 145(7), 04018103.

于PPP项目合同风险管理的研究，并提出了未来研究的方向。为PPP项目合同风险管理提供了一个全面的概述[①]。Wang和Liang（2020）关于使用数据挖掘方法对PPP项目合同风险进行分类和预测的研究。他们的研究表明，数据挖掘方法可以有效地识别和评估PPP项目的合同风险，从而有助于项目管理团队采取适当的预防措施[②]。Xu和Liang（2021）关于PPP项目合同风险管理的多视角决策支持框架研究。他们提出了一个综合性的框架，以帮助决策者更好地理解和管理PPP项目的合同风险[③]。Yang和Wang（2019）关于中国铁路建设项目中PPP项目合同风险预防措施和缓解策略的实证研究。他们的研究发现，通过采取有效的预防措施和缓解策略，可以降低PPP项目合同风险对项目进度和成本的影响[④]。Cheng和Wang（2021）使用模糊集理论对PPP项目合同风险进行分类和优先级设置的研究。他们的研究表明，模糊集理论可以为PPP项目合同风险管理提供一个有效的工具，有助于识别关键风险并制定相应的应对策略[⑤]。

---

① Li，W.，& Zhang，H.Contractual Risk Management in Public-Private Partnership Projects: A Systematic Review.*Journal of Management in Engineering*，2021，37(3)，07027003.

② Wang，P.，& Liang，Y.Contractual Risk Identification and Assessment in Public-Private Partnership Projects: Using Data Mining Methods for Risk Classification and Forecasting.*Automation in Construction*，2020，123，106293.

③ Xu，Z.，& Liang，L.Contractual Risk Management in Public-Private Partnership Projects: A Multi-perspective Framework for Decision-making Support.*International Journal of Project Management*，2021，39(4)，689—703.

④ Yang,L.,& Wang,Z.Preventive Measures and Mitigation Strategies for Contractual Risks in Public-Private Partnership Projects: An Empirical Study on China' s Railway Construction Projects.*Journal of Construction Engineering and Management*，2019，145(9)，04019019.

⑤ Cheng，G.，& Wang，Y.Contractual Risk Identification and Assessment in Public-Private Partnership Projects: Using Fuzzy Sets Theory for Risk Classification and Priority Setting.*Expert Systems with Applications*，2021，176(5)，135—153.

四、小结

研究文献都强调了在公私合作项目中识别和管理合同风险的重要性。提供了一些有效的方法和策略，但也存在一些差异。例如，一些研究更侧重于风险评估，而另一些研究更侧重于风险缓解。因此，对于公私合作项目管理者来说，需要根据具体的项目情况和风险环境，选择最适合的风险识别和管理方法。文献提供关于 PPP 项目合同风险管理的深入了解，并为实践者提供了有益的指导和建议。

本研究将 PPP 模式项目管理中各阶段与风险管理的相关性，在规划阶段、执行阶段、控制阶段。汇总绘制成为风险管理流程图（图 17-1）。

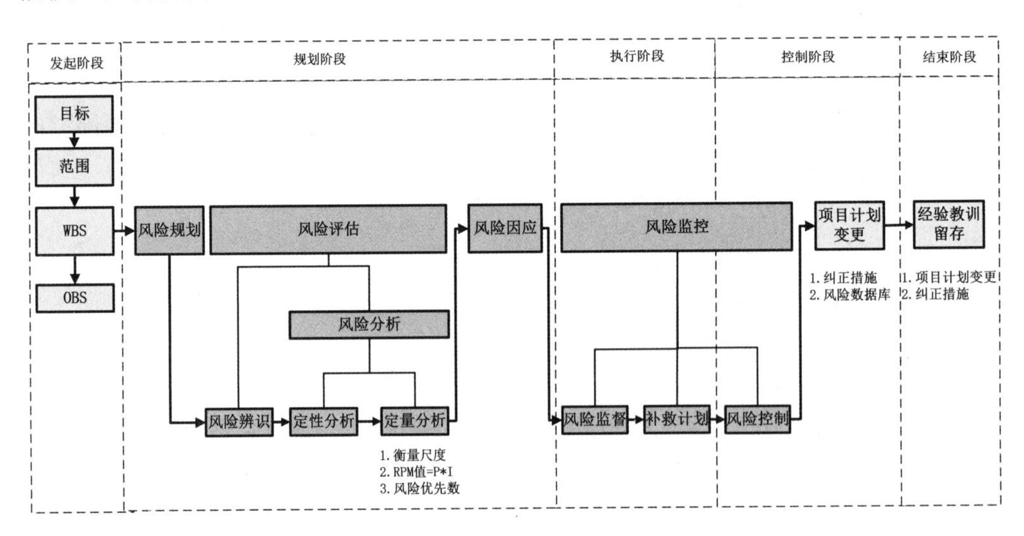

图17-1 PPP模式项目风险管理流程

数据源：本研究绘制

第二节　PPP 模式下工程招投标合同风险分类与识别方法

一、PPP模式合同风险类型及识别

合同风险是指在签订和履行合同过程中，由于各种不确定性因素，导致合同当事人面临损失的可能性。合同风险的类型主要包括违约风险、责任风险、知识产权风险、财务风险，导致无法按约履行合同义务的可能性。

（1）PPP 模式下工程招投标合同的特殊风险点分析，主要包括合作伙伴选择风险、项目执行风险、政策法规风险、市场风险技术风险。如果得不到有效的管理和控制，可能会对项目造成严重的影响和后果，如：项目延期、项目成本增加、项目质量下降，可能会导致合作伙伴破裂，从而影响到项目的合作和执行。

（2）在 PPP 模式下工程招投标，由于涉及的利益相关方较多，合同复杂度较高，因此需要采用更为系统化和针对性的风险识别方法。具体步骤如下：建立风险识别团队、收集信息、风险初步识别、制定风险清单、风险深入分析、制定应对策略。

（3）在工程招投标合同的风险管理中，常用的风险识别技术包括：环境分析法、头脑风暴法、因果分析法、环境分析法、风险矩阵法。

二、风险优先数矩阵

本研究以 PPP 模式风景园林建筑工程为例，采用“风险矩阵法”进行风险的识别、风险评估、风险应对。将风险因素按照其发生的可能性和影响程度进行分类和排序，形成风险矩阵，以便更好地管理和应对[①]。

评估原则为评估风险发生的概率与冲击程度，计算两者的成绩称为“风险优先数”（RPN risk priority number）（表 17-1）与风险优先数之乘积排序，优先数较大者代表风险较高，应该优先处理（表 17-2）。风险优先数矩阵（RPN）、发生概率（P）与冲击程度（I）之定义及置入 PPP 模式项目工程说明如下：

$$RPN=(P)\times(I)\cdots\cdots（1）$$

① Li, M., & Wang, L. Preventive Measures and Mitigation Strategies for Contractual Risks in Public-Private Partnership Projects: A Review. Journal of Construction Engineering and Management, 2019, 145(6), 04018078.

表17-1 风险优先数矩阵表（RPN）

		发生概率（P）				
		0.2	0.4	0.6	0.8	1.0
冲击程度（I）	0.2	0.04	0.08	0.12	0.16	0.2
	0.4	0.08	0.16	0.24	0.32	0.4
	0.6	0.12	0.24	0.36	0.48	0.6
	0.8	0.16	0.32	0.48	0.64	0.8
	1.0	0.2	0.4	0.6	0.8	1.0

数据源：本研究整理

表17-2 PPP项目风险发生概率与冲击程度定义

程度	发生概率（P）	冲击程度（I）
很低（0.2）	天然灾害导致营运停摆。	天然灾害导致施工环境损毁，中断项目施工作业执行。
低（0.4）	人为疏失引发火灾导致项目工作停摆。	案场因突发状况导致营运停摆并影响施工作业执行。
中（0.6）	特殊因素导致项目受阻致使施工停摆。	突发状况导致施工停摆，影响环境质量及损毁工程业主形象。
高（0.8）	施工机具使用之异常。	施工机具设施频率异常过高，影响工作执行期程，增加维修成本负担。
很高（1.0）	工作人员项目任务及工作进度落后。	每日质量管理未达标准，合约结束经甲方验收不符合质量要求。

数据源：本研究整理

三、风险应对

风险应对矩阵共包含四个象限，根据风险的冲击程度与发生概率排序，可划分为以下四种策略："避险""转移""降低"和"接受"（图17-2）。

（1）避险：优先数级距为0.8以上1.0以下，相关的影响事件原因包括"施工人员的工作态度""工作进度控制""质量基准的要求""机械设备异常无法运作"。上述四点需要实施避险措施，在事前规划相应的应对方案和补救办法。一旦发生其中任何一项，都可能严重增加成本支出、延长工期、导致质量要求难以满足，并对企业的形象造成损害进而影响业务利润。

（2）转移：优先数级距为 0.6 以上不满 0.8，相关影响事件原因包括“特殊因素导致施工工作中断”“对施工环境产生影响并损害公司形象”。上述两点须执行转移的动作，如为不可控制之因素，需与甲方协商赔偿与补偿之后续条款。

（3）降低：优先数级距为 0.4 以上不满 0.6，相关影响事件原因包括“人为疏忽导致不可接受的后果”“施工现场突发状况导致运营停滞从而影响施工执行”。上述两点须执行风险降低的行动，日常工作中要切实做好各类运营设施及机械设备的检查和维护工作，确保其始终处于最佳状态。

（4）接受：优先数级距为不满 0.4，相关影响事件原因包括“自然灾害导致运营停滞”“建筑物设施大面积损坏并中断施工现场运营”。上述两点由于自然灾害属于不可抗力因素，通常需要接受此类风险的发生。

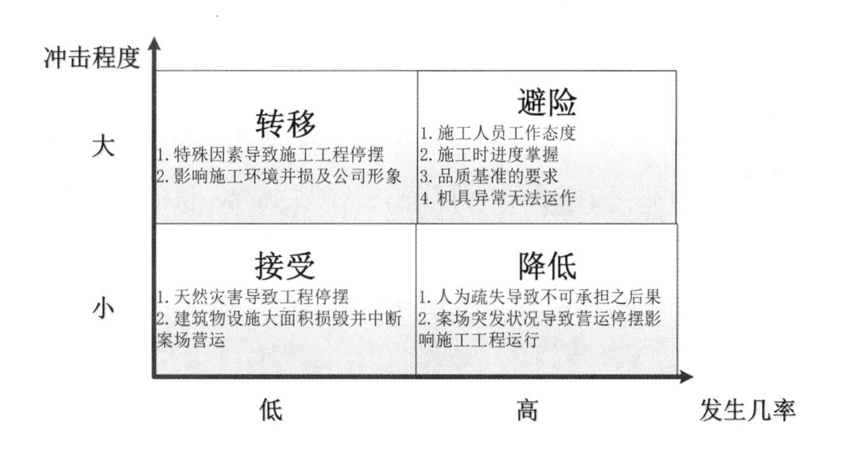

图17-2 风险应对矩阵图

数据源：本研究整理

针对风险应对矩阵，依据冲击程度与发生概率排序，拟定应对计划之具体行动（表 17-3）。

表17-3 风险应对层级处理原则及具体解决行动表

层级	处理原则	建议具体解决行动
避险	事前规划应对措施与补救办法	1. 事前缜密规划 2. 建构风险处理经验数据库
转移	如为不可控制之因素，需与甲方协商赔偿与补偿之后续条款	1. 投入保险 2. 加强劳工安全与卫生知识
降低	平时确实检查各类营运设施与使用机具，将之维持在最佳状态	1. 加强职前训练 2. 强化在职训练 3. 建构工作标准程序
接受	天然灾害为不可抗拒之因素	提高注意及讯息收集

数据源：本研究整理

第三节　合同风险防控策略与实际操作

一、风险防控的基本理念和原则

在 PPP 模式下，工程招投标合同的风险防控需要遵循一定的基本理念和原则。首先，要充分认识到风险防控的重要性，采取有效的措施进行风险管理和控制。其次，要贯彻“预防为主，防控结合”的原则，从源头抓起，积极预防潜在风险的发生，同时采取应对措施，防止风险扩大和扩散。最后，要建立完善的风险防控机制，包括风险评估、风险预警、风险应对等环节，实现风险防控的规范化、系统化和科学化。

二、针对PPP模式下工程招投标合同的风险管理措施

针对 PPP 模式下工程招投标合同的风险管理措施主要包括以下几个方面：建立完善合同管理制度、加强合同条款的审查和把关、建立合同履行过程中的监督机制、做好合同纠纷的处理工作。

在 PPP（Public-Private Partnership）模式下，工程招投标合同风险管理措施主要包括以下几个方面：

（1）建立完善合同管理制度：这是风险管理的基础，需要确保合同管理制度的

完整性和完善性。

（2）加强合同条款的审查和把关：对于合同中的各项条款进行严格的审查，确保所有风险因素都得到妥善处理。

（3）建立合同履行过程中的监督机制：在合同执行过程中，需要有有效的监督机制来确保合同各项条款得到正确执行。

（4）做好合同纠纷的处理工作：对于可能出现的合同纠纷，要有预先设定的处理机制和流程，以便及时解决。

（5）公开招标与项目分析：在 PPP 项目招标前对项目本身进行分析，确保采购标的的核心参数明确且具体。

（6）征求使用者意见：鉴于 PPP 项目最终服务于广大人民群众，应在项目前期界定过程中征求公众的合理化建议。

（7）风险分担：明确各方在项目中的风险分担，尤其是在建设期开始之前的审批、融资等风险的管理。

（8）政府的角色：为因应未来数字化时代的来临，政府应建立健全有关 PPP 项目的法规以及业界规范，加速培养 PPP 项目管理的专业人才，才能促进管理效能提升。

（9）合作模式的规范：公部门与社会资本方应按照专门合同的约定开展合作，共同开展项目的全过程管理。

总的来说，通过上述措施，可以有效地管理和控制 PPP 模式下工程招投标合同的风险，确保项目的顺利实施和成功交付。同时，这些措施也有助于提高项目的透明度，增强公众信任，促进政府与社会资本的有效合作。

三、通过实例分析如何制定和执行有效的风险防控措施

为了更好地说明 PPP 模式下工程招投标合同风险防控策略的制定和执行，以下通过一个实例进行分析。

假设某行政主管机关计划通过 PPP 模式建设风景园林建筑工程，需要进行招投标选择施工单位。在招标过程中，该行政主管机关制定了严格的风险防控措施，主要包括以下几个方面：

（1）在招标文件中明确列出各项风险因素，包括工期、质量、安全、环保等方面的要求，同时明确责任承担方和处罚措施。

（2）对投标方进行严格的资格审查，包括企业资质、业绩、技术实力等方面，确保投标方具备承担风险的能力和信誉。

（3）在评标过程中，除了考虑报价因素外，还对投标方的技术方案、施工组织设计等进行详细评审，确保中标方具备合理的技术实力和施工能力。

（4）在合同签订前，与中标方进行详细的谈判和协商，确保合同条款的公平性和合理性，避免因合同漏洞而引发风险。

（5）在合同履行过程中，建立定期检查和评估机制，及时发现和解决潜在风险。同时建立有效的监督机制，对中标方的施工进度、质量、安全等方面进行全面监控。

（6）针对可能出现的风险因素，制定应急预案和应对措施，确保在突发情况下能够及时采取有效措施应对。

通过以上措施的制定和执行，该公部门成功地选择了合适的施工单位，确保了风景园林建筑工程，在建设过程中的各项风险得到有效防控和管理。同时，该案例也表明了 PPP 模式下工程招投标合同风险防控策略的重要。

总的来说，PPP 模式下的工程招投标合同风险管理是一个复杂且重要的任务。通过世界各地成功的案例可以看到，有效的风险管理不仅需要明确的合同条款，还需要建立完善的风险管理体系和引入第三方担保机制。在中国的实际情况中，可以从建立健全风险管理组织架构、精细化管理和引入第三方担保机制等方面进行借鉴和应用。只有这样，才能确保 PPP 模式下的工程项目顺利进行，降低合同风险，保障各方的权益。同时，这也为未来的公私合作项目提供了宝贵的经验和启示。

第四节　新技术影响 PPP 项目风险管理发展趋势

面对 PPP 项目风险和挑战，未来公私协力模式下的工程招投标，合同风险管理将注重全面风险管理、数字化转型和智能化技术应用。将对市场环境、法律法规、承包商资质进行深入分析，制定完善的风险管理措施。同时，通过数字化转型优化招标流程，提高效率和透明度，利用 AI、大数据和区块链等智能化技术预测和识别风险。此外，新技术也将有利于加强对承包商的管理和监管，确保其资质、信誉和履约能力。

一、AI与风险管理

（1）智能预警：AI 可以通过机器学习算法对大量历史数据进行分析，提前发现潜在风险，提供及时的风险预警，帮助 PPP 项目管理者预防或减轻风险损失。

（2）自动化监控：AI 可实时监控项目进展，自动检测异常变化，精准定位风险点，减少人工监督误差。

（3）智能决策辅助：AI 可在风险评估中模拟多种情境，预测不同决策方案的结果，为 PPP 项目团队提供科学决策依据。

二、大数据在风险管理中的应用

（1）数据驱动的风险识别：大数据分析技术可以收集和处理海量信息，挖掘隐藏在数据背后的规律和关联，有效识别 PPP 项目中的未知风险和不确定性。

（2）动态风险评估：通过实时更新的数据源，项目管理者可以连续监测风险状况的变化，实现动态风险评估，提高风险管理的时效性和准确性。

（3）精细化成本控制：大数据可以帮助精确计算成本，量化风险成本，为 PPP 项目成本预算和风险管理提供数据支撑。

三、区块链技术赋能风险管理

（1）透明化：区块链技术的分布式账本特性提高了信息透明度，确保所有参与方都能查看到项目全程的真实记录，降低信息不对称引发的风险。

（2）安全性与信任度：区块链的加密技术和共识机制增强了交易的安全性和合同履行的信任度，降低欺诈、违约等风险。

（3）智能合约：通过智能合约技术，PPP 项目中的诸多契约条款可被编程并自动执行，一旦触发预设条件，风险应对措施就能立即生效，提高风险管理的自动化水平。

第十八章 PPP 模式优化 ESG 发展愿景

本文全面探讨了在 PPP 项目中的个案中，应用 ESG 理念具有重要的价值和意义。研究个案范畴 PPP 模式包括：在特色小镇、生物医药产业园区、社区基础建设、财务协商机制、可行性评估、风险识别与应对策略、风景园林碳汇功能等诸多领域的应用研究。主要关注特色小镇地方特色产业建设中的 PPP 发展模式，探究其引入的必要性、优势、问题及对策，并指出 PPP 模式对于 ESG 发展的重要助推作用和未来趋势。

1. 深入研究了 PPP 模式在生物医药产业园区开发中的战略意义与实践路径，通过世界各地案例分析证明其在促进产业发展、提高效益及应对生物医药市场变化方面的价值。

2. 集中于 BIM+IPD 协同管理模式在 PPP 项目中的引入，展示了其在提高项目管理效率、降低成本、优化全生命周期功能上的潜力，同时揭示了协同管理存在的问题与改进空间。

3. 结合 PPP+BIM 技术在特色小镇建设中的应用，强调了该组合模式在财务管理、成本控制、协商机制调整以及提高项目总体效益上的显著效果。

4. 重点关注地方特色产业 PPP 社区基础建设的财务环境特点，通过实例分析 PPP 模式在融资、成本效益控制、风险分摊等方面的作用，提出了优化 PPP 项目执行环境的措施和建议。

5. 深入研究了 VFM 与 PSC 整合在 PPP 项目可行性评估中的应用，展现了其在提供全面评估视角、提升项目绩效、优化决策制定等方面的重要价值，并指出了实施过程中面临的挑战和改进方向。

6. 聚焦 PPP 模式下工程招投标合同风险识别与应对策略，详细介绍了风险类型、识别方法和防控措施，突显了 PPP 模式下合同风险管理的重要性。

7. 探讨了碳中和目标下风景园林碳汇功能与 PPP 模式相结合的平台机制，论证了 PPP 模式在促进风景园林碳汇项目发展、提升经济效益、改善环境质量等方面的作用，并提出了具体实施策略和建议。

整体而言，本书通过对 PPP 模式多方位、多领域的研究，为中国 PPP 项目实践提供了理论依据与实操指南，同时也体现了 PPP 模式在现代经济社会建设中的广阔应用前景与变革动力。

第一节　PPP 模式面临的机遇与挑战

公私协力 PPP（Public-Private Partnership）模式在全球范围内得到了广泛应用，尤其在基础设施建设、公共服务提供、特色产业开发等领域表现出显著优势。然而，PPP 模式同样面临着一系列机遇与挑战：

一、机遇

政策支持与市场需求增长：随着政府对基础设施和公共服务投资的重视以及财政压力的增大，PPP 模式成为政府拓宽资金来源、提高公共服务效率的重要途径，受到国家和地方政策的大力倡导与支持。

技术创新与产业升级：AI、大数据、BIM 等先进技术的引入，为 PPP 项目的规划、设计、建设和运维带来了更高的效率与更低的成本，也为 PPP 模式赋予了新的活力与可能性。

社会资本涌入与金融创新：社会资本对 PPP 项目表现出浓厚兴趣，金融机构不断创新融资模式，如发行 ABS、REITs 等金融产品，为 PPP 项目提供多样化的资金解决方案。

国际合作与市场开放：全球化背景下，国际间的 PPP 合作日益增多，跨国企业和外国资本的参与拓宽了 PPP 项目的合作领域与规模。

二、挑战

法律与监管体制不完善：PPP 项目涉及复杂的法律关系和较长的生命周期，而一些国家和地区现行的法律法规尚未完全适应 PPP 模式的需求，监管机制有待健全。

风险分配与平衡难度大：如何在政府与社会资本之间公平合理地分配风险，防止风险过度集中在一方，成为PPP项目成功与否的关键，同时也是实践中的一大挑战。

信息不对称与透明度不足：PPP项目往往包含大量敏感信息，透明度不足可能导致公众质疑和社会信任危机，同时也会加大项目参与者之间的信息不对称，增加项目风险。

社会资本参与积极性波动：市场环境变化、经济周期波动等因素会影响社会资本对PPP项目的投资信心和参与热情，可能导致项目融资困难。

项目执行复杂度高：PPP项目的筹备、招标、建设、运营等各个环节涉及众多主体，协调难度大，项目周期长，增加了项目执行的复杂性和不确定性。

第二节　各国执行政策和监管框架

一、不同国家政策框架

（一）欧盟的政策框架

在欧盟，ESG理念在PPP项目中的应用得到了政策层面的大力支持。欧盟通过其绿色债券倡议和可持续金融框架，鼓励成员国在PPP项目中融入ESG要素。例如，欧盟的《可持续金融分类方案》明确了哪些项目可以被认为是“绿色”或“可持续”的，从而为投资者提供了清晰的指引。

（二）美国的政策框架

美国政府在PPP项目中推广ESG理念主要通过提供税收优惠和财政补贴等激励措施。此外，美国证券交易委员会（SEC）也要求上市公司在报告中披露与ESG相关的信息和风险。

（三）中国的政策框架

中国政府在近年来大力推广绿色PPP项目，通过制定一系列政策文件，如《关于推进政府和社会资本合作规范发展的实施意见》等，明确了在PPP项目中引入ESG理念的方向和要求。同时，中国政府还通过设立绿色债券、提供财政补贴等方式，支持绿色PPP项目的实施。

二、监管框架的作用

在推动ESG理念在PPP项目中的应用中，监管框架发挥着至关重要的作用，重要性如下：

1. 监管框架可以确保PPP项目符合国家的可持续发展目标和战略方向

通过制定明确的政策和规定，政府可以引导社会资本投向符合ESG标准的项目，从而推动经济的绿色转型。

2. 监管框架可以为投资者提供清晰的指引和保障

通过规定PPP项目的ESG标准和披露要求，监管框架可以帮助投资者识别和评估项目的可持续性和风险，从而做出更加明智的投资决策。

3. 监管框架还可以促进PPP市场的健康发展

通过加强对PPP项目的监管和管理，可以防止市场出现无序竞争和不良行为，保障投资者的合法权益，推动PPP市场的长期稳定发展。

综上所述，政策和监管框架在推动ESG理念在PPP项目中的应用中发挥着至关重要的作用。未来，随着全球对可持续发展和环境保护的日益重视，各国政府应继续完善相关政策和监管框架，以推动PPP项目在ESG领域的深入发展。

三、ESG在PPP项目中的实践路径

（一）实施步骤

将ESG理念成功融入PPP项目中，需要经历一系列细致且有序的步骤。以下是实现这一目标的具体步骤：

1. 理念导入与初步评估

首先，在项目启动阶段，应将ESG理念导入项目团队中，确保所有关键利益相关者对ESG的重要性有清晰的认识。接下来，进行初步评估，分析项目在环境、社会和治理方面的现状，识别潜在的ESG风险和机遇。

2. 定ESG融入策略

基于初步评估的结果，制定具体的ESG融入策略。这一策略应明确如何在项目的设计、融资、建设、运营等各个阶段融入ESG理念，以及如何与项目的长期目标

和可持续发展目标相结合。

3. 制定 ESG 指标体系

为了有效监测和评估 ESG 理念在 PPP 项目中的实施效果，需要建立一套全面而具体的 ESG 指标体系。这套指标应涵盖环境、社会和治理三个方面的关键指标，能够反映项目在 ESG 方面的绩效表现。

4. 实施监测与持续改进

在项目执行过程中，需要建立有效的监测机制，定期对项目的 ESG 绩效进行评估。同时，根据监测结果，及时调整 ESG 融入策略，确保项目能够持续改进，不断提升在 ESG 方面的表现。

5. 利益相关者参与与沟通

在项目实施过程中，积极邀请利益相关者参与，充分听取他们的意见和建议。同时，通过定期沟通，向利益相关者展示项目在 ESG 方面的努力和成果，增强项目的透明度和公信力。

（二）实践方法

为了将 ESG 理念有效地融入 PPP 项目中，可以采取以下实践方法：

1. 引入 ESG 顾问团队

可以引入具有丰富经验的 ESG 顾问团队，为项目提供专业指导和建议。这些顾问团队可以帮助项目识别 ESG 风险和机遇，制定具体的 ESG 融入策略，以及建立有效的监测机制。

2. 强化 ESG 培训与教育

对项目团队进行 ESG 培训和教育，提高他们对 ESG 理念的认识和理解。通过培训，使团队成员能够熟练掌握 ESG 融入策略和实施方法，确保项目在 ESG 方面的顺利实施。

3. 建立跨部门协作机制

在 PPP 项目中，建立跨部门协作机制至关重要。通过跨部门协作，可以确保 ESG 理念在项目的各个阶段得到充分考虑和实施。同时，这种协作机制还可以促进信息共享和资源整合，提高项目的整体效率和绩效。

4. 利用数字化工具进行 ESG 管理

借助先进的数字化工具和技术手段，可以更有效地进行 ESG 管理。例如，可以利用大数据分析和人工智能技术，实时监测项目的 ESG 绩效表现，及时发现问题并采取相应措施进行改进。

5. 定期公开 ESG 报告

定期公开 ESG 报告是向利益相关者展示项目在 ESG 方面努力和成果的重要途径。通过公开透明的报告机制，可以增强项目的公信力和影响力，吸引更多的资金和支持。同时，这也是一种有效的监督机制，可以促使项目团队更加注重 ESG 方面的表现。

第三节　实践案例研究分析

一、操作细节分析

本书收集及深入分析 ESG 理念在具体 PPP 项目中的操作细节。首先，需要关注的是如何将 ESG 理念融入项目的设计阶段。以某城市轨道交通项目为例，在项目初步设计阶段，就将环境影响评估作为重要的考虑因素。这意味着在规划线路时，项目团队需要评估不同线路对环境的影响，优先选择那些对自然生态和居民生活影响较小的线路。此外，在项目设计阶段还需考虑社会因素，如公众参与度、社区意见反馈等，确保项目的实施能够得到社会的广泛支持和认可。

其次，是项目建设和运营阶段的操作细节。在项目建设过程中，严格遵循环境保护法规，确保施工活动不会对周边环境造成破坏。例如，对施工现场的噪声、扬尘等进行严格控制，使用环保材料和技术，降低对环境的污染。在运营阶段，项目团队还需要关注社会治理方面的问题，如与地方政府、社区和其他利益相关方的沟通合作，共同维护项目的稳定运营。

二、效果评估工作

对于 ESG 理念在 PPP 项目中的实践效果进行评估是至关重要的。这不仅可以检验项目团队对 ESG 理念的执行情况，还可以为未来类似项目提供宝贵的经验和借鉴。评估工作通常包括以下几个方面。

（1）对环境影响的评估。

通过对项目实施前后环境状况的对比分析，可以评估项目对环境的影响程度。例如，对于城市轨道交通项目，可以通过对空气质量、噪声污染等指标的监测，评估项目实施后的环境改善情况。

（2）对社会影响的评估。

这包括对当地居民生活的影响、对社会经济发展的贡献等方面。例如，通过问卷调查和访谈的方式收集居民对项目实施的意见和建议，了解项目对居民生活的影响；同时，通过分析项目对当地就业、经济增长等方面的贡献，评估项目对社会经济的影响。

（3）对治理效果的评估。

这主要关注项目团队与各方利益相关者的合作情况和沟通机制的有效性。例如，可以通过对利益相关者满意度的调查，评估项目团队在沟通协作方面的表现；同时，分析项目团队在项目管理和风险控制方面的措施和效果，评估项目的整体治理水平。

综上所述，通过对ESG理念在PPP项目中的操作细节和效果评估进行深入分析，可以为未来类似项目提供有益的参考和借鉴。同时，这也有助于推动PPP模式在全球范围内的可持续发展和广泛应用。

第四节　研究发现与建议

一、研究发现

本研究深入探讨了ESG理念在公私合作制（PPP）项目中的应用，并得出了以下重要结论。

（1）ESG理念在PPP项目中的应用具有巨大的潜力和价值。

通过将环境、社会和治理因素纳入项目规划和实施中，不仅能够提升项目的长期可持续性，还能够增强项目的社会影响力和吸引力。这有助于引导更多的资本流向有利于社会和环境的项目，促进经济和社会的协调发展。

（2）ESG理念在PPP项目中的应用面临着诸多挑战和限制。

这包括缺乏统一的ESG标准和评估方法、项目参与方对ESG理念的认知不足，以及政策和监管框架的不完善等。这些挑战限制了ESG理念在PPP项目中的广泛应用和深入实施。

（3）政策和监管在推动 ESG 理念在 PPP 项目中的应用中发挥着关键作用。

通过建立明确的政策和监管框架，可以为项目参与方提供指导和支持，促进 ESG 理念的应用和落地。同时，政策和监管也可以引导和激励更多的资本流向符合 ESG 标准的 PPP 项目，推动经济和社会的可持续发展。

二、未来应用策略和建议

基于以上研究发现，提出以下针对未来ESG理念在PPP项目中应用的策略和建议：

（1）制定统一的 ESG 标准和评估方法。

为了解决当前 ESG 标准多样性和评估方法不统一的问题，建议相关机构和组织制定统一的 ESG 标准和评估方法。这有助于为项目参与方提供明确的指导和参考，促进 ESG 理念在 PPP 项目中的广泛应用和深入实施。

（2）加强 ESG 理念教育和培训。

为了提升项目参与方对 ESG 理念的认知和应用能力，建议加强 ESG 理念的教育和培训。这可以通过组织培训课程、编写教材、开展案例研究等方式实现，帮助项目参与方更好地理解和应用 ESG 理念。

（3）完善政策和监管框架。

为了推动 ESG 理念在 PPP 项目中的应用，建议政府和相关机构完善政策和监管框架。这包括制定针对PPP项目的ESG政策、建立ESG监管机制、提供税收和财政支持等。这些政策和措施可以为项目参与方提供支持和激励，促进 ESG 理念的应用和落地。

（4）加强国际合作与交流。

为了借鉴和学习国际上的成功经验和做法，建议加强国际合作与交流。这可以通过参加国际会议、组织研讨会、开展合作项目等方式实现，帮助我们更好地应用 ESG 理念在 PPP 项目中。

综上所述，ESG 理念在 PPP 项目中的应用具有重要的价值和意义。通过制定统一的 ESG 标准和评估方法、加强 ESG 理念教育和培训、完善政策和监管框架以及加强国际合作与交流等策略和建议的实施，我们可以推动 ESG 理念在 PPP 项目中的广泛应用和深入实施，促进经济和社会的可持续发展。

参考文献

[1] 徐震．社区发展—方法与研究 [M].TPE 市：案例地区文化大学出版社，1985.

[2] 黄世孟编．“基地规划导论” [M]. 案例地区建筑学会出版，1995.

[3] 萧江碧，黄定国．城市与建筑防灾整体研究架构之规划 [M]. 案例地区内政事务主管部门建筑研究所筹备处，1995.

[4] 吴英明．公私部门协力关系之研究：兼论城市发展与私部门联合开发 [M]. 复文出版社，1996.

[5] 林树，等.HSZ 市眷村田野调查报告书 —— 竹篱笆内的春天 [M].HSZ 市：HSZ 市立文化中心，1997.

[6] 中兴工程顾问．奖励民间参与投资开发方式研选 [M].“奖励民间参与大鹏湾风景区开发审查规定之研究〞案例地区交通事务主管部门观光局大鹏湾风景区管理处，1997.

[7] 王海山，等．科学方法百科 [M]. 恩凯出版社，1998：17—18.

[8] 个案乡村地区环境保护局．创造城乡新风貌—个案乡村地区推动社区活动生活环境改造成果专辑 [M].1998.

[9] 林振春．案例地区社区教育发展之研究 [M].TPE 市：师大书苑，1999.

[10] 个案乡村地区环境保护局.88 年下半年及 89 年度创造城乡新风貌—个案乡村地区推动社区活动生活环境改造成果专辑 [M].2000.

[11] 杜拉克，等．绩效评估哈佛商业评论精选 [M]. 导读　许士军．TP：天下文化，2000.

[12] 萧江碧，张益三.CYI 市城市防灾空间系统规划 [M]. 案例地区内政事务主管部门建筑研究所，2000.

[13] 王荣文 . 社区总体营造总体检调查报告书 [M]. 远流出版事业股份有限公司，2001：59，146—149.

[14] 萧江碧， 李永龙 .NTC 市城市防灾空间系统规划 [M]. 案例地区内政事务主管部门建筑研究所，2002.

[15] 程明修 . 行政法之行为与法律关系理论 [M]. 学林文化，2006.

[16] 李宗勋 . 政府业务委外经营：理论， 策略与经验 [M]. 智胜文化，2007.

[17] 萧家兴 . 社区规划学：住宅建筑社区化之规划（二版）[M]. 唐山出版社，2008.

[18] 王守清， 柯永建 . 特许经营项目融资 (BOT、PFI 和 PPP)[M]. 北京：清华大学出版社， 2008.

[19] 戴春宁主编； 王守清主审 .“中国对外投资项目案例分析——中国进出口银行海外投资项目精选”[M]. 北京：清华出版社，2009.

[20] 柯永建，王守清 . 特许经营项目融资 (PPP)：风险分担管理 [M]. 北京：清华大学出版社，2011.

[21] 柯一清 . 可持续经营的社区营造策略 [M].TPE 市：白象文化事业有限公司，2013：28—30.

[22] 臧一哲 . 我国农村基础设施投资模式组合 [M]. 青岛: 中国海洋大学出版社，2015.

[23] 盛和太，王守清 . 特许经营项目融资 (PPP)：资金结构选择 [M]. 北京：清华大学出版社，2015.

[24] 陈辉 .PPP 模式手册：政府与社会资本合作理论方法与实践操作 [M]. 北京：知识产权出版社，2015.

[25] 周兰萍 .PPP 项目运作实务 [M]. 北京：法律出版社， 2016.

[26] 蒲明书，罗学富， 周勤 .PPP 项目财务评价实战指南 [M]. 北京：中信出版社，2016.

[27] 童志锋 . 智慧城管：杭州市上城区智能化城市治理研究 [M]. 杭州：浙江大学出版社，2016.

[28] 丁伯康 . PPP 模式运用与典型案例分析 [M]. 北京：经济日报出版社，2017.

[29] 陈青松，张建红 . 绿色金融与绿色 PPP[M]. 北京：中国金融出版社，2017.

[30] 王守清，王盈盈 . 政企合作 (PPP)：王守清核心观点 [M]. 北京：中国电力出版社，2017.

[31] 陈青松，任兵，王政编着 . 特色小镇与 PPP：热点问题商业模式典型案例 [M]. 北京：中国市场出版社，2017.

[32] 姚秀华 . PPP 模式管理实务 —— 政府和社会资本合作基础理论及其项目生命周期实践指南 [M]. 北京：经济管理出版社，2017.

[33] 曹珊 . PPP 运作重点难点与典型案例解读 [M]. 北京：法律出版社，2018.

[34] 冯伟，张俊玲，李娟 . BIM 招投标与合同管理 [M]. 北京：化学工业出版社，2018.

[35] 任志涛 . 中国特色的 PPP 项目可持续运行机制研究 [M]. 北京：经济科学出版社，2018.

[36] 北京金准咨询公司 . 我们这样做 PPP：金准案例与思考 [M]. 北京：中国计划出版社，2018.

[37] 任兵，张雅洁，赵博 . BIM+PPP：项目全生命周期管理实务与操作案例 [M]. 中国市场出版社，2018.

[38] 王盈盈，冯珂，王守清 . 特许经营项目融资 (PPP)：实务问答 1000 例 [M]. 北京：清华大学出版社，2018.

[39] 韩志峰主编；李开孟等副主编 . 中国政府和社会资本合作 (PPP) 典型案例 [M]. 北京：中国计划出版社，2018.

[40] 杜涛 . 中国式 PPP 发展纪实 [M]. 北京：经济日报出版社，2019.

[41] 杨佳佳 . 建筑装饰工程 BIM 技术应用 [M]. 中国纺织出版社，2019.

[42] 张国华 . BIM 改变了什么：BIM+ 工程造价 [M]. 北京：机械工业出版社，2019.

[43] 何军等编着 . 中国生态环境 PPP 发展报告 [M]. 北京：中国环境出版集团，2019.

[44] 杨宝昆 . PPP-BIM 项目全生命周期管理与咨询理论及实务 [M]. 天津大学出版社，2019.

[45] 周月萍，周兰萍（顾问：王守清）.PPP 项目困境破解与再谈判 [M]. 北京：法律出版社，2019.

[46] 傅庆阳，张阿芬，李兵 .PPP 项目绩效评价理论与案例 [M]. 北京：中国电力出版社，2019.

[47] 张登国，邢志航 . 中国特色小镇建设的理论与实践研究 [M]. 北京：人民出版社，2019.

[48] 王茹，魏静 . 结构工程 BIM 技术应用 [M]. 北京：高等教育出版社，2020.

[49] 陈青松，刘俊，赵朴花，李勇成编着 . 乡村振兴 PPP 实操指南 [M]. 中国建筑工业出版社，2020.

[50] 杨宝昆 .PPP+BIM 项目全生命周期管理与咨询最佳实践 [M]. 天津：天津大学出版社，2020.

[51] 王大地，黄洁 .ESG 理论与实践 [M]. 北京：经济管理出版社，2021.

[52] 李志青，符翀 .ESG 理论与实务 [M]. 上海：复旦大学出版社，2021.

[53] 杜静，匡彪，高慧 . 基础设施项目运用 PPP 模式的 VFM 评价研究 [M]. 南京：东南大学出版社，2021.

[54] 高云峰，吴东平，卢建新 . 海绵城市 PPP 投融资模式及绩效评价研究 [M]. 北京：光明日报出版社，2021.

[55] 约翰・希尔 .ESG 实践 [M]. 北京：中信出版集团，2022.

[56] 邢志航 . 公共基础设施闲置及公私协力 (PPP) 活化机制实践 [M]. 北京：新华出版社，2023.

[57] 马自立 . 军眷村改建住宅可行途径之研究 [J]. 土地金融季刊，1990，27(4)：163—207.

[58] 胡台丽 .“芋仔与番薯—案例地区荣民的族群关系与认同”[J]. 案例地区研究院民族学研究所集刊，1990 (69)：107—132.

[59] 林瑞钦 . 社区意识的概念、测量与提振策略 [J]. 社会发展研究学刊，1994(1)：1—21.

[60] 吴英明 . 公私部门协力关系和“公民参与”之探讨 [J]. 案例地区行政评论，1993，2(3)：1—14.

[61] 黄富顺．“加强社区意识建立祥和社会的途径” [J]．社会发展学刊，1994(1)：12，23—33.

[62] 吴济华．推动民间参与都市发展：公私部门协力策略之探讨 [J]．案例地区经济，1994(208)：1—15.

[63] 李永展，何纪芳．社区环境规划新典范 [J]．建筑学报，1995（12）.

[64] 徐震．论社区意识与社区发展 [J]．社会建设，1995(90)：1—4.

[65] 杨冠政．生态中心伦理 [J]．环境教育季刊，1996（30）.

[66] 蔡玫亭，陈慧君．“捷运系统财务计划概述 —— 以 TXG 捷运系统为例”[J]．住都双月刊，1996(119).

[67] 陈恒钧．由“公私部门合伙”观念谈民众参与政府建设 [J]．人力发展月刊，1997 (47)：32—41.

[68] 陈佳骆．《公共政策：政府与市场的观点》是一本值得一读的学术著作 [J]．城市，1998，(4)：1.

[69] 张益三．城市防灾规划之研究 [J]．1999：6—7.

[70] 冯正民，钟启桩．交通建设 BOT 案政府对民间造成之风险分析 [J]．运输计划季刊，2000，29(1)：79—108.

[71] 郭素贞，高守智．BOT 专案财务规划之利息成本计算 [J]．营建管理季刊，2000 (43)：43—44.

[72] 丘昌泰．政府业务委外经营的三部曲模式 [J]．人事月刊，2002，34(5)：49—53.

[73] 蔡佳容，邱炯友．公共图书馆之 BOT 模式研究 [J]．图书与资讯学刊，2002 (43)：46—67.

[74] 胡淑贞，蔡诗蕙．“WHO 健康城市概念”[J]．健康城市学刊，2003(1)：1—7.

[75] 黄明圣，黄成斐．BOT 案之财务规划 —— 以政大学生宿舍为例 [J]．财税研究，2003，35(3)：159—183.

[76] 黄世杰．财务问题是 BOT 成败的关键 [J]．工程，2003，76(2)：102—106.

[77] 吴玉成．案例地区当前社区健康环境与空间营造的问题与可能性 [J]．案例地区健康城市学刊，2004(2)：1—11.

[78] 王佩如， 胡淑贞 . 健康社区伙伴关系的影响因素 [J]. 案例地区健康城市学刊，2004(2)：24—32.

[79] 张珩，邢志航 . 生态社区理念于社区环境落实之研究 —— 以 TNN 乡村社区为例 [J]. 建筑与规划学报，2004，5(1)：29—46.

[80] 王和源， 林仁益， 谢胜寅 . 以分析层级程序法（AHP）评估游艇港埠建设 BOT 可行性研究：以枋寮游艇港为例 [J]. 价值管理，2004（6）：20—29.

[81] 李宗勋 . 公私协力与委外化的效应与价值：一项进行中的治理改造工程 [J]. 公共行政学报，2004（12）：41—77.

[82] 杨荣宗 . 校园数位落差应对策略分析之研究 [J].KHH 师大学报：自然科学与科技类，2004（17）：311—335.

[83] 张家春， 唐瑜忆 .TP 花卉批发市场 BOT 之财务规划研究 [J]. 昆山科技大学学报，2005（2）：127—138.

[84] 张学圣，黄惠愉 . 都市更新公私合伙开发模式与参与认知特性之研究 [J]. 立德学报，2005，2(2)：59—76.

[85] 陈淑眉， 胡淑贞 . “社区健康评估与健康社区评估的异同” [J]. 健康城市学刊，2005 (3)：1—9.

[86] 柯伯升， 杨明昌 .KS 捷运 BOT 计划厂站联合开发之财务评估与风险分析 —— 以南机厂开发计划为例 [J]. 货币市场，2005，9(2).

[87] 陈明灿， 张蔚宏 . 案例地区促进民间参与公共建设法下 BOT 之法制分析：以公私协力观点为基础 [J]. 公平交易季刊，2005，13(2)：41—75.

[88] 张琼玲，张力亚 . 政府业务委外经营管理及运作过程之研究 —— 以 TP 市政府社会局为例 [J]. 华冈社科学报，2005（19）：31—59.

[89] 康照宗， 冯正民， 黄思绮 . 以政府观点构建 BOT 计划权利金模式 [J]. 管理学报，2005，22(2)：173—189.

[90] 郑人豪 . 政府采购模式与促参模式之比较 —— 探讨基础公共建设公益性变迁 [J]. 案例地区经济研究月刊，2006，29(9)：32—38.

[91] 蔡明惠， 陈宏斌， 李明儒 . “七美乡居民吸烟喝酒及嚼槟榔盛行率调查 - 兼论社区健康营造策略” [J]. 社区发展季刊，2006 (115)：309—322.

[92] 钟文传．民间参与公共建设管理策略研究 [J]. 中华建筑技术学刊，2007，4(1)：71—88.

[93] 洪德仁，周家慧．“营造一个让人感到幸福健康的社区建构北投社区健康福祉网络的刍议”[J]. 社区发展季刊，2007，(116)：193—195.

[94] 吴杰颖，康良宇. 社区防灾推动之探讨——以“社区防救灾总体营造计划”为例 [J]. 社区发展季刊，2007(116)：216.

[95] 刘怡君，陈海立．社区防灾总动员专题报道：灾害防救科技 [J]. 科学发展，2007(410)：52.

[96] 邱吉鹤．公共工程执行绩效的评估：一种交易失灵模式的应用 [J]. 公共行政学报，2009（32）：1—31.

[97] 陈博亮，冯文滨．加入决策弹性以强化高市场风险之 BOT 计划之可行性：以 TT 深层海水生物技术园区计划为例 [J]. 中国土木水利工程学刊，2011，23(1)：93—102.

[98] 林淑馨．民间参与公共建设的迷思与现实：日本公立医院 PFI 之启示 [J]. 公共行政学报，2011（39）：1—35.

[99] 曾贤刚，李琪，孙瑛，魏东. 可持续发展新里程 问题与探索——参加“里约 +20”联合国可持续发展大会之思考 [J]. 中国人口•资源与环境，2012，22(8)：7.

[100] 苏南．论公共工程契约债务不履行之损害赔偿 [J]. 财产法暨经济法，2013（33）：173—243.

[101] 郭幸萍，吴纲立．公私合伙观点之古迹再利用委外经营决策影响因素之研究：多群体分析 [J]. 建筑学报，2013(84)：141—61.

[102] 刘晓凯，张明．全球视角下的 PPP：内涵、模式、实践与问题 [J]. 国际经济评论，2015(04)：53-67+5.

[103] 陶思平．PPP 模式风险分担研究 —— 基于北京市轨道交通的分析 [J]. 管理现代化，2015(04)：85—87.

[104] 李妍，赵蕾．新型城镇化背景下的 PPP 项目风险评价体系的构建 —— 以上海莘庄 CCHP 项目为例 [J]. 经济体制改革，2015（05）：17—23.

[105] 杜亚灵，尹贻林．基于典型案例归类的 PPP 项目盈利模式创新与

发展研究[J]. 工程管理学报，2015（05）：50—55.DOI:10.13991/j.cnki.jem.2015.05.010.

[106] 冯珂，王守清，伍迪，等 . 基于案例的中国 PPP 项目特许权协议动态调节措施的研究 [J]. 工程管理学报，2015，29(03)：88—93.DOI:10.13991/j.cnki.jem.2015.03.016.

[107] 李丽，丰景春，钟云，薛松 . 全生命周期视角下的 PPP 项目风险识别 [J]. 工程管理学报，2016（01）：54—59.DOI:10.13991/j.cnki.jem.2016.01.010.

[108] 向鹏成，宋贤萍 .PPP 模式下城市基础设施融资风险评价 [J]. 工程管理学报，2016(01)：60—65.doi:10.13991/j.cnki.jem.2016.01.011.

[109] 宁勇，赵世强 . 基于 AHP 的轨道交通 PPP 项目全生命周期风险识别 [J]. 北京建筑大学学报，2016(02)：28-32+40.

[110] 王颖林，刘继才，赖芨宇 . 基于投资方投机行为的 PPP 项目激励机制博弈研究 [J]. 管理工程学报，2016(02)：223—232.doi:10.13587/j.cnki.jieem.2016.02.028.

[111] 杜静，吴洪樾 . 城市轨道交通 PPP 项目 VFM 定性评价分析 —— 以济青铁路为例 [J]. 工程管理学报，2016（03）：66—71.DOI:10.13991/j.cnki.jem.2016.03.011.

[112] 龚鹏程，臧公庆 .PPP 模式的交易结构、法律风险及其应对 [J]. 经济体制改革，2016(03)：144—151.

[113] 王晓姝，范家瑛 . 交通基础设施 PPP 项目中的关键性风险识别与度量 [J]. 工程管理学报，2016(04)：57—62.doi:10.13991/j.cnki.jem.2016.04.011.

[114] 刘敏，钟世勇 . 海峡两岸 PPP 模式下基础设施建设的合作研究 [J]. 现代城市研究，2016(4)：83—88.doi：10.3969/j.issn.1003-856X.2016.04

[115] 莫吕群，陈振东，郭霁月，袁竞峰 . 基础设施 PPP 项目融资风险分析与案例研究 [J]. 工程管理学报，2016 (05)：71—76.DOI：10.13991/j.cnki.jem.2016.05.014.

[116] 陈兆琦，赵君平 .PPP 基础设施的融资与建设 [J]. 中国资本市场，2016(10)：42—44.DOI：10.3969/j.issn.1005-592X.2016.01.013.

[117] 高晓龙，郭路遥，陈宝．海峡两岸PPP模式在城市基础设施建设中的应用研究[J]. 西部人居环境学刊，2017(1)：10—16. DOI：10.3969/j.issn.1001-8415.2017.01.002.

[118] 欧纯智．政府与社会资本合作的善治之路——构建PPP的有效性与合法性[J]. 中国行政管理，2017(01)：57—62.

[119] 刘宏，孙浩，李宗活．PPP模式下政府与投资方项目风险管理演化博弈分析[J]. 系统科学学报，2017(02)：102-105+111.

[120] 陈斌，王蕾，刘群英．基于AHP-熵值法的PPP项目风险评价模型研究[J]. 工程管理学报，2017，(02)：126—130. DOI：10.13991/j.cnki.jem.2017.02.025.

[121] 姚明来，王艳伟，刘秦南，饶碧玉．基于全生命周期理论的公共基础设施PPP项目风险动态评价[J]. 工程管理学报，2017(04)：65—70. DOI：10.13991/j.cnki.jem.2017.04.012.

[122] 王守清，伍迪，彭为，崔庆斌．PPP模式下城镇建设项目政企控制权配置[J]. 清华大学学报（自然科学版），2017(04)：369—375. doi:10.16511/j.cnki.qhdxxb.2017.25.006.

[123] 叶蕾．浅析PPP模式在社区基础设施建设中的应用[J]. 中国城市经济，2017(5)：73—74.

[124] 徐友全，姚辉彬，安强，赵海洋．基于GRA-AHP的特色小镇PPP项目建设风险评价[J]. 工程管理学报，2017(06)：71—76. DOI：10.13991/j.cnki.jem.2017.06.014.

[125] 李强，韩俊涛，王永成，乐逸祥．基于层次分析法的铁路PPP项目风险评价[J]. 铁道运输与经济，2017（10）：7-11+30. DOI:10.16668/j.cnki.issn.1003-1421.2017.10.02.

[126] 王莲乔，马汉阳，孙大鑫，俞炳俊．PPP项目财务风险：融资结构和宏观环境的联合调节效应[J]. 系统管理学报，2018(01)：83—92.

[127] 李宗活，刘枚莲．基于效用理论的PPP项目融资风险分担比例模型研究[J]. 系统科学学报，2018（01）：111—114.

[128] 刘宏，孙浩．基于 DEMATEL-ANP 的 PPP 项目融资风险分析 [J]. 系统科学学报，2018(01)：131—135.

[129] 胡国卿，杨晓春．海峡两岸 PPP 模式下城市基础设施合作研究 [J]. 城市建设理论研究，2018,(2)：23—28. DOI：10. 3969/j. issn. 1001-8415. 2018. 02. 003.

[130] 刘骅，卢亚娟．基于现金流视角的 PPP 项目财务风险预警研究 [J]. 财经论丛，2018(12)：47—54. doi:10. 13762/j. cnki. cjlc. 2018. 12. 004.

[131] 张全．“PPP+”模式助力社区基础设施建设 [J]. 科技风向标，2019(5)：58—59.

[132] 赵倩倩．基于 PPP 模式的社区基础设施建设探析 [J]. 城市建设，2019(7)：50—52.

[133] 徐兴江．“PPP+”模式在社区基础设施建设中的应用研究 [J]. 现代市场营销，2019(12)：110—111.

[134]KHH 行政主管机关 .PPP 特别报告 ——PPP 社区基础设施建设 [J].KHH 行政主管机关公报，2020，1(1)：19—20.

[135] 赵学清 .PPP 社区基础建设风险分析及对策研究 [J]. 现代城市研究，2020，(9)：66—70.

[136] 杨晖．基于 PPP 模式的市政道路工程风险管理研究 [J]. 智能建筑与智慧城市，2024(04)：18—20. DOI：10. 13655/j. cnki. ibci. 2024. 04. 005.

[137] 邢志航．基于 BIM 的 IPD 协同管理模式在 PPP 模式下应用于特色小镇 [J]. Journal of Infrastructure，Policy and Development，2024，8(4)：2905.

[138] 魏文明．“PPP 模式建设工程项目管理若干问题探析”[J]. 城市建设理论研究，2024(12)：82—84. DOI：10. 19569/j. cnki. cn119313/tu. 202412028.

[139] 黄昆山，邢志航．引用《奖参条例》进行开发财务评估之研究 —— 以民间参与兴建观光游憩设施为例 [C].Paper presented at the 8th Conference on Environmental Management and Urban Development，KS：案例地区中山大学公共事务管理研究所，1997.

[140] 邢志航．引用“奖参条例”进行开发财务评估之研究 —— 以民间参与兴建观光游憩设施为例 [D].Master’s Thesis，成功大学，1998.

[141] 黄昆山，许美珠．探讨公私合伙计划“规划”与“财务”协商因子之影响——以高铁BOT站区开发为例[C]．案例地区城市计划学会年会，1999.

[142] 林玉华．公私伙伴关系的治理：理论初探并兼论英国的第三条路[C]．论文发表于公共服务改革与民营化的现代课题研讨会，东海大学公共行政学系，案例地区，2004.

[143] 邢志航，黄昆山．民间参与观光游憩设施财务协商机制之研究[C]．案例地区第十七届第二次建筑研究成果发表会论文集，2005.

[144] 邢志航，黄昆山．民间参与观光游憩设施财务协商机制之研究[C].Paper presented at the 17th Second Architectural Research Results Presentation Conference，2005.

[145] 邢志航．公共设施发生闲置与低度利用机率模式建构与预测之研究[C].2010年案例地区不动产经营与管理实务学术研讨会．2010.

[146] 邢志航．地方型公共建设开发公私合伙协商执行认知之研究[C]．第十六届国土规划论坛，TN市，2012.

[147] 邢志航，沈志达．闲置公共设施委外经营可行性评估与项目财务之关联性研究[C].In：Advances in Social Science，Education and Humanities Research. 南京，2021.

[148] 邢志航．公私协力模式下工程招投标合同风险识别与防控策略研究[C]. EAI，南京，2023.

[149] 邢志航．地方特色产业PPP社区基础建设财务环境分析之研究[C]．会议论文，厦门，2023.

[150] 邢志航．特色小镇地方特色产业建设PPP发展模式理论之研究[C].SHS Web of Conferences，西安，2023.

[151] 郭瑶琪．“活力案例地区”[C].In：921地震防救灾与重建国际研讨会论文集．

[152] 厦门日报．厦门市PPP基础设施建设取得新进展[N]．厦门日报，2021，(8)：B02.

[153] 福建日报．福建省PPP项目建设取得重大突破[N]．福建日报，

2022，(2)：A02.

[154] 林鉴澄．由居民的空间意识探讨城市开放空间形式与活动特质之契合[D].硕士论文，案例地区文化大学实业计划研究所，1986.

[155] 柯惇贸．社区居民对社区总体营造的认知与态度[D].硕士论文，逢甲大学建筑及城市计划研究所，案例地区，1998.

[156] 周莳霈．BOT计划投资选择权与最低营收保证之研究[D].硕士论文，交通大学，案例地区，1999.

[157] 黄伟晋．“案例地区创造城乡新风貌行动方案执行过程评估研究”[D].硕士论文，案例地区中山大学公共事务研究所，1999.

[158] 刘嘉雯．公私合伙开发机制之研究——以市中心再开发为例[D].案例地区台北大学都市计划研究所，2000.

[159] 邱俊铭．民间参与投资体育馆建筑模式之研究——以台南市综合体育馆兴建工程为例[D].硕士论文，成功大学建筑研究所，案例地区，2000.

[160] 林晖月．居民的社区意识与社区公共事务参与态度及方式关系之研究——以TNN市为例[D].硕士论文，中山大学公共事务管理研究所，案例地区，2001.

[161] 廖冠力．“以平衡计分卡来探讨绩效衡量指标——以案例地区成功大学学生事务处为例”[D].硕士论文，案例地区成功大学工业管理研究所，2002.

[162] 李兴桢．案例地区交通事务主管部门平衡计分卡应用之研究[D].案例地区政治大学公共行政学系研究所硕士论文，2003.

[163] 罗煜翔．“以平衡计分卡推动公部门组织策略性绩效衡量制度之探讨——以案例地区中正文化中心为例”[D].硕士论文，案例地区政治大学会计学系研究所，2003.

[164] 何谨余．“坡地社区防灾管理能力评估指标之研究”[D].案例地区成功大学水利及海洋工程研究所硕士论文，2004.

[165] 陈慧珊．建立民众参与社区健康营造之监测与评价指标[D].硕士论文，中国医药大学医务管理研究所，案例地区，2004.

[166] 苏育南．社区营造中民众参与空间营造角色课题之初探——以个案乡村地区三个社区为例[D].硕士论文，国立成功大学城市计划学系，2004.

[167] 郭进雄．民间参与公共建设BOT模式协商机制之研究——以淡水地区污

水下水道系统为例 [D]. 新北市：TP 大学，2006.

[168] 宋力生 . 案例地区民间参与公共建设采 OT 结合 BOT 模式经营管理机制之研究 [D]. 案例地区科技大学工业管理系，2006.

[169] 柳雅婷 . 以可持续环境观点检验社区总体营造对应之评估内容与参与模式 [D]. 硕士论文，案例地区 PIF 商业技术学院不动产经营系所，2008.

[170] 黄丽娟 . "眷村居民对眷村改建政策反应与冲突之研究 —— 以 PIF 县东港镇共和新村为例" [D]. 硕士论文，PIF 科技大学热带农业暨国际合作系，2010.

[171] 张志远 . 平衡计分卡在医院 PPP 项目绩效评价中的应用研究 —— 以 D 市医院为例 [D]. 山东财经大学，2023.

[172] 黎梦兵 . "PPP 项目资产权属法律问题研究 —— 基于公共设施运营权角度" [D]. 湘潭大学，2023.

[173] 向莹 .PPP 项目绩效评价问题及对策研究 —— 以泉州市公共文化中心项目为例 [D]. 中南财经政法大学，2023.

[174] 李威仪，钱学陶，李咸亨 .TPE 市城市防灾空间系统规划 [R]. 案例地区内政事务主管部门建筑研究所，1997.

[175] 林宪德 . "绿建筑社区的评估体系与指标之研究—生态社区的评估指标系统" [R]. 案例地区内政事务主管部门建筑研究所研究报告，1997.

[176] 林镇洋，李永展，陈爱娥 . 推动民众参与水库集水区管理实施计划 [R]. 案例地区经济事务主管部门水资源局，委托单位：案例地区 TPE 科技大学土木系，1998.

[177] 案例地区内政事务主管部门建筑研究所 . 世界各地城市防灾相关研究网络信息系统之建置 [R].1999：47—48.

[178] 案例地区行政管理机构灾害防救委员会 . 防救灾信息系统计划书 [R].2002：34—94.

[179] 何明锦，李威仪，杨龙士 . "TXG 市城市防灾空间系统规划" [R]. 案例地区内政事务主管部门建筑研究所，2002.

[180] 陈建忠，文一智 . "斗六市城市防灾空间系统规划" [R]. 案例地区内政事务主管部门建筑研究所，2002.

[181] 陈建忠，彭光辉 . "大里市城市防灾空间系统规划" [R]. 案例地区内政

事务主管部门建筑研究所，2002.

[182] 萧江碧， 王健二 . 苗栗市城市防灾空间系统规划示范计划 [R]. 案例地区内政事务主管部门建筑研究所，2003.

[183] 张珩，邢志航 . 特殊族群社区之居住环境空间意识 [R]. 眷村文化研讨会，2003：发表，案例地区 TNN 师范学院社会科教育学系举办 .

[184] 陈建忠， 张隆盛 . “ILA 县礁溪乡城市防灾空间系统规划示范计划” [R]. 案例地区内政事务主管部门建筑研究所，2003.

[185] 陈建忠， 张隆盛 . “CYI 县太保市及朴子市城市防灾空间系统规划示范计划” [R]. 案例地区内政事务主管部门建筑研究所，2004.

[186] 陈建忠， 黄健二 . “KHH 县凤山市城市防灾空间系统规划示范计划” [R]. 案例地区内政事务主管部门建筑研究所，2004.

[187] 何明锦， 张益三 . “TNN 市城市防灾空间系统规划示范计划” [R]. 案例地区内政事务主管部门建筑研究所，2004.

[188] 案例地区交通事务主管部门观光局 .2004 年台闽地区主要观光游憩地区游客人数月别统计 [R].2004.

[189] 案例地区成功大学健康城市研究中心 .TNN 市健康白皮书 [R].TNN 行政主管机关，2005.

[190] 案例地区健康社区六星计划推动方案 [R]. 案例地区行政管理机构，2005.

[191] 案例地区内政事务主管部门建筑研究所 . 永康市城市防灾空间系统规划示范计划 [R].2005：47—51.

[192] 林贵贞 . 民间参与公共建设案件营运绩效评估机制之建置委托专业服务案 —— 初步建议报告 [R]. 计划编号：PG9507-0238，TP：财团法人中华顾问工程司，案例地区行政管理机构公共工程事务主管部门，2006.

[193] 案例地区行政管理机构灾害防救委员会 . 灾害防救法 [R].2007：4—7.

[194] 案例地区行政管理机构灾害防救委员会 . 灾害防救基本计划 [R].2007.

[195] 童诣雯， 杜功仁 .TP 市市民运动中心公办民营之课题与对策 —— 以松山运动中心为例 [R]. 研究报告，案例地区物业管理学会，2010.

[196] 案例地区财政事务主管部门 . 促进民间参与公共建设法令汇编 [R].TP：

案例地区财政事务主管部门推动促参司，2014.

[197] 金砖国家 PPP 和基础设施工作组 .BRICS 政府和社会资本合作推动可持续发展技术报告 [R].2022.

[198] 贵州正习高速公路投资管理有限公司 . 贵州正习高速公路项目可持续发展报告 [R].2022.

[199] 中华人民共和国国务院 .2018 年国务院政府工作报告 [R/OL].2018 年 3 月 5 日在第十三届全国人民代表大会第一次会议上， https://www.gov.cn/zhuanti/2018lh/2018zfgzbg/zfgzbg.htm.2018.

[200] 王克 . 牢记绿色发展使命、推动经济高质量发展 [EB/OL]. 人民论坛网，2019[2019-09-20].http://www.rmlt.com.cn/2019/0920/557345.shtml.

[201] 王昌林 . 推动高质量发展为主题 [EB/OL]. 人民日报， 2020-11-17[2020-11-17].http://opinion.people.com.cn/n1/2020/1117/c1003-31933146.html.

[202] 中国共产党第十九届中央委员会 . 中国共产党第十九届中央委员会第五次全体会议公报 [R/OL]， http://www.xinhuanet.com/politics/2020-10/29/c_1126674147.htm?baike.2020.

[203] 中华人民共和国国务院 .2021 年国务院政府工作报告 [R/OL].2021 年 3 月 5 日在第十三届全国人民代表大会第四次会议上， https://www.gov.cn/zhuanti/2021lhzfgzbg/index.htm.2021.

[204] 张敏彦 .2021“两会新语”之三——习近平心心念念这条“路”[N/OL].http://www.xinhuanet.com/politics/xxjxs/2021-03/08/c_1127185784.htm.2021.

[205] 中华人民共和国国家发展和改革委员会规划司 .“十四五”规划《纲要》名词解释之高质量发展 [N/OL].https://www.ndrc.gov.cn/fggz/fzzlgh/gjfzgh/202112/t20211224_1309252.html.2021.

[206] 习近平 . 高举中国特色社会主义伟大旗帜、为全面建设社会主义现代化国家而团结奋斗——在中国共产党第二十次全国代表大会上的报告 [R/OL]，http://www.qstheory.cn/yaowen/2022-10/25/c_1129079926.htm.2022.

[207] 黄玥， 杨依军， 齐琪 . 总书记在江苏代表团深入阐释“首要任务”[N/

OL], http://www.news.cn/2023-03/06/c_1129415655.htm. 新华社，2023.

[208] 彩虹眷村网络平台 [DB/OL], https://www.facebook.com/rainbow.village.

[209] 可持续发展战略 [EB/OL]. 百度百科，https://baike.baidu.com/item/%E5%8F%AF%E6%8C%81%E7%BB%AD%E5%8F%91%E5%B1%95%E6%88%98%E7%95%A5/3071946.

[210]*Van der Ryn, Sim, Calthorpe, Peter. A New Design Synthesis for Cities, Suburbs, and Towns: Sustainable Community[M]. San Francisco: Sierra Club Books. 1986.*

[211]Cigler, B.A. *Managing Disaster: Strategies and Policy Perspectives*[M]. Durham: Duke University Press. 1988.

[212]Musgrave, R.A., & Musgrave, P.B. *Public Finance In Theory and Practice*[M]. 5th ed. New York: McGraw Hill International Edition, 1989.

[213]Cramer, J.S. *The Logit Model: The Introduction For Economists*[M]. New York: Edward Arnold. 1991.

[214]Robertson, R. *Globalization: Social Theory and Global Culture*[M]. London: Sage Publications, 1992.

[215]Kooiman, J. *Modern Governance: New Government*[M]. London: Sage Publications, 1993.

[216]Park, C.S. *Contemporary Engineer Economics*[M]. Addison-Wesley Publishing Company, Inc., 1993. ISBN: 957-729-056-6.

[217]Walsh. *Public Service and Market Mechanism*[M]. New York: St. Martin’s Press. 1995.

[218]Brown, G.M. *Keeping Score: Using the Right Metrics Worlds-Class Performance*[M]. Portland: Productivity, Inc. 1996.

[219]Raffe, J.A., Debar, A.A., Auger, K.G., & Denhardt, K.G. *Competition and Privatization Options: Enhancing Efficiency and Effectiveness in State Government*[M]. New York, DE: Institute for Public Administration, University of Delaware, 1997.

[220]Reed, B.J., & Swaim, J.W.*Public Finance Administration*[M].New Jersey: Prentice Hall, 1996.

[221]Vining , Weimer.*The State of Public Management*[M].Baltimore: Johns Hopkins Press.1996, 92—117.

[222]Hoff, M.D.*Sustainable Community Development—Studies In Economic, Environmental, And Cultural Revitalization*[M].Boca Raton, Boston, London, New York, Washington D.C.: Lewis Publishers.1998.

[223]Kaplan, R.S., Norton, D.P.*The Strategy-Focused Organization*[M]. Harvard Business School Publish Press, Boston.2000.

[224]Savas, E.S.*Privatization and public-private partnerships*[M].New York: Chatham House, 2000.

[225]Faloconer, Peter K., Kathleen McLaughlix.*Public-Private Partnerships: Theory and Practice in International Perspective*[M].London, UK.: Routledge.2000, 120—133.

[226]Woods, Rober.*New Managerialism New Welfare?*[M].London, UK.: SAGE Publications, 2000, 137—151.

[227]Clarke, John.*New Managerialism New Welfare?*[M].London, UK.: SAGE Publications, 2000, 186—201.

[228]Brigham, E.F., Houston, J.F. 姜尧民译.*Fundamentals of Financial Management*[M].Taipei：华泰文化事业公司，2001.

[229]Tingting Liu, Suzanne Wilkinson.*Large-scale public venue development and the application of Public-Private Partnerships (PPPs)*[M]. International Journal of Project Management, 2014（32）: 88—100.

[230]EU-Asia PPP Network 编着，王守清参编和主译．基础设施建设公私合伙(PPP)：欧亚案例分析(Public-Private Partnership in Infrastructure Development: Case Studies from Asia and Europe)（中英文对照版）．北京：北方联合出版传媒集团，2010.

[231]DeHoog, Ruth Hoogland.Competition, Negotiation, or Cooperation:

Three Models for Service Contraction[J].*Administration & Society*, 1990, 22(3): 317—340.

[232]Eccles G., P.F.Pyburn, R.Creating A Comprehensive System to Measure Performance[J].*Management Accounting*, 1992: 41—44.

[233]Kaplan, Robert, S., Norton, David, P.The Balanced Scorecard Measures That Drive Performance[J].*Boston: Harvard Business Review*, 1992 (170): 72—73.

[234]Ishikawa, A.The max-min Delphi method via fuzzy integration[J]. *Fuzzy Sets and Systems*, 1993 (55): 241—253.

[235]Kaplan, Robert, S., Norton, David, P.The Balanced Scorecard: Translating Strategy into Action[J].*Boston: Harvard Business School Press*, 1996.

[236]Kushner, R., & Poole, P.Exploring structure-effectiveness relationships in nonprofit arts organizations[J].*Nonprofit Management & Leadership*, 1996, 7(2): 119—136.

[237]Evans, Hugh, Ashworth, G., Gooch, J., Davies, R.Who needs performance management? [J].*Management Accounting*, 1996, 74(11), 20—25.

[238]Gary, G.Jeff, Roger, D.A.Who Needs Performance Management[J]. *Management Accounting*, 1996, vol74(no11), 20—25.

[239]Clarke, P. The Balance Scorecard[J].*Countancy*, 1997, 129 (3), 25—26.

[240]Kaplan, Robert, S, .and Norton, David, P.The Balanced Scorecard: Translating Strategy into Action[J].*Training & Development*, 1997, 151(1) , 50—51.

[241]Bevir, Mark, David O' Brien. New Labour and the Public Sector in Britain[J].*Public Administration Review*, 2001, 61 (5) , 535—547.

[242]Savas, E.S.Competition and Choice in New York City: Social Services[J].*Public Administration Review*, 2002, 62(1): 82—91.

[243]Kaplan, R.S., Norton, D.P.Using the Balanced Scorecard as a Strategic Management System[J].*Harvard Business Review, Management for the Long Term*, 2007.

[244]Li, Y., & Wang, Y.Study on the application of PPP mode in urban infrastructures of the Taiwan Strait Economic Zone[J].*Journal of Service Science and Management*, 2016, 9(5): 475—484.

[245]Zhang, J., He, Z.Analysis of the factors affecting the implementation of PPP projects in the Taiwan Strait Economic Zone[J].*Journal of Civil Engineering and Architecture*, 2017, 11(3), 63—71.

[246]Bao, Y., Shen, L.Comparative study on PPP projects in mainland China and Taiwan region[J].*Journal of Civil Engineering and Management*, 2017, 23(8), 1055—1066.

[247]Lin, J., & Chen, Y.The path of cooperation for the construction of cross-strait infrastructure under PPP mode[J].*Journal of Sustainable Development*, 2018, 11(3): 45—55.

[248]Chen, X., Chen, J., Wang, Y.Research on the feasibility of PPP mode for urban public infrastructure construction in the Taiwan Strait Economic Zone[J].*Journal of Infrastructure Development and Finance*, 2019, 8(1), 1—14.

[249]Zhou, H., Chen, W.Research on the risk management of PPP projects in the Taiwan Strait Economic Zone[J].*Journal of Risk Management and Analysis*, 2019, 9(2), 67—75.

[250]Smith, T., & Lee, R.ESG and Sustainability: A Strategic Perspective[J].*Journal of Business Ethics*, 2021, 173(2): 299—314.

[251]Johnson, C., Roberts, B.ESG Reporting and Sustainability: Information Disclosure and Value Creation[J].*Sustainability Accounting, Management and Policy Journal*, 2022, 13(1), 67—89.

[252]Wang, Q., Luo, X.ESG Performance and Enterprise Risk

Management[J].*International Journal of Environmental Research and Public Health*,2023,20(3),1125—1140.

[253]Wu, J.Y., Chen, L.C., Liu, Y.C.A Compare Study of Community-Based Disaster Management in the US, Japan, and Taiwan[C].The International Conference in Commemoration of the 5th Anniversary of the 1999 Chichi Earthquake, Taipei, Taiwan.2004.

[254]KHH 市公共事务管理学会．大鹏湾风景特区实质开发规划决策程序与策略建议 [R]. 案例地区省住都处市乡规划局．大鹏湾风景特定区游憩资源开发利用与经营管理策略之研究．委托单位：案例地区省住都处市乡规划局．1998.

[255]Ministry of Trade and Industry.Science & Technology Plan 2010[R/OL].2006：32.Retrieved from http://www.mti.gov.sg/STP2010.

[256]TXG 市区里地图查询系统 [DB/OL], http://140.134.48.13/tccgportal/.